高等职业学校"十四五"规划土建类系列教材

建筑材料与检测

（第二版）

Building Materials and Testing

主　审　代学灵

主　编　陈玉萍

副主编　王四海　梁　雪　闫鸿瑞

本书编写委员会

陈玉萍　王四海　梁　雪　闫鸿瑞

朱忠业　闫毅琳　张　磊　袁金艳

华中科技大学出版社

中国·武汉

内 容 提 要

本书是根据目前高职高专院校建筑工程专业的教学基本要求，依据我国最新修订的相关规范、标准编写的。

本书系统讲述了建筑工程中常用材料的基本性质、技术性能、质量标准及合理应用等内容，为突出实用性，在主要介绍石灰、水泥、混凝土、砂浆、钢材的同时，对装饰材料、防水材料、其他功能材料亦作了相应介绍。

本书除可作为高等职业技术学院建筑工程专业的教材外，还可作为土建类其他专业的教学用书，以及土建类一般工程技术人员的参考用书。

图书在版编目（CIP）数据

建筑材料与检测/陈玉萍主编. —2 版. —武汉:华中科技大学出版社,2024.8
ISBN 978-7-5680-9151-0

Ⅰ. ①建… Ⅱ. ①陈… Ⅲ. ①建筑材料-检测-高等职业教育-教材 Ⅳ. ①TU502

中国国家版本馆 CIP 数据核字(2023)第 115230 号

建筑材料与检测(第二版)　　　　　　　　　　　　　　　　　　陈玉萍　主编
Jianzhu Cailiao yu Jiance(Di-er Ban)

策划编辑：金　紫
责任编辑：陈　忠
封面设计：张　璐
责任监印：朱　玢
出版发行：华中科技大学出版社（中国·武汉）　　　电话：(027)81321913
　　　　　武汉市东湖新技术开发区华工科技园　　　邮编：430223
录　　排：华中科技大学惠友文印中心
印　　刷：武汉科源印刷设计有限公司
开　　本：850mm×1065mm　1/16
印　　张：18.25
字　　数：421 千字
版　　次：2024 年 8 月第 2 版第 1 次印刷
定　　价：58.00 元

前　言

　　《建筑材料与检测(第二版)》是在第一版的基础上,按照高等职业技术教育的要求和土木工程、建筑工程类专业的培养目标以及建筑材料与检测教学大纲编写而成的。此次改版采用了最新颁布的材料技术标准和规范,在内容上,注意突出常用材料和基本理论,删去或缩减了已过时的或不常用的一部分传统材料,对部分章节的编排进行了调整;在材料性能的论述中,力求概念准确、条理清晰、层次分明;在论证方法上,注意贯彻理论联系实际的原则,运用深入浅出的表述方法。本书适用教学时数为 60～70 学时。本书为方便教学及扩大知识面,除第一章外,每章后均附有技能训练题,以利于学生复习和自学。

　　本书可作为高职高专学校建筑工程技术、建筑工程管理、工程监理等专业的教学用书,也可供从事土建工程有关专业的技术人员与相关人员参考使用。

　　为加强实用技能培养,本书最后一章为建筑材料试验内容,从取样、试验仪器设备、试样准备、方法步骤到数据处理,进行了全面、系统、细致的介绍。本书还专门配套有《建筑材料与检测(第二版)试验报告》,以方便学生使用。

　　本书由河南焦作大学陈玉萍任主编,焦作大学王四海、梁雪,河南新时代交通发展集团闫鸿瑞任副主编,代学灵担任主审。编写人员分工如下:第 5、7 章——陈玉萍;第 6、10、11章——王四海;第 13 章——梁雪(焦作大学);第 3、8 章——闫鸿瑞(河南新时代交通发展集团);第 4 章——朱忠业(中国中建设计集团有限公司上海分公司);绪论、第 2 章——闫毅琳(焦作市公共资源交易中心);第 9 章——张磊;第 12 章——袁金艳(沧州职业技术学院)。全书由陈玉萍统稿。

　　近年来由于我国基础建设的迅猛发展,建筑材料涌现出很多新品种和新材料,因此本书未能涵盖所有的建筑材料,同时由于编者水平有限,加之时间仓促,书中不足之处在所难免,欢迎广大读者批评指正。

编者
2024 年 6 月

目　　录

第1章 绪 论

【学习要求】

知识点	学习要求
建筑材料的现状及发展	了解
建筑材料的定义、分类	掌握

建筑材料是指组成建筑物或构筑物各部分的实体材料、辅助材料及建筑器材等材料的总称。材料科学和材料品种都是随着社会生产力和科技水平的提高而逐渐发展的。伴随着人类历史的发展、社会的进步，特别是科学技术的不断创新，建筑材料的内涵也在不断丰富。

1.1 建筑材料的发展和趋势

从人类文明发展早期的木材、石材等天然材料，到近代以水泥、混凝土、钢材为代表的主体建筑材料，进而发展到现代由金属材料、高分子材料、无机硅酸盐材料互相结合而产生的众多复合材料，形成了建筑材料丰富多彩的大家族。纵观建筑历史的长河，建筑材料的发展日新月异，这无疑对建筑科学的发展起到了巨大的推动作用。

1.1.1 我国建材产品的发展趋势

我国劳动者在建筑材料的生产和使用方面都取得过许多重大成就。自中华人民共和国成立后，特别是改革开放后，我国建筑材料生产得到了更迅速的发展。我国建筑材料工业发展迅速，形成了研究开发、装备制造、生产加工、销售服务等较完整的工业体系。产品的质量、档次也有了不同程度的提高，环境保护、合理利用资源越来越受到重视，同时对建材工业也提出了更高的要求。

1. 水泥

随着水泥新标准的实施，我国的水泥需求总量将在提高产量和质量的前提下，保持相对稳定，而产品结构将发生重大变化。

2. 混凝土

混凝土出现在19世纪中叶，在近代建筑材料中占有极其重要的地位，钢筋混凝土的应用改善了其性能，扩大了其适用范围。目前世界混凝土的年消耗量超过100亿吨，而且今后混凝土仍将是建筑结构材料的首选。我国混凝土将主要向高强、高性能方向发展，这将带动混凝土外加剂、超细矿物粉料等一系列掺配料的强劲发展。

3. 砌体材料

为适应建筑结构体系的发展和建筑节能与建筑功能改善的要求,新型砌体的研究及生产将得到迅速发展。预计近几年砌体材料的总需求量为7500亿块标准砖,其中新型砌体材料为3000亿块标准砖,新型砌体材料占砌体材料的比重将达到40%,可节约土地13334万平方米,综合利用煤矸石9000万吨,粉煤灰4500万吨。根据各地建筑结构的特点,我国将因地制宜地发展主导产品,将重点发展非黏土类空心制品、混凝土砌块。发展单班年产5万立方米以上的混凝土砌块生产线和年产10万~20万立方米加气混凝土砌块生产线;发展年产6亿块以上规模的烧结空心砖生产线;推广废渣、全煤矸石烧结新工艺。

4. 玻璃

市场的需求推动了超薄、超厚及大规格着色玻璃、热反射玻璃、低辐射玻璃、在线镀膜和制镜制品的生产。提高深加工玻璃的比重,特别是钢化玻璃和中空玻璃等产品,以满足国内外市场的需求,推动玻璃深加工产品向配套化、系统化方向发展,是建筑玻璃发展的方向和重点。

5. 装饰装修材料

随着住宅的商品化,住宅装饰装修在我国已逐步普及,满足房屋装饰和改善住房功能要求的装饰装修材料将有更快增长。外墙涂料、高档外墙装饰板、安全环保内墙涂料、高档配套五金件及优质塑钢、铝塑门窗的需求也将快速增长。建筑陶瓷的应用将推进渗花、彩色大颗粒、干法施釉、多次烧成等新工艺和装饰技术发展,不断增加花色品种,提高产品质量和档次。卫生陶瓷主要是推进节水技术,采用新型水箱配件,利用纳米技术形成超平滑的抗污、憎水的陶瓷釉面,以满足市场对节水型卫生陶瓷的需求。

1.1.2 世界建筑材料的发展趋势

建筑材料的研究已从被动的以研究应用为主向开发新功能、多功能材料的方向转变。单一材料的性能往往是有限的,不足以满足现代建筑对材料提出的多方面的功能要求。如近年来广泛采用的中空玻璃,由玻璃、金属、橡胶、惰性气体等多种材料复合,发挥各种材料的性能优势,克服了传统单层玻璃除采光、分隔外,其他功能均不尽如人意的缺点,使其综合性能明显改善。石油化工工业的发展和高分子材料本身优良的工程特性促进了高分子建筑材料的发展和应用。塑料上下水管、塑钢、铝塑门窗、树脂砂浆、胶黏剂、蜂窝保温板、高分子有机涂料、新型高分子防水材料广泛应用于建筑物,为建筑物提供了许多新的功能和更高的耐久性。建筑材料应用的巨量性,促使人们去探索和开发建筑材料原料的新来源,以保证经济与社会的可持续发展。粉煤灰、矿渣、煤矸石、页岩、磷石膏、热带木材和各种非金属矿都是很有应用前景的建筑原料,由此开发的新型胶凝材料、烧结砖、砌块、复合板材为建材工业带来了新的发展契机。

1.1.3 我国建筑材料与发达国家的差距

近年来,我国的水泥、平板玻璃、建筑卫生陶瓷等建筑材料和石墨、滑石等非金属矿产量一直居世界第一,是名副其实的建材生产大国。但必须看到,我国与发达国家的差距还很大,主要表现在:能源消耗大,劳动生产率低,污染环境严重,科技含量低,产品创新和市场应变能力差等。总体来说,我国的建筑材料在数量和质量上都面临着更高的要求,尤其需要注意以下几点:一是坚持可持续发展的方针,建立节约型生产体系;二是大力发展无污染、绿色建材产品,同时要建立有效的环境保护与监控管理体系;三是采用高科技成果,推进建材工业的现代化,提高劳动生产率、降低能源和资源消耗,大力发展功能型建筑材料,提供更多、更好的建材产品,以满足建设事业蓬勃发展的需要。

1.2　建筑材料在工程中的作用

建筑材料是建筑工程的物质基础。所有建筑都是经过缜密的设计,由各种散体建筑材料经过复杂的施工最终构建而成的。建筑材料的物质性体现在其使用的巨量性上,一幢单体建筑一般重达数百至数千吨,甚至可达数万、数十万吨,这决定了建筑材料在生产、运输、使用等方面与其他门类材料显著不同。建筑材料的发展赋予建筑以时代的特性和风格,西方古典建筑的石材廊柱、中国古代以木架构成为代表的宫廷建筑、当代以钢筋混凝土和型钢为主体材料的超高层建筑,都呈现了鲜明的时代感。建筑设计理论的不断进步和施工技术的革新不但受到建筑材料发展的制约,亦受到建筑材料发展的推动。大跨度预应力结构、薄壳结构、悬索结构、空间网架结构、节能型特色环保建筑的出现无疑都是与新材料的产生密切相关的。建筑材料科学、合理的运用直接影响到建筑工程的造价和投资。在我国,一般建筑工程的材料费用要占到总投资的 $50\%\sim60\%$,特殊工程的这一比例还要提高。对于我国这样一个发展中国家,对建筑材料特性进行深入了解和认识,使其最大限度地发挥效能,进而达到最大的经济效益,无疑是非常重要的。从事建筑工程的技术人员都必须了解和掌握建筑材料有关的技术知识,而且应使所用的材料都能最大限度地发挥其效能,合理、经济地满足建筑工程的各种要求。

建筑、材料、结构、施工四者是密切相关的,其中材料是基础,材料决定建筑形式和施工方法。新材料的出现,可以推动建筑形式的变化以及结构设计和施工技术的革新。

1.3　建筑材料的一般分类和技术标准

建筑材料种类繁多,随着材料科学和材料工业的发展,新型建筑材料不断涌现。为了研究、应用和阐述的方便,可从不同角度对其进行分类。

1.3.1　按使用功能分类

根据建筑材料在建筑物中的部位或使用性能,大体上可分为三大类,即建筑结构材料、墙体材料和建筑功能材料。

1.建筑结构材料

建筑结构材料主要是指构成建筑物受力构件和结构的材料,如梁、板、柱、基础、框架及其他受力构件和结构所用的材料。对这类材料主要技术性能的要求是强度和耐久性。目前所用的主要结构材料有砖、石、水泥、混凝土和钢材及两者复合的钢筋混凝土和预应力钢筋混凝土。在相当长的时期内,钢筋混凝土及预应力钢筋混凝土仍是我国建筑工程中的主要结构材料之一。随着工业的发展,轻钢结构和铝合金结构所占的比例将会逐渐增大。

2. 墙体材料

墙体材料是指建筑物内、外及分隔墙体所用的材料,有承重材料和非承重材料两类。由于墙体在建筑物内占有很大比例,认真选用墙体材料,对降低建筑物的成本、增强其节能性和使用安全耐久性等都是很重要的。目前,我国大量采用的墙体材料为砌墙砖、混凝土及加气混凝土砌块等。此外,还有混凝土墙板、石膏板、金属板材和复合墙板等,特别是轻质多功能的复合墙板发展较快。

3. 建筑功能材料

建筑功能材料主要是指担负某些建筑功能的非承重材料,如防水材料、绝热材料、吸声和隔声材料、采光材料、装饰材料等。这类材料的品种、形式繁多,功能各异,随着国民经济的发展及人民生活水平的提高,这类材料将会越来越多地应用于建筑物上。

一般来说,建筑物的可靠度与安全度,主要取决于由建筑结构材料组成的构件和结构体系。而建筑物的使用功能与建筑品位,主要取决于建筑功能材料。此外,对某一种具体材料来说,它可能兼有多种功能。

1.3.2 按化学成分分类

建筑材料根据材料的化学成分,可分为无机材料、有机材料及复合材料三大类。建筑材料按化学成分分类见表 1-1。

表 1-1 建筑材料按化学成分分类

分类			实例
无机材料	金属材料	黑色金属	钢、铁及其合金,合金钢,不锈钢等
		有色金属	铜、铝及其合金等
	非金属材料	天然石材	砂、石及石材制品
		烧土制品	黏土砖、瓦、陶瓷制品等
		胶凝材料及制品	石灰、石膏及其制品,水泥及混凝土制品、硅酸盐制品等
		玻璃	普通平板玻璃、特种玻璃等
		无机纤维材料	玻璃材料、矿物棉等
有机材料	植物材料		木材、竹材、植物纤维及其制品等
	沥青材料		煤沥青、石油沥青及其制品等
	合成高分子材料		塑料、涂料、合成橡胶、胶黏剂等
复合材料	有机与无机非金属材料复合		聚合物混凝土、玻璃纤维增强塑料等
	金属与无机非金属材料复合		钢筋混凝土、钢纤维混凝土等
	金属与有机材料复合		PVC 钢板、有机涂层铝合金板等

1.3.3　建筑材料技术的标准化

标准是指对重复事物和概念所作的统一规定,它以科学、技术和实践综合成果为基础,经有关方面协商一致,由主管部门批准发布,作为共同遵守的准则和依据。

为了保证建筑材料的质量、进行现代化科学管理,必须对材料产品的技术要求制定统一的执行标准。其内容主要包括产品规格、分类、技术要求、检验方法、验收规则、包装及标志、运输、储存注意事项等方面。

与建筑材料的生产和选用有关的标准主要包括产品标准和工程建设标准两类。产品标准是为保证建筑材料产品的适用性,对产品必须达到的某些或全部要求所制定的标准;工程建设标准是对工程建设中的勘察、规划、设计、施工、安装、验收等需要协调统一的事项所制定的标准,其中结构设计规范、施工及验收规范中有与建筑材料的选用相关的内容。

我国的标准体系由国家标准、行业标准、地方标准和企业标准构成。国家标准由各行业主管部门和国家质量监督检验检疫总局联合发布,作为国家级的标准,各有关行业都必须执行,其代号由标准名称、标准发布机构的组织代号、标准号和标准颁布时间 4 部分组成。如《通用硅酸盐水泥》(GB 175—2007)为国家标准,标准名称为通用硅酸盐水泥,标准发布机构的组织代号为 GB,标准号为 175,颁布时间为 2007 年。行业标准由我国各行业主管部门批准,在特定行业内施行,如建筑材料(JC)、建筑工程(JGJ)、石油天然气工业(SY)、黑色冶金工业(YB)等,其标准代号组成与国家标准相同。

世界各国对标准化都很重视,均制定了各自的标准。如我国的国家标准"GB"和"GB/T"、美国的材料与试验协会标准"ASTM"、英国标准"BS"、德国工业标准"DIN"、日本工业标准"JIS"等。此外,还有在世界范围统一使用的国际标准"ISO"。

目前,主要建筑材料标准内容大致包括材料质量要求和检验两大方面,有的将二者合在一起,有的则分开订立标准。在现场配制的一些材料(如钢筋混凝土等),其原材料(钢筋、水泥、石子、砂等)应符合相应的材料标准要求,而其制成品(如钢筋混凝土构件等)的检验及使用方法,常包含于施工验收规范及有关的规程中。由于有些标准的分工细,且相互渗透、关联,有时一种材料的检验要涉及多个标准、规范等。

1.4　本课程的主要内容及学习任务

建筑材料是一门应用技术学科,是建筑工程类专业的重要专业基础课。它全面系统地介绍建筑工程设计和施工所涉及的建筑材料性质与基本知识,既为学生今后学习其他专业课,如钢筋混凝土结构、钢结构、建筑施工技术、建筑工程计量与计价等课程打下了基础,同时也对学生进行了建筑材料试验的基本技能训练。学生要注意把所学的理论知识落实在材料的检测、验收、选用等实践操作技能上。

在理论学习方面,要重点掌握材料的组成、技术性质和特征、外界因素对材料性质的影响及材料应用的原则,各种材料都应遵循这一主线来学习。理论是基础,只有牢固掌握基础理论知识,才能应对建筑材料科学不断发展的趋势,在实践中加以灵活应用。

本书各章分别主要讲述各类建筑材料的品种、基本组成、配制、性能和用途。为了教学方便,将按以下顺序对各种常用的建筑材料知识进行讲授:材料的基本性能、气硬性胶凝材料、水泥、混凝土、建筑砂浆、墙体与屋面材料、建筑钢材、木材、防水材料、建筑装饰材料及其他类型材料。

试验课是本课程的重要教学环节,目的在于使学生深入了解材料的性能和掌握试验方法,培养学生的科学研究能力及严谨的科学态度。因此,结合课堂讲授的内容,加强对材料试验的实践是十分必要的,本课程安排了相关建筑材料试验内容。

【本章小结】

建筑材料是建筑工程的物质基础。建筑材料工业发展迅速,各种新型建筑材料层出不穷,且日益向轻质、高强、多功能方向发展,建筑技术正处于新的变革时期。本课程的任务是使学生掌握建筑材料的基础知识,在实践中具备合理选择和使用建筑材料的能力,并掌握建筑材料试验的技能。

第 2 章　材料的基本性能

【学习要求】

知识点	学习要求
材料的基本物理性能(密度、体积密度、堆积密度、孔隙率和空隙率)的定义及计算	掌握
材料与水有关的性能、材料的热工性能	熟悉
建筑材料基本力学性能	掌握
土木工程材料耐久性的基本概念	了解

　　所有建筑物都要承受一定的荷载和经受周围介质的作用,因此要求所选用的建筑材料具备相应的力学性质。根据建筑物各种不同部位的使用要求,建筑材料还应具有防水、保温、隔热、吸声等性能。对某些工业建筑,还要求建筑材料具有耐热或耐腐蚀性能。此外,建筑物长期暴露在大气中,建筑材料因此经常受到风吹、日晒、雨淋、冰冻带来的温度变化、湿度变化及冻融循环等作用。建筑材料所受的作用是复杂的,而且它们之间又是相互影响的,为了保证建筑物经久耐用,就需要掌握建筑材料的性质并能合理选用。

2.1　材料的基本物理性能

2.1.1　材料的密度、表观密度、体积密度与堆积密度

1. 密度(实际密度)和表观密度

　　密度是指材料在绝对密实状态下,单位体积所具有的质量,用下式表示:

$$\rho = \frac{m}{V} \tag{2-1}$$

式中:ρ ——实际密度(g/cm^3);

　　m ——材料的质量(g);

　　V ——材料在绝对密实状态下的体积(cm^3)。

　　所谓绝对密实状态下的体积,是指不包括材料内部孔隙的固体物质的实体积。

　　除了钢材、玻璃等少数材料,绝大多数材料内部都有一些孔隙。在检测有孔隙材料(如砖、石等)的密度时,应把材料磨成细粉,干燥后,用李氏瓶检测其绝对密实体积。材料磨得越细,测得的密实体积数值就越精确。因此,一般要求细粉的粒径应小于 0.20 mm。

对很密实的材料,可不必磨成细粉,而直接检测材料在自然状态下的体积(不用李氏瓶,用一般广口瓶即可),求得绝对密实体积的近似值(颗粒内部的封闭孔隙体积无法排除),这样所测得的密度称作表观密度。

另外,工程上还经常用到相对密度,用材料的质量与同体积水(4 ℃)的质量的比值表示,无量纲,其值与材料密度相同。

2. 体积密度

体积密度是指材料在自然状态下,单位体积所具有的质量,用下式表示:

$$\rho_0 = \frac{m}{V_0} \tag{2-2}$$

式中:ρ_0——体积密度(g/cm^3 或 kg/m^3);

m——材料的质量(g 或 kg);

V_0——材料在自然状态下的体积(cm^3 或 m^3)。

材料在自然状态下的体积是指包含材料内部孔隙在内的体积。当材料含有水分时,会影响材料的体积密度。故在检测体积密度时,须注明其含水情况。干体积密度是指材料在气干状态(长期在空气中干燥)下的体积密度,一般在烘干状态下测得。

3. 堆积密度

堆积密度(旧称松散容重)是指散粒材料(水泥、砂、卵石、碎石等)在堆积状态下,单位体积(包含了颗粒内部的孔隙和颗粒之间的空隙)所具有的质量,用下式表示:

$$\rho_0' = \frac{m}{V_0'} \tag{2-3}$$

式中:ρ_0'——堆积密度(kg/m^3);

m——材料的质量(kg);

V_0'——材料的堆积体积(m^3)。

显然,材料的堆积密度小于体积密度,体积密度又小于其密度。例如:石灰岩的密度为 $2.6\ g/cm^3$,体积密度为 $2.4\ g/cm^3$,而石灰岩碎块的堆积密度仅为 $1.4\ g/cm^3$。

在建筑工程中,凡计算材料用量和构件自重,进行配料计算,确定堆放空间及组织运输时,必须掌握材料的密度、体积密度及堆积密度等数据。体积密度与材料的其他性质(如强度、吸水性、导热性等)也存在着密切的关系。

2.1.2 材料的孔隙率、密实度、空隙率与填充率

1. 孔隙率

孔隙率是材料中孔隙的体积与材料总体积的比率,以 P 表示。可用下式计算:

$$P = \frac{V_K}{V_0} = \frac{V_0 - V}{V_0} = 1 - \frac{V}{V_0} = \left(1 - \frac{\rho_0}{\rho}\right) \times 100\% \tag{2-4}$$

式中:P——孔隙率(%);

V_K——材料中孔隙的体积(cm^3),$V_K = V_0 - V$。

孔隙率的大小直接反映了材料的致密程度。材料内部孔隙可分为连通型与封闭型两种构造。连通孔隙不仅彼此贯通且与外界相通,而封闭孔隙彼此不通且与外界相隔绝。孔隙按尺寸大小又分为极微细孔隙、细小孔隙和较粗大孔隙。孔隙的大小对材料的性能影响较大。

几种常用建筑材料的密度、体积密度、堆积密度和孔隙率见表 2-1。

表 2-1　常用建筑材料的密度、体积密度、堆积密度和孔隙率

材料	密度 ρ /(g/cm³)	体积密度 ρ_0 /(kg/m³)	堆积密度 ρ_0' /(kg/m³)	孔隙率/(%)
花岗石	2.6～2.9	2500～2700	—	0.5～3.0
普通黏土砖	2.5	1600～1800	—	20～40
黏土空心砖	2.5	1000～1400	—	—
普通混凝土	—	2100～2600	—	5～20
轻骨料混凝土	—	800～1900	—	—
水泥	3.10	—	1200～1300	—
石灰岩	2.6	1800～2600	—	—
砂	2.6	—	1450～1650	—
黏土	2.6	—	1600～1800	—
木材	1.55	400～800	—	55～75
建筑钢材	7.85	7850	—	0

2. 密实度

密实度是材料中固体物质所充实的程度。其计算式如下:

$$D = \frac{V}{V_0} = \frac{\rho_0}{\rho} \times 100\%$$ (2-5)

含有孔隙的固体材料的密实度均小于 1,孔隙率与密实度的关系为:

$$P + D = 1$$ (2-6)

上式表明,材料的总体积是由该材料的固体物质体积与其所包含的孔隙体积所组成。

材料的很多性能如强度、吸水性、耐久性、导热性等均与其密实度、孔隙率有关。

3. 空隙率

空隙率是指散粒材料在堆积体积中,颗粒之间的空隙百分比,以 P' 表示,可用下式计算:

$$P' = \frac{V_0' - V_0}{V_0'} = 1 - \frac{V_0}{V_0'} = \left(1 - \frac{\rho_0'}{\rho_0}\right) \times 100\%$$ (2-7)

4. 填充率

填充率是指散粒材料在堆积体积中,被其颗粒填充的程度,以 D' 表示,可用下式计算:

$$D' = \frac{V_0}{V_0'} = \frac{\rho_0'}{\rho_0} \times 100\%$$ (2-8)

2.1.3 材料与水有关的性能

1. 亲水性与憎水性

建筑物常与水或是大气中的水汽接触,然而水分与不同固体材料表面之间相互作用的情况是不同的。根据其是否能被水润湿,可将材料分为亲水性和憎水性两大类。

建筑材料中的木材、混凝土、砂、石等均为亲水性材料,表面能被水润湿,且能通过毛细管作用将水吸入材料毛细管内部。沥青、石蜡为憎水性材料,该类材料一般能阻止水分渗入毛细管中,因而憎水材料可以用作防水材料,而且还可用于亲水材料的表面处理,以降低其吸水性。

2. 吸水性与吸湿性

1)吸水性

材料能吸收水分的性质称为吸水性,吸水性的大小由吸水率表示。吸水率有两种表示方法:质量吸水率和体积吸水率。

(1)质量吸水率。

质量吸水率是指材料所吸收水分的质量占材料干燥质量的百分数,可按下式计算:

$$W_{质} = \frac{m_{湿} - m_{干}}{m_{干}} \times 100\% \tag{2-9}$$

式中:$W_{质}$——材料的质量吸水率(%);

$m_{干}$——材料在干燥状态下的质量(g);

$m_{湿}$——材料在吸水饱和后的质量(g)。

(2)体积吸水率。

体积吸水率是指材料体积内被水充实的程度,即材料吸收水分的体积占干燥材料自然体积的百分数。可按下式计算:

$$W_{体} = \frac{V_{水}}{V_1} = \frac{m_{湿} - m_{干}}{V_1} \cdot \frac{1}{\rho_{H_2O}} \times 100\% \tag{2-10}$$

式中:$W_{体}$——材料体积吸水率(%);

V_1——材料在自然状态下的体积(cm^3);

$V_{水}$——材料在吸水饱和时水的体积(cm^3);

ρ_{H_2O}——水的密度(g/cm^3)。

质量吸水率与体积吸水率存在以下关系:

$$W_{体} = W_{质} \cdot \frac{\rho_0}{\rho_{H_2O}} \tag{2-11}$$

材料的吸水性,取决于材料本身的亲水性,也与孔隙率大小及孔隙特征有关。一般孔隙率越大,吸水率也越强。如果材料具有细微而连通的孔隙(某些轻质材料如加气混凝土、软木等),则其质量吸水率较大,往往超过100%,这时最好用体积吸水率表示其吸水性。若是封闭孔隙,水分就不容易渗入。水分虽然容易渗入粗大的孔隙,但仅能润湿孔隙表面而不易在孔内存留。所以封闭或粗大孔隙材料,其体积吸水率较低,常小于孔隙率,这类材料常用质量吸水率表示它的吸水性。

各种材料的质量吸水率相差很大,如花岗石等坚密岩石的质量吸水率仅为 $0.5\%\sim$ 0.7%;普通混凝土质量吸水率为 $2\%\sim3\%$;黏土砖质量吸水率为 $8\%\sim20\%$;而木材或其他轻质材料的质量吸水率常大于 100%。

2)吸湿性

材料在潮湿空气中吸收空气中水分的性质称为吸湿性。吸湿性的大小用含水率表示。材料孔隙中含有一部分水时,则这部分水的质量占材料干燥质量的百分数,称为材料的含水率,可按下式计算:

$$W_{含} = \frac{m_{含} - m_{干}}{m_{干}} \times 100\%$$ (2-12)

式中:$W_{含}$——材料的含水率(%);

$\quad m_{含}$——材料含水时的质量(g);

$\quad m_{干}$——材料干燥状态下的质量(g)。

材料的含水率大小与许多因素有关,如材料本身特性,周围环境的温度、湿度等。气温越低,相对湿度越大,材料的含水率也就越大。

3. 耐水性

材料长期在饱和水作用下而不破坏,其强度也不显著降低的性质称为耐水性。一般材料随着含水量的增加,其内部结合力会减弱,强度都有不同程度的降低,如花岗石长期浸泡在水中,强度将下降约 3%,普通黏土砖和木材所受影响更为显著。材料的耐水性用软化系数表示,可按下式计算:

$$K_{软} = \frac{f_{饱}}{f_{干}}$$ (2-13)

式中:$K_{软}$——材料的软化系数;

$\quad f_{饱}$——材料在吸水饱和状态下的抗压强度(MPa);

$\quad f_{干}$——材料在干燥状态下的抗压强度(MPa)。

软化系数的波动范围在 $0\sim1$ 之间,软化系数的大小,有时可成为选择材料的重要依据。软化系数越小,说明材料吸水饱和后的强度降低越多,其耐水性就越差。对于受水浸泡或处于潮湿环境的重要建筑物,其材料的软化系数不宜小于 0.85;受潮较轻或次要结构物的材料,其软化系数不宜小于 0.75。软化系数大于 0.80 的材料,可以认为是具有耐水性的。

4. 抗渗性

材料抵抗压力渗透的性质称作抗渗性(或不透水性),可用渗透系数 K 表示。

法国学者达西于 1856 年发现了一个规律:在一定时间内,透过材料试件的水量与试件的断面积及水头差(液压)成正比,与试件的厚度成反比,即达西定律。其可用下式表示:

$$K = \frac{Qd}{AtH}$$ (2-14)

式中:K——渗透系数[mL/(cm² · s)];

$\quad Q$——透过材料试件的水量(mL);

  t ——透水时间(s);

  A ——透水面积(cm^2);

  H ——静水压力水头差(cm);

  d ——试件厚度(cm)。

  渗透系数反映了材料抵抗压力水渗透的性质,K 值越大,表示材料渗透的水量越多,即抗渗性越差。抗渗性是决定材料耐久性的主要指标。

  建筑工程中大量使用的砂浆、混凝土材料的抗渗性用抗渗等级表示。抗渗等级是指材料在标准试验方法下进行透水试验,以规定的试件在透水前所能承受的最大水压力来确定。以符号"P"和材料透水前的最大水压力(以 MPa 为单位)数值的 10 倍表示,如 P4、P6、P8 等分别表示材料能承受 0.4 MPa、0.6 MPa、0.8 MPa 的水压而不渗水。用下式表示:

$$P = 10H - 1 \tag{2-15}$$

式中:P——抗渗等级;

  H——试件开始渗水时的水压力(MPa)数值。

  材料抗渗性的好坏与材料的孔隙率和孔隙特征有关。孔隙率小且是封闭孔隙的材料,其抗渗性就好。对于地下建筑及水工构筑物,要求材料具有较高抗渗性;对于防水材料,则要求具有更高的抗渗性。材料抵抗其他液相介质渗透的性质,也属于抗渗性,如贮油罐则要求材料具有良好的不渗油性。

5. 抗冻性

  材料的抗冻性是指材料在吸水饱和状态下,抵抗多次冻结和融化作用(冻融循环)而不破坏,同时强度也不严重降低的性质。

  材料的抗冻性用抗冻标号(冻融循环次数)表示。抗冻标号是以规定的试件,在规定试验条件下,测得其强度降低不超过规定值,并无明显损坏和剥落时所能经受的冻融循环次数,以此作为抗冻标号,用符号"Fn"表示,其中"n"即为最大冻融循环次数,如 F25、F50、F100等,分别指材料所能承受的最大冻融循环次数是 25 次、50 次、100 次,强度下降不超过 25%,质量损失率不超过 5%。

  材料抗冻标号的选择,是根据结构物的种类、使用条件、气候条件等来决定的。例如烧结普通砖、陶瓷面砖、轻混凝土等墙体材料,一般要求其抗冻标号为 F15 或 F25;用于桥梁和道路的混凝土应为 F50、F100 或 F200,而水工混凝土要求高达 F500。

  材料受冻融破坏主要是其孔隙中的水结冰所致。水结冰时体积增大约 9%,若材料孔隙中充满水,则结冰膨胀对孔壁产生很大应力,当此应力超过材料的抗拉强度时,孔壁将产生局部开裂。随着冻融次数的增多,材料破坏加重。所以材料的抗冻性取决于其孔隙率、孔隙特征及充水程度。如果孔隙不充满水,即远未达饱和,具有足够的自由空间,则即使受冻也不致产生很大的冻胀应力。极细的孔隙,虽可充满水,但因孔壁对水的吸附力极大,吸附在孔壁上的水的冰点很低,它在一般负温下不会结冰。粗大孔隙一般水分不会充满其中,对冻胀破坏可起缓冲作用。闭口孔隙水分不能渗入。而毛细管孔隙既易充满水分,又能结冰,故其对材料的冰冻破坏作用影响最大。材料的变形能力大、强度高、软化系数大时,其抗冻性较高。

另外,从外界条件来看,材料受冻融破坏的程度,与冻融温度、结冰速度、冻融频繁程度等因素有关。环境温度越低、降温越快、冻融越频繁,则材料受冻破坏越严重。材料的冻融破坏作用是从外表面产生剥落开始,逐渐向内部深入发展。抗冻性良好的材料,抵抗大气温度变化、干湿交替等风化作用的能力较强,所以抗冻性常作为考查材料耐久性的一项指标。在设计寒冷地区及寒冷环境(如冷库)的建筑物时,必须考虑材料的抗冻性。处于温暖地区的建筑物,虽无冰冻作用,但为抵抗大气的风化作用,确保建筑物的耐久性,也常对材料提出一定的抗冻性要求。

2.1.4　材料的热工性能

建筑材料在建筑物中,除需要满足强度及其他性能的要求外,为了降低建筑物的使用能耗并使室内维持一定的温度,为生产、工作及生活创造适宜的条件,常要求建筑材料满足一定的热工性能要求,包括导热性、热容量和比热容等。

1. 导热性

材料传导热量的能力称为导热性。导热能力的大小可用导热系数(λ)表示。导热系数是指一块单层平板,面积为 1 m²,厚度为 1 m,当其相对表面的温度差为 1 K 时,其单位面积单位时间所通过的热量,可用下式表示:

$$\lambda = \frac{Q\delta}{At(T_2 - T_1)} \qquad (2\text{-}16)$$

式中:λ ——导热系数[W/(m·K)];

$\quad Q$ ——传导的热量(J);

$\quad A$ ——热传导面积(m²);

$\quad \delta$ ——材料厚度(m);

$\quad t$ ——热传导时间(s);

$\quad T_2 - T_1$ ——材料两侧温差(K)。

显然,材料导热系数越小,材料的隔热性能越好。各种建筑材料的导热系数差别很大,在 0.035～3.5 W/(m·K)之间,如泡沫塑料 $\lambda = 0.035$ W/(m·K),而大理石 $\lambda = 3.45$ W/(m·K)。

影响材料导热系数的主要因素有材料的物质构成、微观结构、孔隙构造、湿度、温度和热流方向等。

一般来说,金属材料导热系数最大,无机材料的导热系数大于有机材料。化学组成相同而结构不同的材料,导热系数差别也很大,如晶体的导热系数大于玻璃体。由于密闭空气的导热系数很小[0.023 W/(m·K)],材料的孔隙率较大者其导热系数较小,但如果孔隙粗大和连通,空气可能产生热对流,材料的导热系数反而增高。材料含水量增加,导热系数也随之增加。因为水的导热系数[0.58 W/(m·K)]约是空气的 25 倍,温度越高,材料的导热系数越大。当水结冰后,导热系数将进一步提高,因为冰的导热系数[2.2 W/(m·K)]约为水的 4 倍。因此,绝热材料应经常处于干燥状态,以利于发挥材料的绝热效能。对于木材等纤维材料,热流方向与纤维排列方向垂直时导热系数小,与纤维排列方向平行时导热系数大。常用建筑材料的导热系数见表2-2。

2. 比热容和热容量

材料加热时蓄存热量或冷却时放出热量的性质,称为热容量。其大小可用比热容(也称热容量系数,简称比热)表示。比热容表示1 g材料温度升高1 K时所吸收的热量,或降低1 K时放出的热量。材料吸收或放出的热量可用下式计算:

$$Q = cm(T_2 - T_1) \tag{2-17}$$

$$c = \frac{Q}{m(T_2 - T_1)} \tag{2-18}$$

式中:Q——材料吸收或放出的热量(J);

c——材料的比热容[J/(g·K)];

m——材料的质量(g);

$T_2 - T_1$——材料受热或冷却前后的温差(K)。

不同的材料比热容不同,水的比热容最大[4.2 J/(g·K)],因此蓄水屋面能使室内冬暖夏凉,同理沿海地区的昼夜温差较小。各种建筑材料的比热容均小于水的比热容,即使是同一种材料,由于所处的物态不同,比热容也不同。例如,水结冰后比热容为2.1 J/(g·K)。

材料的比热容,对保持建筑物内部温度稳定有很大意义。比热容大的材料,本身能吸入或储存较多的能量,能在热流变动或采暖设备供热不均匀时,缓和室内的温度波动,并能减少能耗。常用建筑材料的比热容见表2-2。

表 2-2 常用建筑材料的导热系数、比热容

材料名称	导热系数 λ / [W/(m·K)]	比热容 c / [J/(g·K)]	材料名称	导热系数 λ / [W/(m·K)]	比热容 c / [J/(g·K)]
建筑钢材	55	0.63	木材(横纹)	0.17	2.51
烧结普通砖	0.40~0.70	0.84	泡沫塑料	0.035	1.30
普通混凝土	1.28~1.51	0.48~1.00	冰	2.20	2.05
花岗石	2.91~3.08	0.72~0.79	水	0.58	4.20
大理石	3.45	0.875	密闭空气	0.023	1.00

2.2 材料的力学性能

材料的力学性能主要是指材料在外力作用下,抵抗破坏和变形的能力的有关性能。

2.2.1 材料的强度和比强度

材料在外力作用下抵抗破坏的能力称为强度。其值是以材料受外力破坏时,单位面积上所承受的力表示。

根据外力作用方式不同,材料强度有抗压强度、抗拉强度、抗弯强度及抗剪强度等。这些强度由静力试验来检测,因而统称为静力强度。材料的静力强度是通过标准试件的破坏试验而测得的,检测各种强度的材料受力情况如图 2-1 所示。

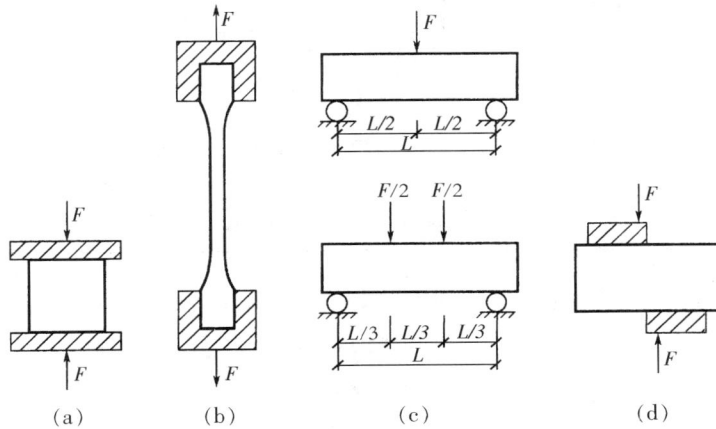

图 2-1 材料受力示意图

(a)压力;(b)拉力;(c)弯曲;(d)剪切

材料的抗压强度、抗拉强度、抗剪强度可直接由下式计算:

$$f = \frac{F_{\max}}{A} \tag{2-19}$$

式中:f ——材料的抗压强度、抗拉强度或抗剪强度(MPa);

$F_{\max}$ ——材料破坏时的最大荷载(N);

A ——受力截面面积(mm^2)。

抗弯强度有两种计算方式。将抗弯试件放在两支点上,当外力为作用在试件中心的集中荷载,且试件截面为矩形时,抗弯强度(也称抗折强度)可用下式计算:

$$f_m = \frac{3F_{\max}L}{2bh^2} \tag{2-20}$$

若在此试件跨距的三分点上加两个相等的集中荷载,抗弯强度按下式计算:

$$f_m = \frac{F_{\max}L}{bh^2} \tag{2-21}$$

式中:f_m ——抗弯强度(MPa);

$F_{\max}$ ——弯曲破坏时的最大荷载(N);

b, h ——试件横截面的宽度和高度(mm);

L ——两支点间的距离(mm)。

不同种类的材料具有不同的抵抗外力的特点。相同种类的材料,随着其孔隙率及构造特征的不同,材料的强度也有很大的差异,一般孔隙率越大的材料强度越低。砖、石材、混凝土等脆性材料的抗压强度较抗拉强度高很多,木材则顺纹抗拉强度高于抗压强度。钢材的抗拉、抗压强度都很高。所以,砖、石、混凝土等多用于房屋的墙体和基础,钢材可用于承受各种外力的构件。表 2-3 列出了常用建筑材料的强度值。

表 2-3 常用建筑材料的强度值

材料名称	抗压强度 f/MPa	抗拉强度 f/MPa	抗弯强度 f_m/MPa	抗剪强度 f/MPa
钢材	215~1600	215~1600	215~1600	200~355
普通混凝土	10~100	1~8	—	2.5~3.5
烧结普通砖	7.5~30	—	1.8~4.0	1.8~4.0
花岗石	100~250	5~8	10~14	13~19
松木(顺纹)	30~50	80~120	60~100	6.3~6.9

大部分建筑材料根据其极限强度的大小,划分为若干不同的强度等级。脆性材料(水泥、混凝土、砖、砂浆等)是以抗压强度值来划分强度等级的。如混凝土按抗压强度有 C15,…,C80 等强度等级,普通水泥按规定龄期的抗压强度和抗折强度来划分有 42.5,…,52.5 等强度等级。将建筑材料划分若干强度等级,对掌握材料性质、合理选用材料、正确进行设计和控制工程质量都是非常重要的。

比强度是指材料强度与表观密度的比值。比强度是衡量材料轻质高强性能的一项重要指标,比强度越大,材料的轻质高强性能越好。选用比强度大的材料或提高材料的比强度,对增加建筑高度、减轻结构自重、降低工程造价具有重大意义。

2.2.2 材料的弹性与塑性

材料在外力作用下产生变形,当外力取消后,材料变形即可消失并能完全恢复原来形状的性质称为弹性,这种变形称为弹性变形或可恢复的变形。

材料在外力作用下产生变形,但不破坏,并且外力停止后,不能自动恢复原来形状的性质称为塑性,这种不能消失的变形称为塑性变形或不可恢复变形。

弹性变形为可逆变形,其数值大小与外力成正比,其比例系数称为弹性模量,材料在弹性变形范围内,弹性模量为常数。弹性模量是衡量材料抵抗变形能力的一个指标,弹性模量越大,材料越不易变形,弹性模量是结构设计的重要参数。塑性变形为不可逆变形,如图 2-2 所示。

实际上,单纯的弹性材料是不存在的,大多数材料在受力不大的情况下表现为弹性,受力超过一定限度后则表现为塑性,所以可称之为弹塑性材料。

弹性变形与塑性变形的区别在于,前者为可逆变形,后者为不可逆变形。

2.2.3 材料的脆性和韧性

在外力作用达到一定限度后,材料突然破坏且又无明显的塑性变形,材料的这种性质称为脆性。具有这种性质的材料称为脆性材料,其特点是材料在外力作用下,达到破坏荷载时

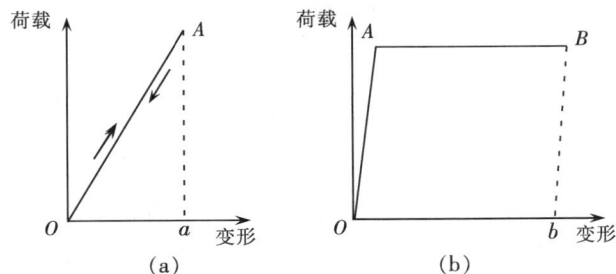

图 2-2　材料的弹性变形和塑性变形曲线
(a)弹性变形；(b)塑性变形

的变形值很小。它抵抗冲击荷载或振动作用的能力很差，其抗压强度比抗拉强度高很多倍，如混凝土、砖、石材、玻璃、陶瓷、铸铁等都属于此类。

　　在冲击、振动荷载作用下，材料能产生一定的变形而不致破坏的性质称为韧性（冲击韧性）。材料的韧性是用冲击试验来检验的。建筑钢材、木材等属于韧性材料。用作承受冲击荷载和有抗震要求的结构都要考虑材料的韧性。

2.2.4　材料的耐磨性

　　材料的耐磨性是指材料表面抵抗磨损的能力，用磨损率表示，其计算公式如下：

$$G = \frac{M_1 - M_2}{A} \qquad (2\text{-}22)$$

式中：G ——材料的磨损率（g/cm²）；

　　M_1 ——材料磨损前的质量（g）；

　　M_2 ——材料磨损后的质量（g）；

　　A ——材料试件的受磨面积（cm²）。

　　材料的磨损率越低，表明材料的耐磨性越好，其硬度越高。路面、楼梯、楼地面、走道等经常受到磨损作用的部位，应选用硬度高、耐磨性好的材料。

2.3　材料的耐久性

　　材料在使用过程中能抵抗周围各种介质的侵蚀而不破坏，也不易失去其原有性能的性质称为耐久性。

　　材料在使用过程中，除受到各种力的作用外，还经常受到环境中各种自然因素的破坏作用。这些破坏作用包括物理的、化学的及生物的作用。

　　物理作用包括材料的干湿变化、温度变化及冻融变化等。这些变化将使材料发生体积的胀缩，长期或反复作用会逐渐破坏材料。

　　化学作用包括酸、碱、盐等物质的水溶液及有害气体的侵蚀作用，会使材料逐渐变质而破坏。

生物作用是指虫、菌的作用,使材料由于虫蛀、腐朽而破坏,如木材用于潮湿环境时,必须进行防腐处理。

砖、石料、混凝土等矿物材料,主要受大气的物理作用而破坏,同时也可能受到化学作用而破坏。金属材料主要受化学作用而被锈蚀。沥青材料、高分子材料在阳光、空气及辐射的作用下,会逐渐老化而使材料变脆或开裂。

耐久性是材料的一种综合属性,除上述诸多因素都属耐久性范围外,材料的抗冻性、强度、抗渗性、耐磨性也与材料的耐久性有密切关系。因此无法用一个统一的指标去衡量所有材料的耐久性,应根据材料的种类和建筑物所处的环境条件提出不同耐久性的要求,如:处于冻融环境,要求材料具有良好的抗冻性;结构材料要求具有较高的强度;水工建筑材料要求具有良好抗渗性和耐腐蚀性。

对材料耐久性最可靠的判断,是在使用条件下进行长期的观察和检测。由于这需很长时间,通常可在试验室进行下列快速试验,以对材料的耐久性做出判断:①干湿循环;②冻融循环;③加湿与紫外线干燥循环;④碳化;⑤盐溶液浸渍与干燥循环;⑥化学介质浸渍等。

【本章小结】

(1)材料的实际密度、体积密度、堆积密度的定义和计算公式是不同的,在学习过程中注意区别。根据这三个参数计算块状材料的孔隙率和散粒材料的空隙率。

(2)材料的吸水性与其孔隙率大小及孔隙特征有关。轻质材料用体积吸水率表示,具有大开口的孔隙材料,用质量吸水率表示吸水性。

(3)材料与水有关的性能有亲水性、憎水性、吸水性、耐水性、吸湿性、抗渗性、抗冻性等,它们都不同程度地影响材料的耐久性。

(4)材料的强度根据受力不同分为抗拉、抗压、抗弯、抗剪等强度。测量材料强度时,必须严格按照标准试验方法进行。

(5)材料的耐久性是一项综合属性,在实际工程中应根据材料的种类和建筑物所处环境条件提出不同耐久性的要求。

【技能训练题】

一、选择题(有一个或多个正确答案)

1. 散粒材料的密度 ρ、表观密度 ρ'、堆积密度 ρ'_0 之间的关系是(　　)。

A. $\rho > \rho'_0 > \rho'$ 　　　　B. $\rho > \rho' > \rho'_0$ 　　　　C. $\rho'_0 > \rho' > \rho$ 　　　　D. 以上都不正确

2. 下列材料属于亲水材料的有(　　)。

A. 花岗石 　　　　　　　　B. 石蜡 　　　　　　　　　　C. 烧结普通砖

D. 混凝土 　　　　　　　　E. 沥青

3. 建筑物要求具有良好的保温隔热性能并要求保持温度的稳定,应选用(　　)的材料。

A. 导热系数和比热容均大 　　　　　　B. 导热系数和比热容均小

C. 导热系数大而比热容小 　　　　　　D. 导热系数小而比热容大

4. 导致导热系数增加的因素有( )。

A. 材料孔隙率增大　B. 材料含水率增大　C. 材料含水率减小　D. 密实度增大

5. 下列与材料的孔隙构造特征有关的性质有( )。

A. 吸水性　　　　B. 抗渗性　　　　C. 塑性　　　　D. 导热性　　　　E. 吸声性

6. 在材料组成一定的情况下,下列可以提高材料的绝热性能的措施有( )。

A. 使含水率尽可能低　　　　　　　　B. 增大孔隙率,特别是闭口小孔尽量多

C. 使含水率尽可能高　　　　　　　　D. 开口大孔尽量多

二、填空题

1. 材料的吸湿性是指材料在_____的性质。

2. 材料的抗冻性以材料在吸水饱和状态下所能抵抗的_____来表示。

3. 水可以在材料表面展开,即材料表面可以被水浸润,这种性质称为_____。

4. 同一种材料的密度与表观密度之差越大时,它的孔隙率越_____;同一种材料的密度与表观密度之差为 0,说明它的构造很_____。

三、判断题

1. 材料吸水饱和状态时水占的体积可视为开口孔隙体积。 ( )

2. 在空气中吸收水分的性质称为材料的吸水性。 ( )

四、简答题

1. 建筑材料的亲水性与憎水性在建筑工程中有何实际意义?

2. 为什么新建房屋的墙体保暖性能差,尤其是在冬季?

五、计算题

1. 烧结普通砖进行抗压试验,测得浸水饱和后的破坏荷载为 185 kN,干燥状态的破坏荷载为 207 kN(受压面积为 115 mm×120 mm),问此砖的饱水抗压强度和干燥抗压强度各为多少,是否适用于常与水接触的工程结构物?

2. 一块标准尺寸的烧结普通砖,其干燥质量为 2650 g,质量吸水率为 10%,密度为 2.40 g/cm³。试求该砖的孔隙率、开口孔隙率和闭口孔隙率。

3. 收到含水率为 5% 的砂子 500 t,实为干砂多少吨? 需要干砂 500 t,应进含水率为 5% 的砂子多少吨?

第 3 章　气硬性胶凝材料

【学习要求】

知识点	学习要求
气硬性胶凝材料和水硬性胶凝材料的区别	掌握
建筑石膏的生产、凝结硬化、性质、应用及储运	掌握
石灰的生产、熟化硬化、技术标准、性质、应用及储运	掌握
水玻璃的性能及应用	了解

胶凝材料是指在一定条件下通过自身的一系列变化,能把其他材料胶结成具有一定强度的整体的材料,通常分为有机胶凝材料和无机胶凝材料两大类。

有机胶凝材料是指以天然的或人工合成的高分子化合物为基本组分的一类胶凝材料,如沥青、树脂等。

无机胶凝材料是指以无机矿物为主要成分,当其与水或水溶液拌和后形成浆体,经过一系列物理化学变化,而将其他材料胶结成具有强度的整体,如石灰、水泥、石膏等。

无机胶凝材料根据硬化条件不同又分为气硬性和水硬性两种。

气硬性胶凝材料一般只能在空气中硬化并保持其强度,如石灰、石膏等。

水硬性胶凝材料既能在空气中硬化,又能在水中继续硬化并保持和发展其强度,如水泥等。

3.1　石膏

3.1.1　石膏胶凝材料的生产

我国的石膏资源极其丰富,分布很广。有自然界存在的天然二水石膏($CaSO_4 \cdot 2H_2O$,又称软石膏或生石膏)、天然无水石膏($CaSO_4$,又称硬石膏)和化学石膏(各种工业副产品或废料)。

石膏胶凝材料的生产,通常是用天然二水石膏经低温煅烧、脱水、磨细而成的。

1. 建筑石膏

二水石膏在 $107\sim170$ ℃时激烈脱水,水分迅速蒸发,成为 β 型半水石膏:

$$CaSO_4 \cdot 2H_2O \xrightarrow{107 \sim 170 \ ℃} (\beta 型)CaSO_4 \cdot \frac{1}{2}H_2O + 1\frac{1}{2}H_2O$$

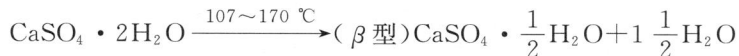

β 型半水石膏磨细即建筑石膏。其中杂质含量少、颜色洁白者称模型石膏。

2. 高强石膏

二水石膏在 0.13 MPa 压力的蒸压锅内蒸炼(温度 125 ℃)脱水,可制得 α 型半水石膏:

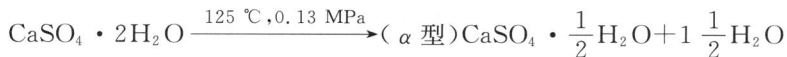

$$CaSO_4 \cdot 2H_2O \xrightarrow{125 \ ℃,0.13 \ MPa} (\alpha 型)CaSO_4 \cdot \frac{1}{2}H_2O + 1\frac{1}{2}H_2O$$

α 型半水石膏浆体硬化后的强度较高,故又称高强石膏。

3.1.2 建筑石膏的凝结硬化

建筑石膏与适量水混合后,最初为可塑性的浆体,但很快失去塑性而凝结硬化,继而产生强度而发展成为固体。

半水石膏遇水后将重新水化生成二水石膏,反应式如下:

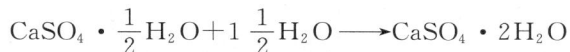

$$CaSO_4 \cdot \frac{1}{2}H_2O + 1\frac{1}{2}H_2O \longrightarrow CaSO_4 \cdot 2H_2O$$

建筑石膏凝结硬化过程:半水石膏遇水即发生溶解,溶液很快达到饱和,溶液中的半水石膏水化成为二水石膏。由于二水石膏的溶解度远比半水石膏小,所以很快从过饱和溶液中沉淀析出二水石膏的胶体微粒并不断转化为晶体。由于二水石膏的析出破坏了原有半水石膏的平衡,这时半水石膏进一步溶解和水化。如此不断地进行半水石膏的溶解和二水石膏的析晶,直到半水石膏完全水化为止。

随着浆体中的自由水分因水化和蒸发而逐渐减少,浆体逐渐变稠失去塑性,呈现石膏的凝结。此后,二水石膏的晶体继续大量形成、长大,晶体之间相互接触与连生,形成结晶结构网,浆体逐渐硬化成块体,并具有一定的强度。

3.1.3 建筑石膏的等级与技术性质

1. 建筑石膏的技术性质

建筑石膏的密度为 2.5～2.8 g/cm³,表观密度为 800～1000 kg/m³。根据《建筑石膏》(GB/T 9776—2008)的规定,建筑石膏组成中 β 型半水硫酸钙的含量应不小于 60%,按其 2 h 抗折强度分为 3.0、2.0 和 1.6 三个等级。各个等级的建筑石膏物理力学性能应符合表 3-1 的要求。

2. 建筑石膏的特点

(1)凝结硬化快。

建筑石膏加水搅拌后,浆体几分钟后便开始失去可塑性,30 min 内完全失去可塑性而产生强度,这给成型带来一定困难,因此在使用过程中,常掺入一些缓凝剂,如硼砂、柠檬酸、骨胶等,其中硼砂缓凝剂效果好,用量为石膏质量的 0.2%～0.5%。

表 3-1　物理力学性能(GB/T 9776—2008)

等级	细度(0.2 mm 方孔筛筛余)/(%)	凝结时间/min		2 h 强度/MPa	
		初凝	终凝	抗折	抗压
3.0				≥3.0	≥5.0
2.0	≤10	≥3	≤30	≥2.0	≥4.0
1.6				≥1.6	≥3.0

(2)凝固时体积微膨胀,装饰性好。

多数凝结材料在硬化过程中一般都会产生收缩,而建筑石膏在硬化时体积却膨胀,膨胀率为 0.5%~1.0%,且不开裂。这种特征可使成型的制品表面光滑,尺寸准确,轮廓清晰,有利于制造复杂花型的石膏装饰件。而且石膏质地细腻,颜色洁白,因此其装饰性良好。

(3)孔隙率大,表观密度小,绝热、吸声性能好。

为了使石膏浆体具有施工要求的可塑性,建筑石膏在加水拌和时往往加入大量的水(占建筑石膏质量的 60%~80%),而建筑石膏的理论需水量为 18.6%,当一定量的自由水蒸发后,在建筑石膏制品内部形成大量的毛细孔隙(硬化体的孔隙率达 50%~60%)。因此,石膏制品具有表观密度小、保温隔热性能好、吸声性能好等优点,同时也带来强度低、吸水率大等缺点。

(4)具有一定的调温调湿性。

建筑石膏是一种无毒无味、不污染环境,对人体无害的建筑材料。石膏制品的比热较大,因而具有一定的调节温度的作用;石膏内部的大量毛细孔隙能够吸收潮湿空气中的水分,或在干燥的环境中释放出孔隙内的水分,以调节室内空气湿度。故在室内小环境下,石膏能在一定程度上使室内环境更符合人类生理需要,有利于人体健康。

(5)防火性好,但耐火性差。

由于硬化的石膏结晶水较多,遇火时这些结晶水吸收热量蒸发,形成蒸汽幕,阻止火势蔓延,同时,表面生成的无水物为良好的绝缘体,起到防火作用。但二水石膏脱水后,强度下降,因此耐火性能差。石膏制品不宜长期在 65 ℃以上的高温部位使用。

(6)耐水性、抗冻性差。

建筑石膏是气硬性胶凝材料,微溶于水,且制品的孔隙率大。长期处于潮湿条件下的石膏制品,其强度显著降低,制品易变形、翘曲。如吸水后受冻,将因孔隙中水分结冰膨胀而破坏,故其耐水性和抗冻性均较差,软化系数只有 0.2~0.3,不宜用于室外及潮湿环境中。

3.1.4　建筑石膏的用途

1.室内抹灰及粉刷

建筑石膏因具有优良特性,常用于室内高级抹灰和粉刷。

建筑石膏加砂、缓凝剂和水拌和成石膏砂浆,用于室内抹灰,其表面光滑、细腻、洁白、美观。石膏砂浆也作为腻子,填平墙面的凹凸不平。建筑石膏加缓凝剂和水拌和成石膏砂浆,可以作为室内粉刷的涂料。

2. 制作各种石膏制品

建筑石膏制品种类较多,我国目前主要生产各类石膏板、石膏砌块和装饰石膏制品。

石膏板主要有纸面石膏板、纤维石膏板及空心石膏板等。装饰石膏制品主要有装饰石膏板、嵌装式装饰石膏板和艺术石膏制品等。

石膏板具有质轻、保温、隔热、吸声、防火、抗震、调湿、尺寸稳定及成本低等优良性能,且可锯、可刨、可钉,加工性能好,施工方便、节能,是一种有着广阔发展前途,并着重发展的新型轻质材料之一。

但石膏板具有长期徐变的性质,在潮湿环境中更严重,且建筑石膏自身强度较低,又因其呈微酸性,不能配加强钢筋,故不宜用于承重结构。为进一步改善石膏的耐水性以扩大其应用范围,可掺入水泥、粒化高炉矿渣、石灰、粉煤灰或有机防水剂,也可在石膏板表面采用耐水护面纸或防水高分子材料,采取面层防水保护等技术措施。

3.2　石灰

石灰是建筑上使用最早的胶凝材料之一。由于其分布范围广,生产工艺简单,成本低廉,使用方便,因此在建筑工程中应用广泛。

3.2.1　石灰的生产

石灰由石灰岩煅烧而成。石灰岩的主要成分是碳酸钙($CaCO_3$),并有少量碳酸镁($MgCO_3$),还有黏土等杂质。

石灰岩在适当温度(900~1000 ℃)下煅烧,得到以 CaO 为主要成分的物质,即石灰,也叫生石灰(其中含一定量 MgO)。其煅烧的反应式如下:

$$CaCO_3 \xrightarrow[1000\sim1100\ ℃(实际)]{900\ ℃(理论)} CaO + CO_2 \uparrow -178\ kJ/mol$$

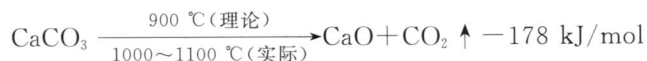

石灰岩的煅烧温度要适宜。煅烧正常的块状石灰(称正火石灰)是疏松多孔结构,CaO含量高,密度为 3.1~3.4 g/cm³,堆积密度比石灰岩小,为 800~1000 kg/m³,白色微黄,且色质均匀。

生产石灰时因释放出 CO_2,会带走部分热量,另外石灰岩块大小不一,会使部分块体不能完全煅烧,为使 $CaCO_3$ 充分并快速分解,必须提高温度,但煅烧温度过高或过低,或者煅烧时间过长或过短,都会影响石灰的质量。煅烧温度太低或煅烧时间不足,将会有部分 $CaCO_3$ 未完全分解,产生欠火石灰,欠火石灰产浆量低,有效 CaO 和 MgO 含量低,使用时黏结力不足,质量较差。

若煅烧温度过高、煅烧时间过长,石灰岩中所含黏土杂质中的 SiO_2、Al_2O_3 等成分,在高温条件下,能与 $CaCO_3$ 分解生成的 CaO 作用,生成硅酸钙、铝酸钙和铁酸钙等矿物,使石灰窑内物料熔点降低,出现玻璃状熔融物(呈液相),堵塞 CO_2 排除后在料块中留下的孔隙,成为过火石灰(或称死烧石灰),从而使多孔结构的石灰变得致密,表观密度增大。过火石灰呈黄褐色,由于内部结构致密,水化反应极慢。当石灰浆中含有这类过火石灰时,它将在石灰浆硬化后才发生水化作用,于是会因产生膨胀而引起崩裂或隆起等现象,严重影响工程质量。

3.2.2 生石灰的熟化和硬化

生石灰与水发生反应生成熟石灰的过程,称为石灰的熟化(又称消解或消化)。熟化后的石灰称为熟石灰,其主要成分为 $Ca(OH)_2$。

$$CaO + H_2O \longrightarrow Ca(OH)_2 + 64.9 \text{ kJ/mol}$$

石灰在熟化过程中,放出大量的热,散热速度也快,同时体积膨胀 $1.0 \sim 2.5$ 倍,易在工程中造成事故,故在石灰熟化过程中应注意安全,防止烧伤、烫伤。根据熟化时加水量的不同,熟石灰可呈粉状或浆状。

在建筑工程中,生石灰必须充分熟化后方可使用,为保证生石灰充分熟化,一般在工地上将块灰放在化灰池内加入石灰质量 $2.5 \sim 3.0$ 倍的水,熟化后通过网孔流入储灰坑。

为了消除过火石灰的危害,必须将石灰浆在储灰池中存放两周以上,这一过程叫石灰的"陈伏"。"陈伏"期间,石灰浆表面应留有一层水,与空气隔绝,以免石灰碳化。

石灰的硬化包含两个同时进行的过程:结晶过程和碳化过程。

(1)结晶过程——物理过程。

石灰膏中的游离水分一部分蒸发掉,一部分被砌体吸收。由于饱和溶液中水分的减少,微溶于水的氢氧化钙以胶体析出,随着时间的增长,胶体逐渐变浓,部分氢氧化钙结晶,这样,晶体胶体逐渐结合成固体。

(2)碳化过程——化学过程+物理过程。

石灰膏体表面的氢氧化钙与空气中的二氧化碳作用,反应生成碳酸钙,不溶于水的碳酸钙由于水分蒸发而逐渐结晶。其反应式为:

$$Ca(OH)_2 + CO_2 + n\,H_2O \longrightarrow CaCO_3 + (n+1)H_2O$$

这个反应实际是二氧化碳与水结合生成碳酸,再与氢氧化钙作用生成碳酸钙。如果没有水,这个反应就不能进行。

碳化作用是从熟石灰表面开始缓慢进行的,生成的碳酸钙晶体与氢氧化钙晶体交叉连生,形成网络状结构,使石灰具有一定的强度。表面形成的碳酸钙结构致密,会阻碍二氧化碳进一步进入,且空气中二氧化碳的浓度很低,在相当长的时间内,仍然是表层为 $CaCO_3$,内部为 $Ca(OH)_2$,因此石灰的硬化是一个相当缓慢的过程。

3.2.3 石灰的技术性质

1.石灰的分类及指标

(1)石灰根据 MgO 的含量多少,可分为钙质和镁质。根据化学成分的含量,每类分成各个等级,见表 3-2。

表 3-2 建筑生石灰的分类

类别	名称	代号
钙质石灰	钙质石灰 90	CL90
	钙质石灰 85	CL85
	钙质石灰 75	CL75
镁质石灰	镁质石灰 85	ML85
	镁质石灰 80	ML80

注:生石灰粉在代号后加 QP,生石灰块在代号后加 Q。

(2)按照行业标准《建筑生石灰》(JC/T 479—2013)的规定,建筑生石灰的物理性质见表 3-3。

表 3-3 建筑生石灰的物理性质

名称	产浆量/(dm³/10 kg)	细度	
		0.2 mm 筛余量/(%)	90 μm 筛余量/(%)
CL90—Q	≥26	—	—
CL90—QP	—	≤2	≤7
CL85—Q	≥26	—	—
CL85—QP	—	≤2	≤7
CL75—Q	≥26	—	—
CL75—QP	—	≤2	≤7
ML85—Q	—		
ML85—QP	—	≤2	≤7
ML80—Q	—		
ML80—QP	—	≤7	≤2

2. 石灰的特性

(1)可塑性及保水性好。

保水性是指固体材料与水混合时,能够保持水分不易泌出的能力。由于石灰膏中 $Ca(OH)_2$ 粒子极小,比表面积很大,颗粒表面能吸附一层较厚的水膜,所以石灰膏具有良好的可塑性和保水性,可以掺入水泥砂浆中,提高砂浆的保水能力,便于施工。

(2)吸湿性强,耐水性差。

生石灰在存放过程中,会吸收空气中的水分而熟化。如存放时间过长,还会发生碳化而使石灰的活性降低。硬化后的石灰如果长期处于潮湿环境或水中,$Ca(OH)_2$ 就会逐渐溶解而导致结构破坏。所以石灰耐水性差,不宜用于潮湿环境及遭受水侵蚀的部位。

(3)凝结硬化慢,强度低。

石灰浆体的凝结硬化所需时间较长。体积比为 1∶3 的石灰砂浆,其 28 d 抗压强度仅为

0.2~0.5 MPa。

(4)硬化后体积收缩较大。

在石灰浆体的硬化过程中,大量水分蒸发,使内部网状毛细管失水收缩,石灰会产生较大的体积收缩,导致表面开裂。因此,工程中通常需要在石灰膏中加入砂、纸筋、麻丝或其他纤维材料,以防止或减少开裂。

(5)放热量大,腐蚀性强。

生石灰的熟化是放热反应,熟化时会放出大量的热。熟石灰中的 $Ca(OH)_2$ 是一种中强碱,具有较强的腐蚀性。

3.2.4 石灰的用途

建筑工程中使用的石灰品种主要有块状生石灰、磨细生石灰、消石灰粉和熟石灰膏。除块状生石灰外,其他品种均可在工程中直接使用。

(1)配制建筑砂浆和石灰乳。

用水泥、石灰膏、砂配置成的混合砂浆广泛用于墙体砌筑或抹灰,用石灰膏与砂或纸筋、麻刀配置成的石灰砂浆、石灰纸筋灰、石灰麻刀灰广泛用作内墙、天棚的抹面砂浆。

将消石灰粉或熟化好的石灰膏加入大量的水搅拌稀释,成为石灰乳。其主要用于内墙和顶棚粉刷,可增加室内美观度和亮度,是一种价廉的刷浆材料。

(2)配制三合土和灰土。

三合土是采用生石灰粉(或消石灰粉)、黏土、砂为原材料,按体积比为1:2:3的比例加水拌和均匀夯实而成。灰土是用生石灰粉和黏土按1:(2~4)的体积比,加水拌和夯实而成。灰土、三合土经分层摊铺夯实后,其抗压强度可达4~5 MPa。在长期使用中,石灰和黏土会发生复杂化学反应,强度、耐水性进一步提高,所以多用作基础垫层。

(3)生产硅酸盐制品。

以石灰为原料,可生产硅酸盐制品(以石灰和硅质材料为原料,加水拌和,经成型、蒸养或蒸压处理等工序而制成的建筑材料),如蒸压灰砂砖、碳化砖、加气混凝土等。

(4)生产碳化石灰板。

碳化石灰板是将磨细的生石灰掺30%~40%的短玻璃纤维加水搅拌,振动成型,然后利用石灰窑的废气碳化而成的空心板。这种板材性能较好,能锯、能钉,可用作非承重的保温材料。

此外,石灰还可用作激发剂,掺加到高炉矿渣、粉煤灰等活性混合材料内,共同磨细而制成具有水硬性的无熟料水泥。

3.2.5 石灰的储存

(1)生石灰、消石灰粉应分类、分等级储存于干燥的仓库内,且不宜长期储存,最好先消化成石灰浆,变储存期为陈伏期。

(2)生石灰受潮消化放出大量热,且体积膨胀,故储存运输要注意安全,并将其与易燃易爆物分开保管,以免引起火灾。

3.3　水玻璃

　　水玻璃俗称泡花碱,是以石英砂和纯碱为原材料,在玻璃熔炉中熔融,冷却后溶解于水而制成的气硬性无机胶凝材料。

　　常见的水玻璃有硅酸钠水玻璃($Na_2O \cdot nSiO_2$)和硅酸钾水玻璃($K_2O \cdot nSiO_2$)等,建筑上常用的水玻璃是硅酸钠的水溶液,为无色、青绿色或棕色黏稠液体。

3.3.1　水玻璃的硬化

　　水玻璃硬化是吸收空气中 CO_2,而析出无定形硅酸。其反应式为:
$$Na_2O \cdot nSiO_2 + CO_2 + mH_2O \longrightarrow Na_2CO_3 + nSiO_2 \cdot mH_2O$$

　　二氧化硅凝胶($nSiO_2 \cdot mH_2O$)干燥脱水,析出固态二氧化硅(SiO_2)而使水玻璃硬化。由于这一过程非常缓慢,通常需要加固化剂氟硅酸钠(Na_2SiF_6),以加快硅胶的析出,促进水玻璃的硬化。

　　氟硅酸钠的掺量一般为水玻璃质量的 $12\% \sim 15\%$。氟硅酸钠用量过少,硬化速度较慢,强度较低,未硬化的水玻璃易溶于水,导致耐水性降低;用量过多会引起凝结过快,造成施工困难,且抗渗性下降,强度低。

3.3.2　水玻璃的特性

　　(1)水玻璃硬化中析出的硅酸凝胶具有很强的黏附性,因而水玻璃有良好的黏结能力。

　　(2)硅酸凝胶能堵塞材料毛细孔并在表面形成连续封闭膜,因而具有很好的抗渗性和抗风化能力。

　　(3)硅酸凝胶具有高温干燥增加强度的特性,因而水玻璃具有很好的防火性能。

　　(4)硅酸凝胶不与酸类物质反应,因而水玻璃具有很好的耐酸性。

3.3.3　水玻璃的用途

1. 用作涂料涂刷于建筑材料表面

　　水玻璃可以涂刷在天然石材、烧结砖、水泥混凝土和硅酸盐制品表面或受渍多孔材料,它能够渗入材料的孔或缝隙中,提高其密实度、强度和耐久性。但不能涂刷在石膏制品表面,因为硅酸钠会与石膏中的硫酸钙发生化学反应形成硫酸钠,在制品孔隙中结晶而产生较大的体积膨胀,使石膏制品开裂破坏。

2. 配制耐酸材料

　　水玻璃与耐酸粉料、粗细骨料一起,配制耐酸胶泥、耐酸砂浆和耐酸混凝土,广泛用于防腐工程中。

3. 用作耐热材料、耐火材料的胶凝材料

　　水玻璃耐高温性能良好,能长期承受一定高温作用而强度不降低,可与耐热骨料一起配制成耐热砂浆、耐热混凝土。

4. 加固土壤和地基

用水玻璃与氯化钙溶液交替灌入地基土壤内,反应式为:

$$Na_2O \cdot nSiO_2 + CaCl_2 + mH_2O \longrightarrow nSiO_2 \cdot (m-1)H_2O + Ca(OH)_2 + 2NaCl$$

反应形成的硅胶起胶结作用,能够包裹土粒并填充其孔隙,而氢氧化钙又与加入的氯化钙起化学反应生成氧氯化钙,也起胶结和填充孔隙的作用。这不仅能够提高地基的承载能力,而且可以增强其不透水的能力。

5. 配置快凝防水剂

以水玻璃为防水基料,加入两种、三种或四种矾配置成两矾、三矾或四矾快凝防水剂。这种防水剂凝结速度一般不超过一分钟。

工程上利用水玻璃的速凝作用和黏附性,将其掺入水泥浆、砂浆或混凝土中,用于修补、堵漏、抢修、表面处理。

因为水玻璃凝结迅速,不宜拌制水泥防水砂浆,可用作屋面或地面的刚性防水层。

【本章小结】

本章所讨论的气硬性胶凝材料,其重点是不能在水中或长期潮湿的环境中使用。建筑工程中主要应用的气硬性胶凝材料有石膏、石灰和水玻璃。

石膏是一种以硫酸钙为主要成分的气硬性胶凝材料,有着许多优良的建筑性能,如具有良好的隔热性能、吸声性能、防火性能,装饰性和加工性能都很好,并具有一定的调温调湿性能,尤其适合作为室内的装饰装修材料,也是一种具有节能意义的新型轻质墙体材料。

用于制备石灰的原料有石灰石、白云石等,经煅烧得到块状生石灰。块状生石灰经过不同加工过程,可得到磨细生石灰粉、消石灰粉、石灰膏三种产品。除磨细生石灰粉外,建筑工程中使用的石灰必须通过充分熟化,以消除煅烧过火的危害。石灰浆体硬化过程非常缓慢。石灰的主要性质表现为:保水性和可塑性好、硬化慢、强度低、耐水性差、硬化时体积收缩大。石灰在建筑上主要用途有:制作石灰乳涂料、配制砂浆、拌制灰土与三合土、生产硅酸盐制品等。

建筑上常用的水玻璃为硅酸钠($Na_2O \cdot nSiO_2$)的水溶液。水玻璃的特征与应用主要有:耐酸性好,用作耐酸材料;耐热性好,用作耐热材料;黏结力大,用于粘贴耐酸或耐热材料等。

【技能训练题】

一、选择题(有一个或多个正确答案)

1. 石灰膏在储灰坑中"陈伏"的主要目的是( )。

A. 充分熟化   B. 增加产浆量   C. 减少收缩   D. 降低发热量

2. ( )具有凝结硬化快,硬化后体积微膨胀等特性。

A. 石灰   B. 石膏   C. 水玻璃   D. 以上都不正确

3.石灰在应用时不能单独使用,因为(　　　)。

A.熟化时体积膨胀导致破坏　　　　　　B.硬化时导致体积收缩而破坏

C.过火石灰的危害　　　　　　　　　　D.以上都正确

4.下面水玻璃性能中错误的是(　　　)。

A.黏结力强　　　　B.耐酸性好　　　　C.耐碱性好　　　　D.耐热性差

二、填空题

1.生石灰熟化成熟石灰的过程中体积将_____,而硬化过程中体积将_____。

2.建筑石膏有以下特性:凝结硬化_____、空隙率_____、强度_____;凝结硬化时体积_____、防火性能_____等。

三、判断题

1.石膏浆体的水化、凝结和硬化实际上是碳化作用。　　　　　　　　　　(　　)

2.石灰硬化时体积收缩较大,一般不单独使用。　　　　　　　　　　　　(　　)

四、简答题

1.某工程采用石灰砂浆抹面,施工完毕一段时间后抹面出现起鼓爆裂,甚至局部脱落现象,试分析其原因。

2.为什么说石膏是一种较好的室内装饰材料?

第4章 水　　泥

【学习要求】

知识点	学习要求
生产水泥所需原料、生产过程、硅酸盐水泥的凝结硬化过程及机理、其他专用水泥和特种水泥的特点及应用	了解
硅酸盐水泥熟料的矿物成分及特性，矿物组成及每种矿物单独在硅酸盐水泥中所起的作用	熟悉
硅酸盐水泥及掺混合材料的硅酸盐水泥的主要技术性质、检测方法、特性及应用，采用对比分析的方法掌握它们之间的共性及它们各自的个性；水泥的储存、运输、验收、保管及受潮处理、质量仲裁检验	掌握

4.1 硅酸盐水泥

水泥是一种粉末状材料，加适当水调制后，经一系列物理、化学作用，由最初的可塑性浆体变成坚硬的石状体，具有较高的强度，并且能将散状、块状材料黏结成整体。水泥浆体不仅能在空气中凝结硬化，而且能更好地在水中凝结硬化，并保持发展其强度，因而水泥是典型的水硬性胶凝材料。

水泥是建筑工程中最为重要的建筑材料之一，水泥的问世对工程建设起了巨大的推动作用，引起了工程设计、施工技术、新材料开发等领域的巨大变革。水泥不仅大量用于工业与民用建筑工程中，而且广泛用于交通、水利、海港、矿山等工程，几乎任何种类、规模的工程都离不开水泥。

我国的水泥工业，近几十年来无论是品种、产量还是质量都有大的突破。从中华人民共和国成立初期的二三十种、年产量不足百万吨发展到现在的上百个品种、产量连续 10 年居世界第一位，水泥及其制品工业的迅速发展对保证国家建设起着重要作用。但我国水泥工业存在明显不足：传统的水泥产业是一个高耗能、高环境负荷的产业，以中国的现实情况为例，平均每生产 1 t 水泥熟料，需消耗 1.2 t 石灰石、169 kg 标准煤，向大气排放约 1 t CO_2、2 kg SO_2、4 kg NO_2，综合耗电 100 kW·h，还要向大气排放大量粉尘与烟尘。如果水泥仍沿着传统的发展模式走下去，随着水泥产量的提高，现有的资源、能源、环境等都不堪负荷，无法实现可持续发展，因而水泥工业绿色产业化将是今后的发展方向。

目前,我国正利用一切行业管理手段来引导和促进水泥工业产业结构的调整,使水泥工业实现环保型、绿色化。走可持续发展的道路,已成为水泥工业发展的必经之路。新标准对我国通用水泥生产产生了巨大的冲击,对于普通水泥熟料,为了达到新标准的要求,水泥混合材料的掺量大幅度减少,这就大大提高了水泥成本,而降低了企业的经济效益。依靠科技进步,提高水泥性能,达到不降低混合材料掺量而提高水泥强度等级,或者保持水泥强度等级而不降低混合材料的掺量,这是我国水泥工业实施可持续发展战略的唯一可行之路。现已成功开发研制出低成本、绿色水泥生产技术,主要通过优化水泥熟料矿物组成,提高水泥性能的技术途径,实现了单位水泥低能耗、高工业废渣利用率的目标,大幅度降低了水泥的生产成本,大大提高了混合材料掺量,实现水泥绿色化生产的目的。

水泥的品种繁多,按其矿物组成,水泥可分为硅酸盐系列、铝酸盐系列、硫铝酸盐系列、铁铝酸盐系列、氟铝酸盐系列等;按其用途和特性又可分为通用水泥、专用水泥和特性水泥。按现行国家标准《通用硅酸盐水泥》(GB 175—2007)的定义:通用硅酸盐水泥是指以硅酸盐水泥熟料和适量的石膏及规定的混合材料制成的水硬性胶凝材料。按混合材料的品种和掺量分为硅酸盐水泥、普通硅酸盐水泥、矿渣硅酸盐水泥、火山灰质硅酸盐水泥、粉煤灰硅酸盐水泥和复合硅酸盐水泥。专用水泥是指有专门用途的水泥,如中、低热水泥,道路水泥等。特性水泥是指有比较特殊性能的水泥,如快硬硅酸盐水泥、抗硫酸盐水泥等。

凡由硅酸盐水泥熟料、0~5%石灰石或粒化高炉矿渣、适量石膏磨细制成的水硬性胶凝材料,均称为硅酸盐水泥(即国外通称的波特兰水泥)。硅酸盐水泥分两种类型:不掺加混合材料的称Ⅰ型硅酸盐水泥,代号 P·Ⅰ;在硅酸盐水泥粉磨时掺加不超过水泥质量5%石灰石或粒化高炉矿渣混合材料的称Ⅱ型硅酸盐水泥,代号 P·Ⅱ。

硅酸盐水泥是硅酸盐水泥系列的基本品种,其他品种的硅酸盐水泥都是在硅酸盐水泥熟料的基础上,掺入一定量的混合材料制得的,因此硅酸盐水泥是本章的重点。

4.1.1　硅酸盐水泥生产及熟料的矿物组成

1. 硅酸盐水泥的生产

烧制硅酸盐水泥熟料的主要原材料是石灰质原料和黏土质原料。石灰质原料,如石灰石、白垩等,主要提供 CaO;黏土质原料,如黏土、黏土质页岩等,主要提供 SiO_2、Al_2O_3、Fe_2O_3。有时两种原料化学组成不能满足要求,还要加入少量校正原料(如铁矿粉等)调整。

以上几种原材料经破碎,按一定比例配合,在磨机中磨细,并调配均匀,制备成生料;生料在水泥窑内煅烧至部分熔融,得到以硅酸钙为主要成分的硅酸盐水泥熟料;熟料加适量石膏,与不同种类、数量的混合材料共同磨细,即可制成通用硅酸盐水泥。

硅酸盐水泥的生产过程可以概括为"两磨一烧",其生产工艺流程如图 4-1 所示。

2. 硅酸盐水泥熟料的矿物组成

硅酸盐水泥熟料的主要矿物组成如下:硅酸三钙(化学分子式 $3CaO \cdot SiO_2$,简式 C_3S),含量 36%~60%;硅酸二钙(化学分子式 $2CaO \cdot SiO_2$,简式 C_2S),含量 15%~37%;铝酸三钙(化学分子式 $3CaO \cdot Al_2O_3$,简式 C_3A),含量 7%~15%;铁铝酸四钙(化学分子式 4CaO·

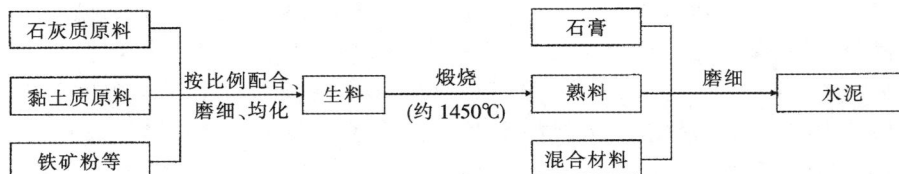

图 4-1 硅酸盐水泥生产工艺流程图

$Al_2O_3 \cdot Fe_2O_3$,简式 C_4AF),含量 $10\% \sim 18\%$。这四种矿物中硅酸三钙和硅酸二钙是主要的,称作硅酸盐矿物,其含量占 $70\% \sim 85\%$。熟料矿物是高温煅烧制成的,为得到合理矿物组成的水泥熟料,在水泥生产中要严格控制生料的化学成分及烧成条件。

硅酸盐水泥熟料矿物在与水作用时所表现出的特性是不同的,其中四种矿物成分的技术特性见表 4-1。

表 4-1　硅酸盐水泥熟料矿物的特性

矿物特性	矿物名称			
	硅酸三钙 (C_3S)	硅酸二钙 (C_2S)	铝酸三钙 (C_3A)	铁铝酸四钙 (C_4AF)
水化速度	中	慢	快	中
水化热	中	低	高	中
强度	高	早期低,后期高	低	低
耐化学侵蚀	中	良	差	优
干缩性	中	小	大	小

水泥是由多种矿物成分组成的,不同的矿物成分具有不同的特性,改变熟料中矿物组分的含量比例,可以生产出不同性能的水泥。比如,提高硅酸三钙的含量,可以制得高强度水泥;降低硅酸三钙、铝酸三钙的含量,提高硅酸二钙的含量,可以制得水化热低的低热水泥;提高铁铝酸四钙和硅酸三钙的含量,可以制得高抗折强度的道路水泥等。

4.1.2　硅酸盐水泥的凝结和硬化

硅酸盐水泥拌和后,首先是水泥颗粒表面的矿物溶解于水,并与水发生水化反应,最初形成具有可塑性的浆体,随着水化反应的进行,水泥浆体逐渐变稠失去可塑性,但还不具有强度,这一过程称为水泥的“凝结”;随后凝结的水泥浆体开始产生强度,并逐渐发展成为坚硬的水泥石,这一过程称为“硬化”。水泥的凝结、硬化过程与水泥的技术性能密切相关,其结果直接影响硬化水泥石的结构和使用性能。因此,了解水泥的凝结和硬化过程是非常必要的。

1.水泥的水化反应

水泥加水拌和后,水泥颗粒表面立即与水发生化学反应,不同熟料矿物与水作用生成水化产物，同时放出一定的热量。其反应式如下：

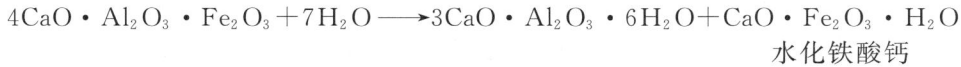

$$2(3CaO \cdot SiO_2) + 6H_2O \longrightarrow 3CaO \cdot 2SiO_2 \cdot 3H_2O + 3Ca(OH)_2$$
水化硅酸钙　　　　　氢氧化钙

$$2(2CaO \cdot SiO_2) + 4H_2O \longrightarrow 3CaO \cdot 2SiO_2 \cdot 3H_2O + Ca(OH)_2$$

$$3CaO \cdot Al_2O_3 + 6H_2O \longrightarrow 3CaO \cdot Al_2O_3 \cdot 6H_2O$$
水化铝酸钙

$$4CaO \cdot Al_2O_3 \cdot Fe_2O_3 + 7H_2O \longrightarrow 3CaO \cdot Al_2O_3 \cdot 6H_2O + CaO \cdot Fe_2O_3 \cdot H_2O$$
水化铁酸钙

　　四种熟料矿物中，铝酸三钙的水化、凝结和硬化很快，若水泥中无石膏存在，铝酸三钙会使水泥瞬间产生凝结。为了控制铝酸三钙的水化和凝结硬化速度，必须在水泥中掺入适量石膏，而石膏将与部分水化铝酸钙反应，生成难溶的水化硫铝酸钙，又称钙矾石。其反应式如下：

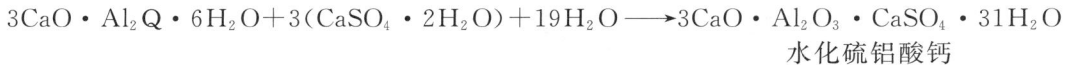

$$3CaO \cdot Al_2O_3 \cdot 6H_2O + 3(CaSO_4 \cdot 2H_2O) + 19H_2O \longrightarrow 3CaO \cdot Al_2O_3 \cdot CaSO_4 \cdot 31H_2O$$
水化硫铝酸钙

　　如果忽略一些次要和少量的成分，一般认为硅酸盐水泥水化后生成的主要水化产物为：水化硅酸钙（约 70%）、氢氧化钙（约 20%）、水化铝酸钙、水化铁酸钙和水化硫铝酸钙（约 7%）。

2. 水泥的凝结和硬化

　　水泥水化后，生成各种水化产物，随着时间推延，水泥浆逐渐失去塑性，而成为具有一定强度的固体，这一过程称为水泥的凝结硬化。凝结和硬化是一个连续而复杂的物理化学变化过程，可以分为四个阶段来描述，水泥凝结硬化过程如图 4-2 所示。

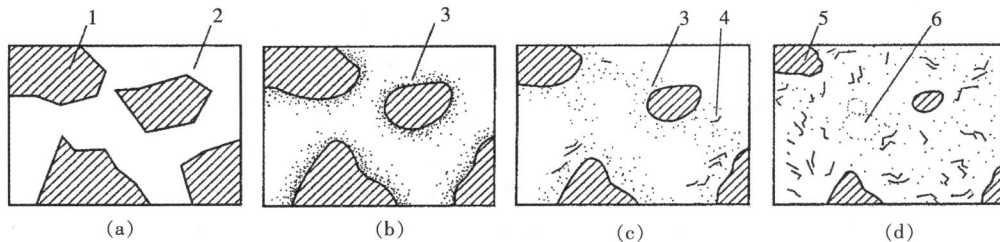

图 4-2　水泥凝结和硬化过程示意图
(a)分散在水中未水化的水泥颗粒；(b)在水泥颗粒表面形成水化物膜层；
(c)膜层长大并相互连接(凝结)；(d)水化物进一步发展，填充毛细孔(硬化)
1—水泥颗粒；2—水分；3—凝胶；4—晶体；5—水泥颗粒的未水化内核；6—毛细孔

　　水泥加水拌和后，水泥颗粒表面很快就与水发生化学反应，生成相应的水化产物，组成水泥-水-水化产物混合体系，这一阶段称作初始反应期。

　　水化初期生成的产物迅速扩散到水中，水化产物在溶液中很快达到饱和或过饱和状态而不断析出，在水泥颗粒表面形成水化物膜层，使得水化反应进行较慢，这一阶段称作诱导期。在这期间，水泥颗粒仍然分散，水泥浆体具有良好的可塑性。

　　随着水化的继续进行，自由水分逐渐减少，水化产物不断增加，水泥颗粒表面的新生物厚度逐渐增大,使水泥浆中固体颗粒间的间距逐渐减小,越来越多的颗粒相互连接形成网架结构,使水泥浆体逐渐变稠,慢慢失去可塑性,这一阶段称作凝结期。

水化反应进一步进行,水化产物不断生成,水泥颗粒之间的毛细孔不断被填实,使结构更加致密,水泥浆体逐渐硬化,形成具有一定强度的水泥石,且强度随时间不断提高,这一阶段称作硬化期。水泥的硬化期可以延续至很长时间,但 28 d 基本表现出大部分强度。

水泥的水化是从表面开始向内部逐渐深入进行的,在最初 1~3 d,水化产物增加迅速,强度发展很快,随着水化反应的不断进行,水化产物增加的速度逐渐变慢,强度增长的速度也逐渐变缓,28 d 之后显著减慢。但是,只要维持适当的温度与湿度,水泥石中未水化的水泥颗粒仍将继续水化,水泥石的强度在几个月、几年甚至几十年后还会继续增长。

3. 影响水泥凝结、硬化的因素

水泥的凝结、硬化过程,也就是水泥强度发展的过程,为了正确使用水泥,必须了解影响水泥凝结、硬化的因素,以便采取合理、有效的措施。

1)熟料矿物组成

矿物组成是影响水泥凝结硬化的主要内因,不同的熟料矿物成分单独与水作用时,水化反应的速度、强度、水化放热是不同的,因此,改变水泥的矿物组成,其凝结硬化将产生明显的变化。

2)水泥细度及粒形

水泥颗粒的粗细直接影响水泥的水化、凝结硬化、强度、干缩及水化热等。水泥的颗粒粒径一般在 7~200 μm,颗粒越细,与水接触的比表面积越大,水化速度越快且较充分,水泥的早期强度和后期强度都很高。一般认为,水泥颗粒中 0~30 μm 的颗粒对强度起主要作用,其中 0~10 μm 部分早期强度高,10~30 μm 部分后期强度高。0~30 μm 这部分颗粒含量越高,水泥质量越好,颗粒粒径大于 100 μm 水泥活性就很小了。但水泥颗粒过细,在生产过程中消耗的能量越多,机械损耗也越大,生产成本增加,且水泥在硬化时收缩也增大,因而水泥的细度应适中。

人们对水泥颗粒特性的研究不再仅限于比表面积,而开始关注水泥颗粒形貌对水泥性能的影响。水泥颗粒的形状近乎球状时,其单位质量比表面积最小,球状和椭圆状比较多的水泥颗粒标准稠度需水量低,其后期强度高。

3)石膏

石膏掺入水泥中的目的是延缓水泥的凝结、硬化速度,其缓凝原理如前所述。在此必须注意,石膏的掺量必须严格控制,如果石膏掺量过多,在水泥硬化后仍有一部分石膏与 C_3A 继续水化生成一种水化硫铝酸钙的针状晶体,体积膨胀,使水泥和混凝土强度降低,严重时还会导致水泥体积安定性不良。适宜的石膏掺量主要取决于水泥中 C_3A 的含量和石膏的品种及质量,同时与水泥细度及熟料中 SO_3 的含量有关,一般生产水泥时石膏掺量占水泥质量的 3%~5%,具体掺量应通过试验确定。

4)温度和湿度

温度对水泥的凝结硬化影响很大,提高温度,可加速水泥的凝结硬化,强度增长较快。

一般情况，提高温度可加速硅酸盐水泥的早期水化，使早期强度能较快发展，但对后期强度反而可能会有降低作用。而在较低温度下进行水化，虽然凝结硬化慢，但水化产物较致密，可获得较高的最终强度。但当温度低于 0 ℃ 时，强度不仅不增长，还会因水的结冰而导致水泥石的破坏。湿度是保证水泥水化的一个必备条件，水泥的凝结硬化实质是水泥的水化过程。因此，在缺乏水的干燥环境中，水化反应不能正常进行，硬化也将停止；潮湿环境下的水泥石能够保持足够的水分进行水化和凝结硬化，从而保证强度的不断发展。在工程中，保持环境的温、湿度，使水泥石强度不断增长的措施称为养护，水泥混凝土在浇筑后的一段时间里应十分注意温、湿度的养护。

5）龄期

龄期指水泥在正常养护条件下所经历的时间。水泥的凝结、硬化是随龄期的增长而渐进的过程，在适宜的温、湿度环境中，随着水泥颗粒内各熟料矿物水化程度的提高，凝胶体不断增加，毛细孔相应减少，水泥的强度增长可持续若干年。在水泥水化作用的最初几天内强度增长最为迅速，如水化 7 d 的强度可达到 28 d 强度的 70% 左右，28 d 以后的强度增长明显减缓。

6）水灰比

拌和水泥浆时，水与水泥的质量比称为水灰比。拌和水泥浆时，为使浆体具有一定塑性和流动性，所加入的水量通常要大大超过水泥充分水化时所需用水量，多余的水在硬化的水泥石内形成毛细孔。因此拌和水越多，硬化水泥石中的毛细孔就越多，当水灰比为 0.4 时，完全水化后水泥石的总孔隙率为 29.6%，而水灰比为 0.7 时，水泥石的孔隙率高达 50.3%。水泥石的强度随其孔隙率增大呈线性关系下降。因此，在熟料矿物组成大致相近的情况下，水灰比的大小是影响水泥石强度的主要因素。

水泥的凝结、硬化除受上述主要因素影响之外，还与受潮程度及掺外加剂种类等因素有关。

4.1.3　硅酸盐水泥的特性

1. 硅酸盐水泥的主要技术指标

按照我国现行国家标准《通用硅酸盐水泥》（GB 175—2007）规定，硅酸盐水泥的技术指标包括化学指标和物理力学指标。

1）水泥的化学指标

水泥化学指标包括氧化镁含量、三氧化硫含量、烧失量和不溶物。

（1）氧化镁含量。

在烧制水泥熟料过程中，存在游离的氧化镁，它的水化速度很慢，而且水化产物为氢氧化镁。氢氧化镁能产生体积膨胀，可以导致水泥石结构裂缝甚至破坏。因此，氧化镁是引起水泥安定性不良的原因之一。

（2）三氧化硫含量。

水泥中的三氧化硫主要是生产水泥过程中掺入石膏，或者是煅烧水泥熟料时加入石膏矿化剂带入的。如果石膏掺量超出一定限度,在水泥硬化后,它会继续水化并产生膨胀,导致结构物破坏。因此,三氧化硫也是引起水泥安定性不良的原因之一。

(3)烧失量。

水泥煅烧不理想或受潮后,会导致烧失量增加。因此,烧失量是检验水泥质量的一项指标。烧失量检测是以水泥试样在950～1000 ℃下灼烧15～20 min,冷却至室温称量。如此反复灼烧,直至恒重,计算灼烧前后质量损失百分率。

(4)不溶物。

水泥中不溶物主要是指煅烧过程中存留的残渣,不溶物的含量会影响水泥的黏结质量。不溶物是用盐酸溶解滤去不溶残渣,经碳酸钠处理再用盐酸中和,高温下灼烧至恒重后称量,灼烧后不溶物质量占试样总质量比例为不溶物含量。

2)水泥的物理指标

水泥物理指标包括细度、标准稠度用水量、凝结时间、体积安定性和强度。

(1)细度。

细度是指水泥颗粒的粗细程度。一般情况下,水泥颗粒越细,其总表面积越大,与水反应时接触的面积也越大,水化反应速度就越快,所以相同矿物组成的水泥,细度越大,凝结硬化速度越快,早期强度越高。一般认为,水泥颗粒粒径小于45 μm才具有较大的活性。但水泥颗粒太细,使混凝土发生裂缝的可能性增加,此外,水泥颗粒细度提高会导致生产成本提高,因此,应合理控制水泥细度。

水泥细度可以根据《水泥细度检验方法　筛析法》(GB/T 1345—2005)和《水泥比表面积测定方法　勃氏法》(GB/T 8074—2008)检测。

①筛析法。以80 μm方孔筛或45 μm方孔筛上的筛余百分率表示。筛析法有负压筛析法、水筛析法和手工筛析法三种,当检测结果发生争议时,以负压筛析法为准。

②比表面积法。以每千克水泥所具有的总表面积(cm^2)表示。比表面积采用勃氏法检测。

(2)标准稠度用水量。

在检测水泥的凝结时间和安定性时,为使检测结果具有可比性,必须采用标准稠度的水泥净浆进行检测。

《水泥标准稠度用水量、凝结时间、安定性检验方法》(GB/T 1346—2011)规定,水泥净浆标准稠度检测的标准法为试杆法,以标准法维卡仪的试杆沉入净浆距底板的距离为(6±1) mm时的水泥浆的稠度作为标准稠度,水泥净浆达到标准稠度时所需拌和水量称为标准稠度用水量;以试锥法(调整水量法和不变水量法)为代用法。有矛盾时以标准法为准。

(3)凝结时间。

凝结时间是指水泥从加水到水泥浆失去可塑性所需要的时间。水泥在凝结过程中经历了初凝和终凝两种状态。水泥凝结时间分为初凝时间和终凝时间;初凝时间是指水泥从加水到水泥浆开始失去可塑性所经历的时间;终凝时间是指从水泥加水到水泥浆完全失去可塑性所经历的时间。

《水泥标准稠度用水量、凝结时间、安定性检验方法》(GB/T 1346—2011)规定：将标准稠度的水泥净浆装入凝结时间检测仪的试模中，以标准试针(分初凝用试针和终凝用试针)检测。当初凝用试针沉至距底板(4±1) mm 时，为水泥达到初凝状态，由水泥加水时至达到初凝状态所经历的时间作为初凝时间；完成初凝时间检测后，将试模连同浆体翻转 180°，换上终凝用试针(终凝针上装有一个环形附件)，当试针沉入试体 0.5 mm 时，即环形附件不能在试体上留下痕迹时，为水泥达到终凝状态，由水泥加水时至达到终凝状态所经历的时间作为水泥的终凝时间。

水泥凝结时间对工程施工有重要的意义。水泥的初凝时间不宜过短，终凝时间不宜过长。水泥的初凝时间太短，则在施工前即已失去流动性和可塑性而无法施工；水泥的终凝时间过长，则将延长施工进度和模板周转期。

(4)体积安定性。

水泥体积安定性是指水泥在凝结硬化过程中体积变化的均匀程度。如果这种体积变化是轻微的、均匀的，则对建筑物的质量没什么影响，但是如果混凝土硬化后，由于水泥中某些有害成分的作用，在水泥石内部产生了剧烈的、不均匀的体积变化，则会在建筑物内部产生破坏应力，导致建筑物的强度降低。若破坏应力发展到超过建筑物的强度，则会引起建筑物开裂、崩塌等严重质量事故，这种现象称为水泥的体积安定性不良。

引起水泥体积安定性不良的原因：水泥熟料中含有过多的游离 CaO 和 MgO 或石膏掺量过多。熟料中所含游离 CaO 或 MgO 都是过烧的，结构致密，水化很慢，加之被熟料中其他成分所包裹，使得其在水泥已经硬化后才进行熟化，生成六方板状的 $Ca(OH)_2$ 晶体，这时体积膨胀 97% 以上，从而导致不均匀体积膨胀，使水泥石开裂；当石膏掺量过多时，在水泥硬化后，残余石膏与水化铝酸钙继续反应生成钙矾石，体积约增大 1.5 倍，从而导致水泥石开裂。

《水泥标准稠度用水量、凝结时间、安定性检验方法》(GB/T 1346—2011)规定，水泥的体积安定性检验方法有雷氏法(标准法)和试饼法(代用法)。有矛盾时以标准法为准。

①雷氏法：将标准稠度的水泥净浆按规定方法装入雷氏夹的环形试模中，湿养 24 h 后检测指针尖端距离；接着将其放入沸煮箱内，30 min 内加热至水沸腾，然后恒沸 3 h；待试件冷却后再检测指针尖端的距离，若沸煮前后指针尖端增加的距离不超过 5.0 mm，则认为水泥的体积安定性合格。

②试饼法：用标准稠度的水泥净浆按规定方法制成规定的试饼，经养护、沸煮后，观察饼的外形变化，如目检测饼无裂纹，用钢直尺检查无弯曲，则认为安定性合格，反之为不合格。

(5)强度。

水泥强度是水泥技术要求中最基本的指标，它直接反映了水泥的质量水平和使用价值。水泥强度越高，其胶结能力越大。水泥的强度除与水泥本身的性质(矿物组成、细度等)有关外，还与水灰比、试件制作方法、养护条件和养护龄期等有关。

按照我国现行标准《水泥胶砂强度检验方法(ISO 法)》(GB/T 17671—2021)的规定，以水泥和标准砂为 1∶3，水灰比为 0.5 的配合比，用标准制作方法制成 40 mm×40 mm×160 mm 的棱柱体，在标准养护条件下，即 24 h 之内在温度(20±1) ℃，相对湿度不低于 90%

的养护箱或雾室内,24 h 后在(20+1)℃的水中,检测其达到规定龄期(3 d、28 d)的抗折和抗压强度,按《通用硅酸盐水泥》(GB 175—2007)规定的最低强度值来划分水泥的强度等级。

①水泥强度等级。按规定龄期抗压强度和抗折强度来划分,各龄期强度不得低于表 4-2 规定的数值。在规定各龄期的抗压强度和抗折强度均符合某一强度等级的最低强度值要求时,以 28 d 抗压强度值(MPa)作为强度等级。

②水泥型号。为提高水泥的早期强度,我国现行标准将水泥分为普通型和早强型(R 型)两个型号。早强型水泥的 3 d 抗压强度可以达到 28 d 抗压强度的 50%;同强度等级的早强型水泥,3 d 抗压强度较普通型的可以提高 10%~24%。

表 4-2　硅酸盐水泥的强度指标

品种	强度等级	抗压强度/MPa		抗折强度/MPa	
		3 d	28 d	3 d	28 d
硅酸盐水泥	42.5	≥17.0	≥42.5	≥3.5	≥6.5
	42.5 R	≥22.0		≥4.0	
	52.5	≥23.0	≥52.5	≥4.0	≥7.0
	52.5 R	≥27.0		≥5.0	
	62.5	≥28.0	≥62.5	≥5.0	≥8.0
	62.5 R	≥32.0		≥5.5	

2. 硅酸盐水泥的技术标准

按我国现行标准《通用硅酸盐水泥》(GB 175—2007)的有关规定,硅酸盐水泥的技术标准见表 4-3。

表 4-3　硅酸盐水泥的技术标准

品种	代号	不溶物/(%)	烧失量/(%)	三氧化硫/(%)	氧化镁/(%)	氯离子/(%)	碱含量/(%)	细度			凝结时间/min		安定性(沸煮法)	抗压强度/MPa
								比表面积/(m²/kg)	80 μm 方孔筛筛余量/(%)	45 μm 方孔筛筛余量/(%)	初凝	终凝		
硅酸盐水泥	P·Ⅰ	≤0.75	≤3.0	≤3.5	≤5.0①	≤0.06②	0.60③	≥300	—	—	≥45	≤390	必须合格	见表 4-5
	P·Ⅱ	≤1.50	≤3.5											

注:①如果水泥压蒸试验合格,则水泥中氧化镁的含量允许放宽至 6.0%;

②当有更低要求时,该指标由买卖双方协商确定;

③水泥中碱含量按 $Na_2O+0.658K_2O$ 计算值表示,若使用活性骨料,用户要求提供低碱水泥,水泥中的碱含量应不大于 0.60%或由买卖双方协商确定。

　　《通用硅酸盐水泥》(GB 175—2007)规定,不溶物、烧失量、三氧化硫、氧化镁、氯离子、凝结时间、安定性、抗压强度符合标准规定的,为合格品。任何一项技术要求不符合标准规定的,为不合格品。

4.1.4　水泥石的腐蚀及预防措施

1. 水泥石的腐蚀

　　硅酸盐水泥硬化后形成的水泥石,在正常环境条件下将继续硬化,强度不断增长。但在某些腐蚀性液体或气体的长期作用下,水泥石就会受到不同程度的腐蚀,严重时会使水泥石强度明显降低甚至完全破坏,这种现象称为水泥石的腐蚀。

　　引起水泥石腐蚀的原因很多,也很复杂,水泥石常见的腐蚀类型有以下几种。

　　1)软水侵蚀

　　软水是指重碳酸盐含量较小的水。硅酸盐水泥属于水硬性胶凝材料,应有足够的抗水能力。但在硬化后如果不断受到淡水的浸析,水泥的水化产物就将按照溶解度的大小,依次逐渐被水溶解,产生溶出性侵蚀,最终导致水泥石破坏。

　　在各种水化产物中,$Ca(OH)_2$ 的溶解度最大,所以首先被溶解。如果水量不多,水中的 $Ca(OH)_2$ 浓度很快就达到饱和而停止溶出。但是在流动水中,特别有水压作用,且混凝土的渗透性又较大的情况下,$Ca(OH)_2$ 就会不断地被溶出带走,这不仅增加了混凝土的孔隙率,使水更易渗透,而且液相中 $Ca(OH)_2$ 的浓度降低,还会使其他水化产物发生分解。

　　长期处于淡水环境(雨水、雪水、冰川水、河水等)的混凝土,表面会产生一定的破坏。但对抗渗性良好的水泥石,淡水的溶出过程一般发展很慢,几乎可以忽略不计。

　　2)酸和酸性水侵蚀

　　当水中溶有一些无机酸或有机酸时,硬化水泥石就受到溶析和化学溶解双重作用。酸类离解出来的 H^+ 离子和酸根 R^- 离子,分别与水泥石中 $Ca(OH)_2$ 的 OH^- 和 Ca^{2+} 结合成水和钙盐。

$$2H+2OH^- \longrightarrow 2H_2O$$

$$Ca^{2+}+2R^- \longrightarrow CaR_2$$

　　在大多数天然水及工业污水中,由于大气中的 CO_2 的溶入,常会产生碳酸侵蚀。首先,碳酸与水泥石中的 $Ca(OH)_2$ 作用,生成不溶于水的碳酸钙。然后,水中的碳酸还要与碳酸钙进一步作用,生成易溶性的碳酸氢钙。

$$Ca(OH)_2+CO_2+H_2O \longrightarrow CaCO_3+2H_2O$$

$$CaCO_3+CO_2+H_2O \longrightarrow Ca(HCO_3)_2$$

　　3)盐类侵蚀

　　绝大部分硫酸盐对水泥石都有明显的侵蚀作用。SO_4^{2-} 离子主要存在于海水、地下水以及某些工业污水中。当溶液中 SO_4^{2-} 离子大于一定浓度时,碱性硫酸盐就能与水泥石中的 $Ca(OH)_2$ 发生反应,生成硫酸钙 $CaSO_4 \cdot 2H_2O$,并能结晶析出。硫酸钙进一步再与水化铝

酸钙反应生成钙矾石,体积膨胀,使水泥石产生膨胀开裂以至毁坏。以硫酸钠为例,其作用如下式:

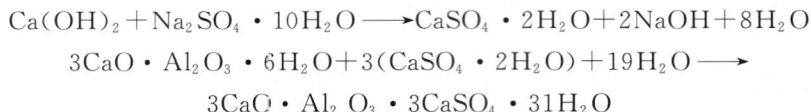

$$Ca(OH)_2 + Na_2SO_4 \cdot 10H_2O \longrightarrow CaSO_4 \cdot 2H_2O + 2NaOH + 8H_2O$$

$$3CaO \cdot Al_2O_3 \cdot 6H_2O + 3(CaSO_4 \cdot 2H_2O) + 19H_2O \longrightarrow$$

$$3CaO \cdot Al_2O_3 \cdot 3CaSO_4 \cdot 31H_2O$$

镁盐是另外一种盐类腐蚀形式,主要存在于海水及地下水中。镁盐主要是硫酸镁和氯化镁,与水泥石中的 $Ca(OH)_2$ 发生置换反应。

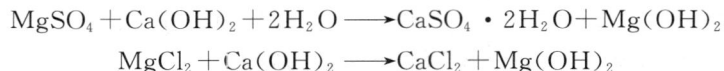

$$MgSO_4 + Ca(OH)_2 + 2H_2O \longrightarrow CaSO_4 \cdot 2H_2O + Mg(OH)_2$$

$$MgCl_2 + Ca(OH)_2 \longrightarrow CaCl_2 + Mg(OH)_2$$

反应产物氢氧化镁的溶解度极小,极易从溶液中析出而使反应不断向右进行,氯化钙和硫酸钙易溶于水,尤其硫酸钙($CaSO_4 \cdot 2H_2O$)会继续产生硫酸盐的腐蚀。因此,硫酸镁对水泥石的破坏极大,起着双重腐蚀作用。

4)含碱溶液侵蚀

水泥石在一般情况下能够抵抗碱类的侵蚀,但是长期处于较高浓度的碱溶液中,也会受到腐蚀。而且温度升高,侵蚀作用加快。这类侵蚀主要包括化学侵蚀和物理侵蚀两类作用。

化学侵蚀是指碱溶液与水泥石中水泥水化产物发生化学反应,生成的产物胶结力差,且易为碱液溶析。如:

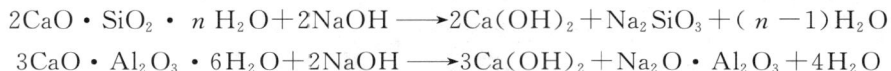

$$2CaO \cdot SiO_2 \cdot nH_2O + 2NaOH \longrightarrow 2Ca(OH)_2 + Na_2SiO_3 + (n-1)H_2O$$

$$3CaO \cdot Al_2O_3 \cdot 6H_2O + 2NaOH \longrightarrow 3Ca(OH)_2 + Na_2O \cdot Al_2O_3 + 4H_2O$$

结晶侵蚀则是因碱液渗入水泥石孔隙,然后又在空气中干燥呈结晶析出,由结晶产生压力所引起的胀裂现象。

$$2NaOH + CO_2 + 9H_2O \longrightarrow Na_2CO_3 \cdot 10H_2O$$

2. 水泥石腐蚀的预防措施

(1)根据环境特点,合理选择水泥品种。

如处于软水环境的工程,常选用掺混合材料的矿渣水泥、火山灰水泥或粉煤灰水泥,因为这些水泥的水泥石中氢氧化钙含量低,对软水侵蚀的抵抗能力强。

如采用氢氧化钙含量少的水泥,可提高对淡水、侵蚀性液体的抵抗能力;采用含水化铝酸钙低的水泥,可抵抗硫酸盐的腐蚀;选择掺入混合材料的水泥可提高抗腐蚀能力。

(2)提高水泥石的密实度,降低孔隙率。

硅酸盐水泥水化只需 23% 左右的水,而实际用水量较大,占水泥质量的 40%～70%,多余的水分蒸发后形成连通的孔隙,腐蚀介质就易渗入水泥石内部,从而加速了水泥石的腐蚀。在实际工作中,可通过降低水灰比、仔细选择骨料、掺外加剂、改善施工方法等措施,提高水泥石的密实度,从而提高水泥石的抗腐蚀性能。

(3)在水泥石表面敷设保护层。

在水泥石的表面涂抹或敷设保护层,隔断水泥石和外界的腐蚀性介质的接触,达到抗侵蚀的目的。例如,可在水泥石表面涂抹耐腐蚀的涂料,如水玻璃、沥青、环氧树脂等;或者在水泥石的表面铺建筑陶瓷、致密的天然石材等。

4.1.5 硅酸盐水泥的特性和应用

1. 硅酸盐水泥的特性

(1)凝结硬化快,早期及后期强度均高。硅酸盐水泥适用于有早强要求的工程(如冬季施工、预制、现浇等工程)、高强度混凝土工程(如预应力钢筋混凝土、大坝溢流面部位混凝土)。

(2)抗冻性好。硅酸盐水泥采用合理的配合比并充分养护后,可获得较低孔隙率的水泥石,并有足够的强度,因此具有良好的抗冻性。硅酸盐水泥适用于冬季施工和遭受反复冻融的混凝土工程,以及抗冻性要求高的工程。

(3)水化热高。不宜用于大体积混凝土工程,但有利于低温季节蓄热法施工。

(4)耐腐蚀性差。因水化后氢氧化钙和水化铝酸钙的含量较多,不宜用于与流动的淡水接触及有水压作用的工程,也不适用于受海水、矿物水等作用的工程。

(5)抗碳化能力强。碳化是指水泥石中的氢氧化钙与空气中的二氧化碳反应生成碳酸钙的过程。碳化会使水泥石内部碱度降低,从而使其中的钢筋发生锈蚀。其机理可解释为:钢筋混凝土中的钢筋若处于碱性环境中,在其表面会形成一层灰色的钝化膜,保护其中的钢筋不被锈蚀,而碳化会使水泥石逐渐由碱性变为中性,当中性深度达到钢筋附近时,钢筋失去碱性保护而锈蚀,致使混凝土构件破坏。硅酸盐水泥由于密实度高且碱性强,故抗碳化能力强,特别适用于重要的钢筋混凝土结构、预应力混凝土工程及二氧化碳浓度高的环境。

因水化后氢氧化钙含量较多,故水泥石的碱度不易降低,对钢筋的保护作用较强,适用于空气中二氧化碳浓度高的环境。

(6)耐热性差。因水化后氢氧化钙含量高,不适用于承受高温作用的混凝土工程。硅酸盐水泥中的一些重要成分在 250 ℃时会发生脱水或分解,使水泥石强度下降,当受热 700 ℃以上时,将遭受破坏,所以硅酸盐水泥不宜用于耐热混凝土工程。

(7)水化热大。硅酸盐水泥中含有大量的 C_3S 和 C_3A,在水泥水化时,放热速度快且放热量大,用于冬季施工可避免冻害。但高水化热对大体积混凝土工程不利,一般不适合用于大体积混凝土工程。

(8)耐磨性好。适用于高速公路、道路和地面工程等对耐磨性要求高的工程。

2. 硅酸盐水泥的应用

(1)适用于早期强度要求高的工程及冬季施工的工程。

(2)适用于重要结构的高强混凝土和预应力混凝土工程。

(3)适用于严寒地区,遭受反复冻融的工程及干湿交替的部位。

(4)不能用于大体积混凝土工程。

(5)不能用于高温环境的工程。

(6)不能用于海水和有侵蚀性介质存在的工程。

4.2 掺混合材料的硅酸盐水泥

掺混合材料的硅酸盐水泥是指在硅酸盐水泥熟料的基础上,加入一定量的混合材料和适量石膏共同磨细制成的一种水硬性胶凝材料,掺混合材料的目的是调整水泥强度等级,扩大使用范围,改善水泥的某些性能,增加水泥的品种和产量,降低水泥成本并且充分利用工业废料,节省黏土及岩石资源,减轻环境的负担。

4.2.1 混合材料

混合材料是指在生产水泥及各种制品和构件时,常掺入大量天然的或人工的矿物材料。混合材料按照其参与水化的程度,分为活性混合材料和非活性混合材料。

1. 活性混合材料

活性混合材料是指具有火山灰性或潜在水硬性,或者兼有火山灰性和水硬性的矿物质材料。

火山灰性是指一种材料磨成细粉,单独不具有水硬性,但在常温下与石灰一起和水能形成具有水硬性的化合物的性能;潜在水硬性是指磨细的材料与石膏一起和水能形成具有水硬性的化合物的性能。硅酸盐水泥熟料水化后会产生大量的氢氧化钙并且熟料中含有石膏,因此在硅酸盐水泥中掺入活性混合材料具备了使活性混合材料发挥活性的条件,通常将氢氧化钙、石膏称为活性混合材料的"激发剂"。激发剂的浓度越高,激发剂作用越大,混合材料活性发挥越充分。水泥中常掺的活性混合材料如下。

1)粒化高炉矿渣

将炼铁高炉中的熔融矿渣经水淬等急冷方式处理而成的松软颗粒称为高炉矿渣,又称水淬矿渣,其中主要的化学成分是 CaO、SiO_2 和 Al_2O_3,占 90％以上。一般 CaO 和 Al_2O_3 含量较高者,活性较大,质量较好。急速冷却的矿渣结构为不稳定的玻璃体,储有较高的潜在活性,在有激发剂的情况下,具有水硬性,如果熔融状态的矿渣缓慢冷却,其中的 SiO_2 等形成晶体,活性极小,称为慢冷矿渣,则不具有活性。

2)火山灰质混合材料

凡是天然的或人工的以活性氧化硅(SiO_2)和活性氧化铝(Al_2O_3)为主要成分,其含量一般可达 65％～95％,具有火山灰活性的矿物质材料,都称为火山灰质混合材料。其按成因分为天然的和人工的两类。天然的火山灰主要是火山喷发时随同熔岩一起喷发的大量碎屑沉积在地面或水中的松软物质,包括浮石、火山灰、凝灰岩等。还有一些天然材料或工业废料,如硅藻土、沸石、烧黏土、煤矸石、煤渣等也属于火山质混合材料。

3)粉煤灰

粉煤灰是发电厂燃煤锅炉排出的烟道灰,其颗粒直径一般为 0.001～0.050 mm,呈玻璃态实心或空心的球状颗粒,表面比较致密。粉煤灰的成分主要是活性氧化硅(SiO_2)和活性氧化铝(Al_2O_3),粉煤灰就其化学成分及性质属于火山灰质混合材料,由于每年排放量高达

1.4×10^8 t，为了充分利用这些工业废料，保护环境，节约资源，把它专门列出作为一类活性混合材料。粉煤灰由于其本身的化学成分、结构和颗粒形状等特征，在混凝土中可产生下列三种效应，总称为"粉煤灰效应"。

（1）活性效应。

粉煤灰中所含的 SiO_2 和 Al_2O_3 具有活性，它们能与水泥水化产生的 $Ca(OH)_2$ 反应，生成类似水泥水化产物中的水化硅酸钙和水化铝酸钙，也可作为胶凝材料的一部分而起增强作用。

（2）颗粒形态效应。

煤粉在高温燃烧过程中形成的粉煤灰颗粒，绝大多数为玻璃微珠，掺入混凝土中可减小内摩擦力，从而可减少混凝土的用水量，起减水作用。

（3）微集料效应。

粉煤灰中的微细颗粒均匀分布在水泥浆内，填充孔隙和毛细孔，改善了混凝土的孔结构和增大密度。

由于上述效应，粉煤灰可以改善混凝土拌和物的流动性、保水性、可泵性，并能降低混凝土的水化热，提高混凝土的抗化学侵蚀、抗渗、抑制碱骨料反应等耐久性能。

根据燃煤品种，粉煤灰分为 F 类粉煤灰（由无烟煤或烟煤燃烧收集的）和 C 类粉煤灰（由褐煤或次烟煤燃烧收集的）；根据用途，粉煤灰分为拌制砂浆和混凝土用粉煤灰、水泥活性混合材料用粉煤灰两类。

拌制砂浆和混凝土用粉煤灰分为 Ⅰ 级、Ⅱ 级和 Ⅲ 级三个等级。水泥活性混合材料用粉煤灰不分级，按国家标准《用于水泥和混凝土中的粉煤灰》（GB/T 1596—2017）的规定，水泥活性混合材料用粉煤灰的技术要求见表 4-4。

表 4-4　水泥活性混合材料用粉煤灰技术要求

项目		理化性能要求
烧失量/（%）	F 类粉煤灰	≤8.0
	C 类粉煤灰	
含水量/（%）	F 类粉煤灰	≤1.0
	C 类粉煤灰	
三氧化硫（SO_3）质量分数/（%）	F 类粉煤灰	≤3.5
	C 类粉煤灰	
游离氧化钙（f-CaO）质量分数/（%）	F 类粉煤灰	≤1.0
	C 类粉煤灰	≤4.0
二氧化硅（SiO_2）、三氧化二铝（Al_2O_3）、三氧化二铁（Fe_2O_3）总质量分数/（%）	F 类粉煤灰	≥70.0
	C 类粉煤灰	≥50.0
密度/（g/cm^3）	F 类粉煤灰	≤2.6
	C 类粉煤灰	

续表

项目		理化性能要求
安定性（雷氏法）/mm	C 类粉煤灰	≤5.0
强度活性指数/（%）	F 类粉煤灰	≥70.0
	C 类粉煤灰	

2. 非活性混合材料

在水泥中主要起填充作用而不与水泥发生化学反应或化学反应很微弱的矿物材料，称为非活性混合材料。将它们掺入硅酸盐水泥的目的，主要是提高水泥产量，调节水泥强度等级，减小水化热等。实际上非活性混合材料在水泥中仅起填充作用，所以又称为填充性混合材料、惰性混合材料。磨细的石英砂、石灰石、黏土、慢冷矿渣及各种废渣都属于非活性材料。另外，凡不符合技术要求的粒化高炉矿渣、火山灰质混合材料及粉煤灰均可作为非活性混合材料使用。

4.2.2 掺混合材料的硅酸盐水泥

1. 普通硅酸盐水泥

凡由硅酸盐水泥熟料 6%～20% 混合材料、适量石膏磨细制成的水硬性胶凝材料，均称为普通硅酸盐水泥（简称普通水泥），代号 P·O。

水泥中混合材料掺量按质量百分比计，活性混合材料掺加量应大于 5% 且不超过 20%，其中允许用不超过水泥质量 5% 的窑灰或不超过水泥质量 8% 的非活性混合材料来代替。

根据 28 d 龄期的抗压强度，普通硅酸盐水泥强度等级分为 42.5、42.5R、52.5、52.5R 四个强度等级。各强度等级水泥的各龄期强度值不低于表 4-5 中规定数值。

表 4-5 普通硅酸盐水泥强度标准（GB 175—2007）

品种	强度等级	抗压强度/MPa		抗折强度/MPa	
		3 d	28 d	3 d	28 d
普通硅酸盐水泥	42.5	17.0	42.5	3.5	6.5
	42.5 R	22.0		4.0	
	52.5	23.0	52.5	4.0	7.0
	52.5 R	27.0		5.0	

普通硅酸盐水泥中绝大部分仍为硅酸盐水泥熟料，其性质与硅酸盐水泥相近。在应用范围方面，由于普通硅酸盐水泥中混合材料的掺量较少，所以它的特点与硅酸盐水泥差别不大，适用范围与硅酸盐水泥基本相同。甚至在某些不能用硅酸盐水泥的地方也可采用普通硅酸盐水泥，因此普通硅酸盐水泥成为建筑行业应用面最广、使用量最大的水泥品种。

2. 矿渣硅酸盐水泥

凡由硅酸盐水泥熟料和粒化高炉矿渣、适量石膏磨细制成的水硬性胶凝材料称为矿渣硅酸盐水泥(简称矿渣水泥),代号 P·S。

水泥中粒化高炉矿渣掺加量按质量百分比计为大于 20% 且不超过 70%,并分为 A 型和 B 型。A 型矿渣掺量大于 20% 且不超过 50%,代号 P·S·A;B 型矿渣掺量大于 50% 且不超过 70%,代号 P·S·B。

矿渣水泥由于掺加了大量的混合材料,相对减少了水泥熟料矿物的含量,因此矿渣水泥的凝结速度稍慢,早期强度较低。但在硬化后期,28 d 以后的强度发展将超过硅酸盐水泥。

矿渣水泥的主要特点及适用范围如下。

(1)与普通水泥一样,能应用于任何地上工程、配制各种混凝土及钢筋混凝土,而且在施工时要严格控制混凝土用水量,并尽量排除混凝土表面泌水,加强养护工作。否则,不但强度会过早停止发展,而且能产生较大干缩,导致开裂。拆模时间应适当延长。

(2)适用于地下或水中工程,以及经常受较高水压的工程。对于要求耐淡水侵蚀和耐硫酸盐侵蚀的水工或海工建筑尤其适宜。

(3)因水化热较低,适用于大体积混凝土工程。

(4)最适用于蒸汽养护的预制构件。矿渣水泥经蒸汽养护后,不但能获得较好的力学性能,而且浆体结构的微孔变细,能改善制品和构件的抗裂性和抗冻性。

(5)适用于受热 200 ℃ 以下的混凝土工程,还可掺加耐火砖粉等耐热掺料,配制成耐热混凝土。

但矿渣水泥不适用于早期强度要求较高的混凝土工程;不适用于受冻融或干湿交替环境中的混凝土;对低温(10 ℃ 以下)环境中需要强度发挥较快的工程,如不能采取加热保温或加速硬化等措施,亦不宜使用。

3. 火山灰质硅酸盐水泥

凡由硅酸盐水泥熟料和火山灰质混合材料、适量石膏磨细制成的水硬性胶凝材料称为火山灰质硅酸盐水泥(简称火山灰水泥),代号 P·P。水泥中火山灰质混合材料掺加量按质量百分比计为大于 20% 且不超过 40%。

火山灰水泥的技术性质与矿渣水泥比较接近,主要适用范围如下。

(1)最适宜用在地下或水中工程,尤其是需要抗渗性、抗淡水及抗硫酸盐侵蚀的工程中。

(2)可以与普通水泥一样用在地面工程,但用软质混合材料的火山灰水泥,由于干缩变形较大,不宜用于干燥地区或高温车间。

(3)适宜用蒸汽养护生产混凝土预制构件。

(4)由于水化热较低,所以宜用于大体积混凝土工程。

但是,火山灰水泥不适用于早期强度要求较高、耐磨性要求较高的混凝土工程;其抗冻性较差,不宜用于受冻部位。

4. 粉煤灰硅酸盐水泥

凡由硅酸盐水泥熟料和粉煤灰、适量石膏磨细制成的水硬性胶凝材料称为粉煤灰硅酸盐水泥(简称粉煤灰水泥),代号 P·F。水泥中粉煤灰掺量按质量百分比计为 20%～40%。

粉煤灰水泥与火山灰水泥相比较有许多相同的特点,但由于掺加的混合材料不同,因此有不同特点,粉煤灰水泥的适用范围如下。

(1)除用于地面工程外,还非常适用于大体积混凝土及水中结构工程等。

(2)粉煤灰水泥的缺点是泌水较快,易引起失水裂缝,因此在混凝土凝结期间宜适当增加抹面次数,在硬化期应加强养护。

5. 复合硅酸盐水泥

凡由硅酸盐水泥熟料、两种或两种以上规定的混合材料、适量石膏磨细制成的水硬性胶凝材料,称为复合硅酸盐水泥(简称复合水泥),代号 P·C。

水泥中混合材料总掺加量按质量百分比计为大于 20% 且不超过 50%。允许用不超过8% 的窑灰代替部分混合材料;掺矿渣时混合材料掺量不得与矿渣硅酸盐水泥重复。

复合水泥的特性与矿渣水泥、火山灰水泥、粉煤灰水泥相似,并取决于所掺混合材料的种类及相对比例。

根据《通用硅酸盐水泥》(GB 175—2007)国家标准第 3 号修改单的规定,矿渣水泥、火山灰水泥、粉煤灰水泥这三种水泥分为 32.5、32.5R、42.5、42.5R、52.5、52.5R 六个强度等级,复合水泥强度等级分为 42.5、42.5R、52.5、52.5R 四个。各强度等级水泥的各龄期强度值不低于表 4-6 中规定的数值。

表 4-6　矿渣水泥、火山灰水泥、粉煤灰水泥及复合水泥强度标准

品种	强度等级	抗压强度/MPa		抗折强度/MPa	
		3 d	28 d	3 d	28 d
矿渣水泥	32.5	10.0	32.5	2.5	5.5
	32.5R	15.0		3.5	
火山灰水泥	42.5	15.0	42.5	3.5	6.5
	42.5R	19.0		4.0	
粉煤灰水泥	52.5	21.0	52.5	4.0	7.0
	52.5R	23.0		4.5	
复合水泥	42.5	15.0	42.5	3.5	6.5
	42.5R	19.0		4.0	
	52.5	21.0	52.5	4.0	7.0
	52.5R	23.0		4.5	

6. 石灰石硅酸盐水泥

《石灰石硅酸盐水泥》(JC/T 600—2010)规定,石灰石硅酸盐水泥是由硅酸盐水泥熟料和石灰石、适量石膏磨细制成的水硬性胶凝材料,其中石灰石掺加量为 10%～25%。石灰石硅酸盐水泥代号为 P·L。石灰石硅酸盐水泥要求 $CaCO_3$ 含量大于 75%,Al_2O_3 含量小于2%。技术要求规定熟料中氧化镁含量不得超过 5%,三氧化硫含量不得超过 3.5%;水泥比表面积不得小于 350 m^2/kg;初凝时间不得早于 45 min,终凝时间不得迟于 10 h。石灰石硅酸盐水泥分为 32.5、32.5R、42.5、42.5R 四个强度等级。

石灰石硅酸盐水泥具有和易性好,需水量小,抗渗、抗冻、抗硫酸盐性能好等特点。适用于水利农田、地下、水中、潮湿环境中的混凝土,低层民用建筑基础、垫层、砌筑及强度不高的水泥制品。不宜用于钢筋混凝土工程及干燥环境中。

4.2.3 常用水泥的选用

通用硅酸盐水泥在土建工程中应用最广、用量最大,现将其主要特性列于表 4-7 中,在混凝土结构工程中的选用可参考表 4-8。

表 4-7 通用水泥的主要特性

名称		硅酸盐水泥	普通硅酸盐水泥	矿渣硅酸盐水泥	火山灰质硅酸盐水泥	粉煤灰硅酸盐水泥	复合硅酸盐水泥
密度 /(g/cm³)		3.00～3.15	3.00～3.15	2.80～3.10	2.80～3.10	2.80～3.10	2.8～3.10
堆积密度 /(kg/m³)		1000～1600	1000～1600	1000～1200	900～1000	900～1000	900～1000
强度等级		42.5、42.5R、52.5、52.5R、62.5、62.5R	42.5、42.5R、52.5、52.5R		32.5、32.5R、42.5、42.5R、52.5、52.5R		42.5、42.5R、52.5、52.5R
特性	硬化	快	较快	慢	慢	慢	慢
	早期强度	高	较高	低	低	低	低
	水化热	高	高	低	低	低	低
	抗冻性	好	较好	差	差	差	差
	耐热性	差	较差	好	较差	较差	好
	干缩性	较小	较小	较大	较大	较小	较大
	抗渗性	较好	较好	差	较好	较好	差
	耐蚀性	差	较差	较强	较强	较强	较强
	泌水性	较小	较小	明显	小	小	大

表 4-8 常用水泥的选用

混凝土工程特点	所处环境条件	优先选用	可以选用	不宜选用
普通混凝土	在普通气候环境中的混凝土	普通硅酸盐水泥	矿渣硅酸盐水泥 火山灰质硅酸盐水泥 粉煤灰硅酸盐水泥 复合硅酸盐水泥	—

续表

混凝土工程特点	所处环境条件	优先选用	可以选用	不宜选用
普通混凝土	在干燥环境中的混凝土	普通硅酸盐水泥	矿渣硅酸盐水泥	火山灰质硅酸盐水泥 粉煤灰硅酸盐水泥
	在高湿度环境中或永远处在水下的混凝土	矿渣硅酸盐水泥	普通硅酸盐水泥 火山灰质硅酸盐水泥 粉煤灰硅酸盐水泥 复合硅酸盐水泥	—
	厚大体积的混凝土	矿渣硅酸盐水泥 火山灰质硅酸盐水泥 粉煤灰硅酸盐水泥 复合硅酸盐水泥	普通硅酸盐水泥	硅酸盐水泥
有特殊要求的混凝土	要求快硬的混凝土	硅酸盐水泥	普通硅酸盐水泥	矿渣硅酸盐水泥 火山灰质硅酸盐水泥 粉煤灰硅酸盐水泥 复合硅酸盐水泥
	高强(大于C40)的混凝土	硅酸盐水泥	普通硅酸盐水泥 矿渣硅酸盐水泥	火山灰质硅酸盐水泥 粉煤灰硅酸盐水泥
	严寒地区的露天混凝土,寒冷地区、处在水位升降范围内的混凝土	普通硅酸盐水泥	矿渣硅酸盐水泥	火山灰质硅酸盐水泥 粉煤灰硅酸盐水泥
	严寒地区、处在水位升降范围内的混凝土	普通硅酸盐水泥	—	矿渣硅酸盐水泥 火山灰质硅酸盐水泥 粉煤灰硅酸盐水泥 复合硅酸盐水泥
	有抗渗要求的混凝土	普通硅酸盐水泥 火山灰质硅酸盐水泥	—	矿渣硅酸盐水泥
	有耐磨性要求的混凝土	硅酸盐水泥 普通硅酸盐水泥	矿渣硅酸盐水泥	火山灰质硅酸盐水泥 粉煤灰硅酸盐水泥

4.2.4　水泥的储存和运输

1. 包装

水泥可以散装或袋装。

2. 标志

水泥包装袋上应清楚标明:执行标准、水泥品种、代号、强度等级、生产者名称、生产许可证标志(QS)及编号、出厂编号、包装日期、净含量。包装袋两侧应根据水泥的品种采用不同的颜色印刷水泥名称和强度等级,硅酸盐水泥和普通硅酸盐水泥采用红色;矿渣硅酸盐水泥采用绿色;火山灰质硅酸盐水泥、粉煤灰硅酸盐水泥和复合硅酸盐水泥采用黑色或蓝色。

散装发运时应提交与袋装标志相同内容的卡片。

3. 水泥的验收

1)品种验收

检查水泥袋上是否标明产品名称,代号,净含量,强度等级,生产许可证编号,生产者名称和地址,出厂编号,执行标准号,包装年、月、日。掺火山灰质混合材料的普通水泥还应标明"掺火山灰"字样,包装袋两侧应印有水泥名称和强度等级,硅酸盐水泥和普通硅酸盐水泥的名称和强度等级其印刷采用红色,矿渣水泥的名称和强度等级其印刷采用绿色,火山灰、粉煤灰水泥和复合水泥的名称和强度等级其采用黑色或蓝色。

2)数量验收

袋装水泥每袋净含量 50 kg,且不得少于标志质量的 99%;随机抽取 20 袋总质量(含包装袋)不得少于 1000 kg,其他包装形式由供需双方协商确定,但有关袋装质量要求,应符合上述规定;散装水泥平均堆积密度为 1450 kg/m³,袋装压实的水泥为 1600 kg/m³。

3)质量验收

水泥出厂前应按品种、强度等级和编号取样试验,袋装水泥和散装水泥应分别进行编号和取样,取样应有代表性,可连续取,也可从 20 个以上不同部位取等量样品,总量至少 12 kg。

交货时水泥的质量验收可抽取实物试样以其检验结果为依据,也可以水泥厂同编号水泥的检验报告为依据。采取何种方法验收由双方商定,并在合同或协议中注明。

以抽取实物试样的检验结果为验收依据时,买卖双方应在发货前或交货地共同取样和签封,取样数量 20 kg,缩分为二等份。一份由卖方保存 40 d,一份由买方按标准规定的项目和方法进行检验。在 40 d 内买方检验认为水泥质量不符合标准要求时,可将卖方保存的一份试样送水泥质量监督检验机构进行仲裁检验。

以水泥厂同编号水泥的检验报告为验收依据时,在发货前或交货时买方在同编号水泥中抽取试样,双方共同签封后保存 3 个月;或者委托卖方在同编号水泥中抽取试样,签封后保存 3 个月。在 3 个月内,买方对水泥质量有疑问时,则买卖双方应将签封的试样送省级或省级以上国家认可的水泥质量监督检验机构进行仲裁检验。

4)结论

出厂水泥应保证出厂强度等级,其余技术要求应符合国家标准规定。

我国《通用硅酸盐水泥》(GB 175—2007)规定,不溶物、烧失量、三氧化硫、氧化镁、氯离子、凝结时间、安定性、强度符合标准规定的,为合格品;上述各项中的任何一项不符合标准规定的,为不合格品。

4. 水泥的储存与保管

水泥在保管时,应按不同生产厂、不同品种、强度等级和出厂日期分放,严禁混杂;在运输及保管时要注意防潮和防止空气流动,先存先用,不存过久。水泥保管不当会使水泥因风化而影响水泥品质。一般不宜超过 3 个月,否则应重新检测强度等级,按实测强度使用。存放超过 6 个月的水泥必须经过检验后才能使用。

1)水泥的风化

水泥中的活性矿物质与空气中的水分、二氧化碳发生水化反应,而使水泥变茸的现象,称为风化。

水泥由生料高温煅烧至熟料磨细,已失去全部水分,处于极干燥状态,各水泥熟料矿物都具有强烈与水作用的能力,这种趋于水解和水化的能力称为水泥的活性。具有活性的水泥在运输和储存的过程中,易吸收空气中的水及 CO_2 变成粒状或块状。其反应过程如下。

水泥中的游离氧化钙、硅酸三钙与空气中的水分发生如下反应,生成氢氧化钙,其反应式为:

$$CaO + H_2O \longrightarrow Ca(OH)_2$$
$$3CaO \cdot SiO_2 + nH_2O \longrightarrow 2CaO \cdot SiO_2(n-1)H_2O + Ca(OH)_2$$

生成的氢氧化钙又与空气中的二氧化碳发生如下反应,生成碳酸钙和水,反应式为:

$$Ca(OH)_2 + CO_2 + H_2O \longrightarrow CaCO_3 + 2H_2O$$

这样的连锁反应使水泥受潮加快,受潮后的水泥密度降低、凝结迟缓,强度也逐渐降低,通常水泥强度等级越高,细度越细,吸湿受潮越快。在正常条件下,储存 3 个月,强度降低 $10\% \sim 25\%$,储存 6 个月,强度降低 $25\% \sim 40\%$。因此规定:常用水泥储存期为 3 个月,铝酸盐水泥为 2 个月,双快水泥(快凝快硬硅酸盐水泥)不宜超过 1 个月,过期水泥在使用时应重新检测,按实际强度使用。水泥受潮的快慢及受潮的程度与保管条件、保管期限及质量有关。水泥一般应入库存放。水泥仓库应保持干燥,库房地面应高出室外地面 30 cm,离开窗户和墙壁 30 cm 以上,袋装水泥堆垛不宜过高,以免下部水泥受压结块,一般为 10 袋,如存放时间短,库房紧张,也不宜超过 15 袋;露天临时储存的袋装水泥应选择地势高、排水条件好的场地,并认真做好上盖下垫,以防水泥受潮;若使用散装水泥,采用铁皮水泥罐仓或散装水泥库。

2)受潮水泥处理

受潮水泥处理方法参见表 4-9。

表 4-9 受潮水泥的处理

受潮程度	处理方法	使用方法
有松块、小球,可以捏成粉末,但无硬块	将松块、小球等压成粉末,同时加强搅拌	经试验按实际强度等级使用

受潮程度	处理方法	使用方法
部分结成硬块	筛除硬块,并将松块压碎	经试验依实际强度使用,用于不重要、受力小的部位,用于砌筑砂浆
硬块	将硬块压成粉末,换取 25% 硬块质量的新鲜水泥做强度试验	经试验按实际强度等级使用

5. 通用水泥质量等级的评定

对于硅酸盐水泥、普通硅酸盐水泥、矿渣硅酸盐水泥、火山灰质硅酸盐水泥、粉煤灰硅酸盐水泥、复合硅酸盐水泥和石灰石硅酸盐水泥等通用水泥,按质量水平分为优等品、一等品和合格品三个等级。优等品是指产品标准必须达国际先进水平,且水泥实物质量水平与国外同类产品相比达到近五年内的先进水平;一等品是指水泥产品标准必须达到国际一般水平,且水泥实物质量水平达到国际同类产品的一般水平;合格品是指按我国现行水泥产品标准(国家标准、行业标准或企业标准)组织生产,水泥实物质量水平必须达到产品标准的要求。

水泥实物质量在符合相应标准的技术要求基础上,进行实物质量水平的分等。通用水泥的实物质量水平根据其 3 d 抗压强度、28 d 抗压强度和终凝时间进行分等,应符合表 4-10 的要求。

表 4-10　通用水泥质量等级划分

等级	优等品		一等品		合格品
品种	硅酸盐水泥;普通硅酸盐水泥;复合硅酸盐水泥;石灰石硅酸盐水泥	矿渣硅酸盐水泥;火山灰质硅酸盐水泥;粉煤灰硅酸盐水泥	硅酸盐水泥;普通硅酸盐水泥;复合硅酸盐水泥;石灰石硅酸盐水泥	矿渣硅酸盐水泥;火山灰质硅酸盐水泥;粉煤灰硅酸盐水泥	通用水泥品种
抗压强度/MPa 3 d 不小于 28 d 不小于 不大于 终凝时间(h) 不大于	24.0 46.0 1.1 6.5	21.0 46.0 1.1 6.5	19.0 36.0 1.1 6.5	16.0 36.0 1.1 8	符合通用水泥各品种的技术要求

4.3 特性水泥与专用水泥

4.3.1 特性水泥

1.快硬硅酸盐水泥

凡以硅酸盐水泥熟料和适量石膏磨细制成的,以 3 d 抗压强度表示强度等级的水硬性胶凝材料,称为快硬硅酸盐水泥,简称快硬水泥。

快硬水泥制造过程与硅酸盐水泥基本相同,只是适当增加了熟料中硬化快的矿物,如硅酸三钙为 50%～60%,铝酸三钙为 8%～14%,铝酸三钙和硅酸三钙的总量应不少于 60%,同时适当增加石膏的掺量(达 8%),以及提高水泥细度,通常比表面积达 450 m²/kg。

1)技术要求

(1)细度。

快硬水泥的细度用筛余百分数来表示,其值不得超过 10%。

(2)凝结时间。

初凝时间不小于 45 min,终凝时间不大于 10 h。

(3)体积安定性。

用沸煮法检验必须合格。

(4)强度。

快硬水泥以 3 d 强度定等级,分为 32.5、37.5、42.5 三种,各龄期强度不得低于表 4-11 中的数值。

表 4-11 快硬水泥各龄期强度值

强度等级	抗压强度/MPa			抗折强度/MPa		
	1 d	3 d	28 d	1 d	3 d	28 d
32.5	15.0	32.5	52.5	3.5	5.0	7.2
37.5	17.0	37.5	57.5	4.0	6.0	7.6
42.5	19.0	42.5	62.5	4.5	6.4	8.0

2)性质

(1)水泥凝结硬化快。

(2)早期强度及后期强度均高,抗冻性好。

(3)水化热大,耐腐蚀性差。

3)应用

可用来配制早强、高等级的混凝土以及紧急抢修工程或冬季施工和混凝土预制构件,但不能用于大体积混凝土工程及经常与腐蚀介质接触的混凝土工程。由于快硬水泥细度大,易受潮变质,在运输和储存中应注意防潮,一般储存期不宜超过一个月,已风化的水泥必须对其性能重新检验,合格后方可使用。

2. 抗硫酸盐硅酸盐水泥

国家标准《抗硫酸盐硅酸盐水泥》(GB/T 748—2005)按抗硫酸盐性能将其分为中抗硫酸盐硅酸盐水泥和高抗硫酸盐硅酸盐水泥两类。

具有抵抗中等浓度硫酸根离子侵蚀的水硬性胶凝材料,称为中抗硫酸盐硅酸盐水泥,简称中抗硫酸盐水泥,代号 P·MSR。以特定矿物组成的硅酸盐水泥熟料,加入适量石膏,磨细制成的具有抵抗较高浓度硫酸根离子侵蚀的水硬性胶凝材料,称为高抗硫酸盐硅酸盐水泥,简称高抗硫酸盐水泥,代号 P·HSR。

两种抗硫酸盐水泥的强度等级分为 32.5 和 42.5。水泥中硅酸三钙和铝酸三钙的含量应符合表 4-12 的规定。

表 4-12　抗硫酸盐硅酸盐水泥中硅酸三钙和铝酸三钙的含量(质量分数)

分类	硅酸三钙	铝酸三钙
中抗硫酸盐水泥	<55.0%	<5.0%
高抗硫酸盐水泥	<50.0%	<3.0%

抗硫酸盐硅酸盐水泥的烧失量应不大于 3.0%,SO_3 含量应不大于 2.5%,水泥的比表面积应不小于 280 m^2/kg。中抗硫酸盐水泥 14 d 线膨胀率应不大于 0.06%,高抗硫酸盐水泥 14 d 线膨胀率应不大于 0.04%。

3. 铝酸盐水泥

现行国家标准《铝酸盐水泥》(GB/T 201—2015)定义:由铝酸盐水泥熟料磨细制成的水硬性胶凝材料称为铝酸盐水泥,代号 CA。铝酸盐水泥熟料是以钙质和铝质材料为主要原料,按适当比例制成生料,煅烧至完全或部分熔融,并经冷却所得以铝酸钙为主要矿物组成的产物。

1)铝酸盐水泥的分类

铝酸盐水泥分为 CA50、CA60、CA70、CA80 四类,其中 CA50 水泥根据强度分为 CA50-Ⅰ、CA50-Ⅱ、CA50-Ⅲ 和 CA50-Ⅳ,CA60 水泥根据主要矿物组成分为 CA60-Ⅰ、CA60-Ⅱ。

2)铝酸盐水泥的技术要求

铝酸盐水泥常为黄色或褐色,也有灰色的。按照国家标准《铝酸盐水泥》(GB/T 201—2015)的规定,铝酸盐水泥的比表面积不小于 300 m^2/kg 或 0.045 mm 筛余不大于 20%。发生争议时以比表面积为准。铝酸盐水泥的凝结时间应符合表 4-13 的要求。铝酸盐水泥各龄期强度值不得低于表 4-14 规定的数值。

表 4-13　铝酸盐水泥的凝结时间

水泥类型		初凝时间不得少于/min	初凝时间不得迟于/h
CA50、CA70、CA80		30	6
CA60	CA60-Ⅰ	30	6
	CA60-Ⅱ	60	18

表 4-14 铝酸盐水泥强度指标

水泥类型		抗压强度/MPa				抗折强度/MPa			
		6 h	1 d	3 d	28 d	6 h	1 d	3 d	28 d
CA—50	CA50-Ⅰ	20	40	50	—	3.0	5.5	6.5	—
	CA50-Ⅱ		50	60	—		6.5	7.5	—
	CA50-Ⅲ		60	70	—		7.5	8.5	—
	CA50-Ⅳ		70	80	—		8.5	9.5	—
CA—60	CA60-Ⅰ	—	65	85	—	—	7.0	10.0	—
	CA60-Ⅱ	—	20	45	85	—	2.5	5.0	10.0
CA—70			30	40	—		5.0	6.0	—
CA—80			25	30	—		4.0	5.0	—

3)铝酸盐水泥的特性

(1)快凝早强,1 d 强度可达最高强度的 80% 以上。

(2)水化热大,且放热量集中,1 d 内放出水化热总量的 70%～80%,使混凝土内部温度上升较高,故即使在 −10 ℃下施工,铝酸盐水泥也能很快凝结硬化。

(3)抗硫酸盐性能很强,因其水化后无氢氧化钙生成。

(4)耐热性好,能耐 1300～1400 ℃高温。

(5)长期强度降低,一般为 40%～50%。

4)铝酸盐水泥的应用

铝酸盐水泥主要用于配制不定形耐火材料;配制膨胀水泥、自应力水泥、化学建材的添加剂等;用于抢建、抢修、抗硫酸盐侵蚀和冬季施工等特殊需要的工程。

CA-50 用于土木工程时应注意如下事项。

在施工过程中,为防止凝结时间失控,一般 CA-50 不得与硅酸盐水泥、石灰等能析出氢氧化钙的胶凝物质混合,使用前拌和设备等必须冲洗干净;铝酸盐水泥不得用于接触碱性溶液的工程;铝酸盐水泥水化热集中于早期释放,从硬化开始应立即浇水养护;一般不宜浇筑大体积混凝土;铝酸盐水泥混凝土后期强度下降较大,应按最低稳定强度设计,最低稳定强度值以试体脱模后放入(50＋2) ℃水中养护 7 d 和 14 d 的强度值之低者来确定;未经试验,不得加入任何外加物;不得与未硬化的硅酸盐水泥混凝土接触使用,可以与具有脱模强度的硅酸盐水泥混凝土接触使用,但接触处不应长期处于潮湿状态。

4. 膨胀水泥及自应力水泥

一般硅酸盐水泥在空气中硬化时,通常都会产生一定的收缩,使约束状态下的混凝土内部产生拉应力,当拉应力大于混凝土的抗拉强度时则会形成微裂缝,对混凝土的整体性不利。若用硅酸盐水泥来填灌装配式构件的接头、填塞孔洞、修补缝隙等,均达不到预期的效果。

膨胀水泥是一种能在水泥凝结之后的早期硬化阶段产生体积膨胀的水硬性水泥。过量的膨胀会导致硬化水泥浆体开裂,但约束条件下适量的膨胀可在结构内部产生预压应力(0.1～0.7 MPa),从而抵消部分因约束条件下干燥收缩引起的拉应力。

常用的膨胀水泥按基本组成,可分为以下品种。

(1)硅酸盐膨胀水泥。以硅酸盐水泥为主,外加铝酸盐水泥和石膏配制而成。

(2)铝酸盐膨胀水泥。以铝酸盐水泥为主,外加石膏组成。

(3)硫铝酸盐膨胀水泥。以无水硫铝酸钙和硅酸二钙为主要成分,外加石膏而组成。

(4)铁铝酸钙膨胀水泥。以铁相、无水硫铝酸钙和硅酸二钙为主要矿物,外加石膏制成。

上述四种膨胀水泥的膨胀源均来自在水泥石中形成钙矾石产生的体积膨胀。调整各种组成的配合比,控制生成钙矾石的数量,可以制得不同膨胀值的膨胀水泥。

膨胀水泥按自应力的大小,可分为两类:自应力值小于 2.0 MPa(通常约为 0.5 MPa)时,称为膨胀水泥;自应力值大于或等于 2.0 MPa 时,则称为自应力水泥。

膨胀水泥适用于补偿混凝土收缩的结构工程,作防渗层或防渗混凝土;填灌构件的接缝及管道接头;结构的加固与修补;固结机器底座及地脚螺栓等。自应力水泥适用于制造自应力钢筋混凝土压力管及其配件。

5. 白色硅酸盐水泥

凡以适当成分的生料烧至部分熔融,所得以硅酸钙为主要成分、氧化铁含量很少的白硅酸盐水泥熟料,再加入适量石膏,共同磨细制成的水硬性胶凝材料称为白色硅酸盐水泥。

普通水泥的颜色通常呈灰色,主要是因为含有较多的氧化铁及其他杂质。因此,生产白水泥的关键是严格控制水泥原料的铁含量,严防在生产过程中混入铁质。表 4-15 是水泥中铁含量与水泥颜色的关系。除此之外,锰、铬、钛等氧化物也会影响水泥白度,故生产中也需严格控制。

表 4-15 水泥中铁含量与水泥颜色的关系

氧化铁含量/(%)	3～4	0.45～0.7	0.35～0.4
水泥颜色	暗灰色	淡绿色	白色

1)生产白水泥的主要技术要求

(1)精选原料。

限制着色氧化物含量。如采用纯净的高岭土、石英砂、石灰石,选择洁白的雪花石膏或优质纤维石膏做缓凝剂,这些石膏本身的白度常高于白水泥的白度。

(2)使用油或气体燃料。

由于煤的灰分中含有较多的铁质,所以应尽量使用油或气体燃料。

(3)用非金属研磨体。

为了避免在水泥生产过程中混入着色氧化物,研磨水泥生料和熟料时,在磨机中用白色花岗石或高强陶瓷作为衬板,并采用烧结刚玉、瓷球、卵石等做研磨体。

(4)水泥熟料的漂白处理。

给刚出窑的红热熟料喷水、喷油或浸水,使熟料周围形成少量 CO 的还原气氛,将熟料

中 Fe_2O_3 还原为颜色较浅的 Fe_3O_4 或 FeO,以提高白度。

(5)适当提高水泥细度。

当水泥细度处于比表面积为 $300\sim400$ m^2/kg 时,白度有较大提高,但比表面积超过 400 m^2/kg 时,细度对白度的影响甚微。

2)白水泥的技术性质

(1)细度。

白水泥的细度要求为 45 μm 方孔筛筛余量不得大于 30%。

(2)凝结时间。

初凝时间不小于 45 min,终凝时间不得迟于 10 h。

(3)体积安定性。

用沸煮法检验必须合格。同时熟料中氧化镁含量不得超过 5%,水泥中三氧化硫不得超过 3.5%。

(4)强度。

按 28 d 的抗压强度值将白水泥划分为 32.5、42.5 和 52.5 三个等级,各等级、各龄期强度不得低于表 4-16 中的数值。

表 4-16　白水泥的强度要求(GB/T 2015—2017)

强度等级	抗压强度/MPa		抗折强度/MPa	
	3 d	28 d	3 d	28 d
32.5	12.0	32.5	3.0	6.0
42.5	17.0	42.5	3.5	6.5
52.5	22.0	52.5	4.0	7.0

(5)白度。

白度是白水泥的一项重要的技术性能指标。目前白水泥的白度是通过光电系统组成的白度计对可见光的反射程度确定的。将白水泥样品装入压样器中压成表面平整的白板,置于白度仪中检测白度,以其表面对红、绿、蓝三原色光的反射率与氧化镁标准白板的反射率比较,用相对反射百分率表示。白水泥按白度分为一级、二级两个等级,各等级的白度不得低于表 4-17 中的数值。

表 4-17　白水泥各等级的白度

等级	一级	二级
白度	89	87

3)应用

白水泥具有强度高、色泽洁白等特点,在建筑装饰工程中常用来配制彩色水泥浆,用于建筑物内、外墙的粉刷及天棚、柱子的粉刷,还可用于贴面装饰材料的勾缝处理;配制各种彩色砂浆用于装饰抹灰,如常用的水刷石、斩假石等,仿天然石材的色彩、质感,具有较好的装饰效果;配制彩色混凝土,制作彩色磨石等。

白水泥在应用中的注意事项如下。

(1)在制备混凝土时粗细骨料宜采用白色或彩色的大理石、石灰石、石英和各种颜色的石屑,不能掺和其他杂质,以免影响其白度及色彩。

(2)白水泥的施工和养护方法与普通硅酸盐水泥相同,但施工时底层及搅拌工具必须清洗干净,以免影响白水泥的装饰效果。

4.3.2　专用水泥

1. 中热、低热硅酸盐水泥

国家标准《中热硅酸盐水泥、低热硅酸盐水泥》(GB/T 200—2017)对中热硅酸盐水泥、低热硅酸盐水泥的定义如下。

以适当成分的硅酸盐水泥熟料加入适量的石膏,磨细制成的具有中等水化热的水硬性胶凝材料,称为中热硅酸盐水泥,简称中热水泥,代号 P·MH。

以适当成分的硅酸盐水泥熟料加入适量的石膏,磨细制成的具有低水化热的水硬性胶凝材料,称为低热硅酸盐水泥,简称低热水泥,代号 P·LH。

中热水泥主要是通过限制水化热较高的 C_3A 和 C_3S 含量得以实现。其具体技术要求如下。

1)熟料中 C_3A 和 C_3S 的含量

熟料中 C_3A 的含量对于中热水泥不得超过 6%;熟料中 C_3S 的含量对于中热水泥不得超过 55%。

2)游离 CaO、MgO 及 SO_3 含量

游离 CaO 对于中热水泥不得超过 1.0%,MgO 含量小于 5%,如水泥经压蒸安定性试验合格,则允许放宽到 6%;SO_3 含量不得超过 3.5%。

3)细度、凝结时间

在 80 μm 方孔筛的筛余量不得超过 12%。初凝时间不小于 60 min,终凝时间不大于720 min。

中热水泥的强度等级按照 28 d 抗压强度值为 42.5,低热水泥的强度等级为 32.5、42.5两个等级。水泥的比表面积应不低于 250 m²/kg。水泥的水化热允许采用直接法或溶解热法检验,各龄期的水化热应不大于表 4-18 中的数值。

表 4-18　水泥各龄期的水化热

品种	强度等级	水化热/(kJ/kg)		
		3 d	7 d	28 d
中热水泥	42.5	251	293	—
低热水泥	42.5	230	260	310
	32.5	197	230	290

中热水泥主要适用于大坝溢流面或大体积建筑物的面层和水位变化区等部位,要求具有低水化热和较高耐磨性、抗冻性的工程;低热水泥主要适用于大坝或大体积混凝土内部及水下等要求具有低水化热的工程。

2. 道路硅酸盐水泥

国家标准《道路硅酸盐水泥》(GB/T 13693—2017)规定,由硅酸盐水泥熟料,适量石膏,加入符合规定的混合材料,磨细制成的水硬性胶凝材料,称为道路硅酸盐水泥,简称道路水泥,代号 P·R。

1)道路水泥的材料要求

根据道路混凝土结构的使用特征,道路水泥必须具备高抗折强度、低干缩性和高耐磨性。因此,道路水泥熟料的矿物组成应具有高铁低铝的特点。国家标准《道路硅酸盐水泥》(GB/T 13693—2017)中规定,道路水泥熟料中铝酸三钙的含量应不超过 5.0%;铁铝酸四钙的含量应不低于 15%。游离氧化钙的含量应不大于 1.0%。

活性混合材料的掺加量按质量计为 0～10%,可用符合相关标准的 F 类粉煤灰、粒化高炉矿渣、粒化电炉磷渣或钢渣。

2)道路水泥的技术要求

(1)氧化镁含量。

道路水泥中氧化镁含量应不大于 5.0%。

(2)三氧化硫含量。

道路水泥中三氧化硫含量应不大于 3.5%。

(3)烧失量。

道路水泥中的烧失量应不大于 3.0%。

(4)碱含量。

碱含量由供需双方商定。若使用活性骨料,用户要求提供低碱水泥时,水泥中碱含量应不大于 0.60%。碱含量按 $\omega(Na_2O)+0.658\omega(K_2O)$ 计算值表示。

(5)比表面积。

道路水泥的比表面积为 300～450 m^2/kg。

(6)凝结时间。

道路水泥的初凝时间应不早于 90 min,终凝时间不得迟于 720 min。

(7)安定性。

用沸煮法检验必须合格。

(8)干缩率。

道路水泥的 28 d 干缩率应不大于 0.10%。

(9)耐磨性。

道路水泥的 28 d 磨耗量应不大于 3.00 kg/m^2。

(10)强度。

水泥的强度等级按规定龄期的抗压和抗折强度划分,各龄期的强度值应不低于表 4-19中规定数值。

表 4-19 道路硅酸盐水泥强度指标

强度等级	抗折强度/MPa		抗压强度/MPa	
	3 d	28 d	3 d	28 d
7.5	4.0	7.5	21.0	42.5
8.5	5.0	8.5	26.0	52.5

3）道路水泥的特性和应用

道路水泥是一种专用水泥,其主要特性是抗折强度高、干缩性小、耐磨性好,抗冲击性、抗冻性、抗硫酸盐能力较好,特别适用于道路路面、飞机跑道、车站、公共广场等对耐磨、抗干缩性能要求较高的混凝土工程。

【本章小结】

（1）硅酸盐水泥熟料的主要矿物组成有硅酸三钙、硅酸二钙、铝酸三钙和铁铝酸四钙四种,四种矿物组成与水作用时表现出的特性不同。

（2）在硅酸盐水泥生产中,为了延缓水泥的凝结速度,常加入 3%～5% 的石膏。

（3）影响水泥凝结硬化的因素主要有熟料的矿物组成和细度、水泥浆的水灰比、环境的温度和湿度、养护时间（龄期）、石膏的掺量等。

（4）硅酸盐水泥必须具有一定的细度;初凝时间不小于 45 min,终凝时间不大于 6.5 h;按规定龄期的抗压强度、抗折强度划分为 42.5、42.5R、52.5、52.5R、62.5、62.5R 六个强度等级。

（5）硅酸盐水泥适用于早期强度高的高强混凝土和预应力混凝土工程,适用于严寒地区遭受反复冻融作用的工程,不宜用于大体积混凝土以及受软水、酸类和硫酸盐侵蚀的工程,不能用来配制耐热混凝土。

（6）在硅酸盐水泥熟料中掺入一定量的混合材料和适量石膏共同磨细可制成掺混合材料的硅酸盐水泥。掺混合材料的硅酸盐水泥品种主要有普通硅酸盐水泥、矿渣硅酸盐水泥、复合硅酸盐水泥、火山灰质硅酸盐水泥和粉煤灰硅酸盐水泥,它们和硅酸盐水泥一起统称为六大通用水泥,在建筑工程中用量最大,用途最广泛。

（7）水泥在储存和运输过程中要注意防潮,储存时间一般不超过三个月。不同品种、不同强度等级的水泥严禁混杂使用。

（8）铝酸盐水泥适用于紧急抢修工程、冬季施工的工程、耐高温工程以及配制耐热混凝土、耐硫酸盐混凝土,不宜用于大体积混凝土,不宜采用蒸汽等温热养护。

【技能训练题】

一、选择题（有一个或多个正确答案）

1.水泥熟料中水化速度最快、28 d 水化热最大的是（　　）。

A. C_3S　　　　　　B. C_2S　　　　　　C. C_3A　　　　　　D. C_4AF

2.硅酸盐水泥熟料中干燥收缩值最小、耐磨性最好的是( )。

A. C_3S B. C_2S C. C_3A D. C_4AF

3.生产水泥时加入适量的石膏是为了( )。

A. 提高水泥的强度   B. 增加水泥的产量

C. 加快水泥的凝结和硬化   D. 延缓水泥的凝结和硬化

4.粉煤灰水泥抗腐蚀性能优于硅酸盐水泥,是因其水泥石中( )。

A. $Ca(OH)_2$ 含量较高,结构较致密   B. $Ca(OH)_2$ 含量较低,结构较致密

C. $Ca(OH)_2$ 含量较高,结构不致密   D. $Ca(OH)_2$ 含量较低,结构不致密

5.通用水泥的储存时间不宜过长,一般不超过( )。

A. 1 年   B. 半年   C. 3 个月   D. 1 个月

6.掺混合材料的硅酸盐水泥具有( )的特点。

A. 早期强度高   B. 凝结硬化快   C. 抗冻性好   D. 水化热低

二、填空题

1.水泥浆越稀,水灰比_____,凝结硬化和强度发展_____,且硬化后的水泥石中毛细孔含量越多,强度_____。

2.凝结时间可分为_____和_____;初凝时间是指_____到_____所经历的时间;终凝时间是指_____到_____所经历的时间。

3.为了检测水泥的凝结时间及安定性等性能,应该使水泥净浆在一个规定的稠度下进行,这个规定稠度称为_____,达到该稠度时的用水量称为_____。

4.在水泥中掺入非活性混合材料的目的是调节_____、增加_____、降低_____。

三、判断题

1.硅酸盐水泥中 C_2S 早期强度低、后期强度高,而 C_3S 正好相反。   ( )

2.按规定硅酸盐水泥的初凝时间不早于 45 min。   ( )

3.水化热可以加速水泥的凝结硬化过程。   ( )

4.对于不同品种的水泥,其标准稠度用水量基本相同。   ( )

四、简答题

1.水泥的凝结时间对建筑施工有何影响?

2.某住宅工程工期较短,现有强度等级同为 42.5 的硅酸盐水泥和矿渣水泥可选用,从有利于完成工期的角度来看,选用哪种水泥更为有利?

3.仓库内有 3 种白色胶凝材料,分别是生石灰粉、建筑石膏和白水泥,试用简易的方法加以辨别。

4.防止水泥石腐蚀的措施有哪些?

5.通用水泥的强度等级是根据什么确定的?

6.用沸煮法检验水泥的安定性,旨在检验水泥熟料中什么成分的危害?

五、计算题

某粉煤灰硅酸盐水泥,储存期超过 3 个月。已测得 3 d 强度达到 42.5 级的要求,现又测得其 28 d 抗折、抗压破坏荷载见下表。试判定该水泥能否按原强度等级使用。

试件编号	1		2		3	
抗折破坏荷载/kN	3.7		3.2		3.6	
抗压破坏荷载/kN	72	80	76	69	77	73

第5章 混 凝 土

【学习要求】

知识点	学习要求
能根据混凝土组成材料的性质进行混凝土的配合比设计，掌握混凝土的主要技术性质，理解混凝土对其组成材料的基本要求，掌握混凝土的质量控制和强度评定	掌握
会根据工程要求正确选用外加剂和掺合料，了解各种特种混凝土和新型混凝土的特性及适用范围	了解
具备骨料试验、混凝土试验的基本技能，以及分析处理试验数据的能力	熟悉

5.1 概述

5.1.1 混凝土的分类

混凝土是当代最主要的土木工程材料之一。它是由胶结材料、骨料和水按一定比例配制，经搅拌振捣成型，在一定条件下养护而成的人造石材。混凝土具有原料丰富、价格低廉、生产工艺简单的特点，因而其用量越来越大；同时混凝土还因抗压强度高、耐久性好、强度等级范围宽，使用范围十分广泛，不仅在各种土木工程中使用，在造船业、机械工业、海洋的开发、地热工程等领域，混凝土也是重要的材料。

混凝土有以下几种分类方法。

1. 按胶凝材料分

1）无机胶凝材料混凝土

无机胶凝材料混凝土分为水泥混凝土、石膏混凝土、硅酸盐混凝土、水玻璃混凝土等。

2）有机胶结料混凝土

有机胶结料混凝土分为沥青混凝土、聚合物混凝土等。

2. 按表观密度分

1）重混凝土

重混凝土的表观密度大于 2800 kg/m³，采用密度很大的重晶石、铁矿石、钢屑等重骨料和钡水泥、锶水泥等重水泥配制而成。重混凝土具有防射线的性能,又称防辐射混凝土,主要用作核能工程的屏蔽结构材料。

2)普通混凝土

普通混凝土的表观密度 2000～2800 kg/m³,是用普通的天然砂石为骨料配制而成的,密度一般多在 2500 kg/m³ 左右,为建筑工程中常用的混凝土。主要用作各种建筑的承重结构材料。

3)轻混凝土

轻混凝土是指表观密度小于 1950 kg/m³ 的轻骨料混凝土、多孔混凝土、大孔混凝土等,是采用陶粒等轻质多孔的骨料,或者不采用骨料而掺入加气剂或泡沫剂,而形成的多孔结构的混凝土。主要用作轻质结构(大跨度)材料和隔热保温材料。

3. 按使用功能分

混凝土按使用功能划分,主要有结构混凝土、保温混凝土、装饰混凝土、防水混凝土、耐火混凝土、水工混凝土、海工混凝土、防辐射混凝土、道路混凝土等。

4. 按施工工艺分

混凝土按施工工艺划分,主要有离心混凝土、真空混凝土、灌浆混凝土、喷射混凝土、碾压混凝土、挤压混凝土、泵送混凝土、陶粒混凝土等。

5. 按配筋方式分

混凝土按配筋方式划分,主要有素(即无筋)混凝土、钢筋混凝土、纤维混凝土、预应力混凝土等。

6. 按混凝土拌和物的和易性分

混凝土按混凝土拌和物的和易性划分,主要有干硬性混凝土、半干硬性混凝土、塑性混凝土、流动性混凝土、高流动性混凝土、流态混凝土等。

7. 按用途分

混凝土按用途划分,主要有结构混凝土(普通混凝土)、防水混凝土、耐热混凝土、耐酸混凝土、大体积混凝土、道路混凝土等。

8. 按强度等级分

混凝土按强度等级划分,主要有低强度混凝土($f_{cu}<30$ MPa)、中强度混凝土(f_{cu} 为 $30～60$ MPa)、高强度混凝土(f_{cu} 为 $60～100$ MPa)、超高强度混凝土($f_{cu}>100$ MPa)。

5.1.2 混凝土的特点

1. 普通混凝土的优点

普通混凝土在建筑工程中能得到广泛的应用,是因为与其他材料相比有许多的优点,详述如下。

1)原材料来源丰富

混凝土中 70% 以上的材料是砂石料,属地方性材料,原材料丰富、成本低、符合就地取材的原则,避免远距离运输,因而价格低廉,符合经济原则。

2)施工方便

混凝土拌和物在凝结前具有良好的流动性和可塑性,可按照工程结构的要求,浇筑成各种形状和任意尺寸的构件及构筑物,既可现场浇筑成型,也可预制。

3)性能可根据需要设计调整

通过调整各组成材料的品种和数量,特别是掺入不同外加剂和掺合料,可获得不同施工和易性、强度、耐久性或具有特殊性能的混凝土,满足工程上的不同要求。

4)硬化后有高的力学强度

混凝土的抗压强度一般在7.5~60 MPa。当掺入高效减水剂和掺合料时,强度可达100 MPa。而且,混凝土与钢筋之间具有牢固的黏结力,浇筑成钢筋混凝土后,能优缺互补,有效地改善混凝土抗拉强度低的缺陷,使混凝土能够应用于各种结构部位,大大扩展了混凝土应用范围。

5)耐久性好

原材料选择正确、配比合理、施工养护良好的混凝土具有优异的抗渗性、抗冻性和耐腐蚀性能,且对钢筋有保护作用,可保持混凝土结构使用性能长期稳定。

6)利于环保

可以充分利用工业废料做骨料或掺合料,有利于环境保护。

2.普通混凝土的缺点

1)自重大

1 m³ 混凝土质量约为 2400 kg,故结构物自重较大,导致地基处理费用增加。

2)抗拉强度低、抗裂性差

混凝土的抗拉强度一般只有其抗压强度的 1/20~1/10,易开裂;收缩变形大,水泥水化凝结硬化引起的自身收缩和干燥收缩达 500×10^{-6} m/m,结构物易产生收缩裂缝。

3)硬化速度慢、生产周期长、强度波动因素多

随着现代科学的发展,混凝土的不足正在不断被克服。如采用轻骨料可显著降低混凝土的自重,提高比强度;掺入纤维或聚合物,可提高抗拉强度,大大降低混凝土的脆性;掺入减水剂、早强剂等外加剂,可显著缩短硬化周期,改善力学性能。

由于混凝土具有上述的特点,从而成为建筑工程的主要建筑材料,广泛地应用于工业与民用建筑工程、水利工程、地下工程、公路、铁路、桥涵和国防建设工程。

5.2 混凝土的基本组成材料

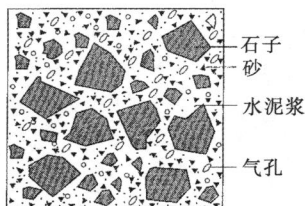

图 5-1 混凝土结构

普通混凝土的基本组成材料是水泥、水、天然砂和石子,另外还常掺入适量的掺合料和外加剂。一般砂石的总量占其总体积的 80% 以上,主要起到骨架作用,故也称为骨料,并抑制水泥的收缩。水泥加水形成水泥浆,包裹在砂粒表面并填充砂粒间的空隙而形成水泥砂浆,水泥砂浆又包裹石子并填充石子间的空隙而形成混凝土(图 5-1)。

在混凝土硬化前,水泥浆起润滑作用,赋予混凝土拌和物一定的流动性,便于施工。水泥浆硬化后,起胶结作用,把砂石骨料胶结在一起,成为坚硬的人造石材,并产生力学强度。

混凝土的质量和技术性能很大程度上是由原材料的性质及其相对含量决定的,同时也与施工工艺配料、搅拌、捣实成型、养护等有关。因此,必须了解其原材料的性质、作用及其质量要求,合理选择原材料,这样才能保证混凝土的质量。

5.2.1　水泥

水泥是混凝土中很重要的组分,本节仅讨论对于水泥的合理选用。

1. 水泥品种的选择

配制混凝土时,应根据混凝土工程性质、部位、施工条件、环境状况等,按各品种水泥的特性作出合理的选择。一般可采用硅酸盐水泥、普通硅酸盐水泥、矿渣硅酸盐水泥、火山灰质硅酸盐水泥和粉煤灰硅酸盐水泥。必要时也可采用快硬硅酸盐水泥或其他水泥。水泥的性能指标必须符合现行国家有关标准的规定。采用何种水泥,应根据混凝土工程特点和所处的环境条件,参照表4-8选用。

2. 水泥强度等级的选择

水泥强度等级的选择,应与混凝土设计强度等级相适应。原则上是配制高强度等级的混凝土,选用高强度等级水泥;配制低强度等级的混凝土,选用低强度等级水泥。若用低强度等级的水泥配制高强度等级混凝土,不仅会使水泥用量过多,还会对混凝土产生不利影响。反之,用高强度等级的水泥配制低强度等级混凝土,若只考虑强度要求,会使水泥用量偏少,从而影响耐久性能;若水泥用量兼顾了耐久性等要求,又会导致超强而不经济。因此根据经验,一般以选取水泥强度等级标准值为混凝土强度等级标准值的 1.5～2.0 倍为宜,对于高强度混凝土,水泥强度等级一般为混凝土强度等级的 1.0～1.5 倍。

5.2.2　细骨料

粒径在 0.16～5.0 mm 之间的骨料为细骨料(砂)。砂按产源分为天然砂和机制砂两类。一般采用天然砂,它是岩石风化后所形成的大小不等、由不同矿物散粒组成的混合物。天然砂又可分为河砂、海砂和山砂。河砂颗粒圆滑,比较洁净,来源广;山砂与河砂相比有棱角,表面粗糙,但含泥量和含有机杂质较多;海砂虽然有河砂的优点,但常混有贝壳碎片和含较多盐分。一般工程上多适用河砂,如采用山砂和海砂应按照技术要求进行检验。砂按技术要求分为Ⅰ类、Ⅱ类、Ⅲ类三种类别。

1. 砂的粗细程度及颗粒级配

在一定的质量或体积下,粗砂总表面积较小,细砂总表面积较大,即粒径越小,总表面积越大。在混凝土中,砂子的表面需要水泥浆包裹,砂子的总表面积越大,需要包裹砂粒的水泥浆越多。为了节约水泥,在砂子用量一定的情况下,最好采用空隙率较小而总表面积也较小的砂子。空隙率的大小与颗粒级配有关,而总表面积的大小又与颗粒的粗细程度有关。

砂的颗粒级配是指不同粒径的砂粒搭配比例。良好的级配指粗颗粒的空隙恰好由中颗粒填充,中颗粒的空隙恰好由细颗粒填充,如此逐级填充(图 5-2),最后可以使得余留下来的砂子总空隙率尽可能小,使砂形成最密致的堆积状态,堆积密度达到最大值。这样可以节约水泥,有助于提高混凝土的强度和耐久性。因此,砂颗粒级配反映了其空隙率大小。

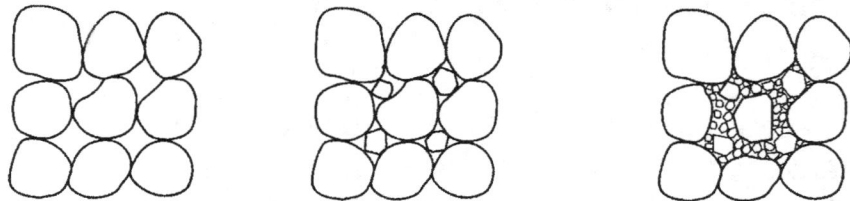

图 5-2 砂颗粒级配示意图

砂的粗细程度是指不同粒径的砂粒混合在一起时的总体粗细程度。通常用细度模数(M_x)表示,其值并不等于平均粒径,但能较准确反映砂的粗细程度。根据总体粗细程度的不同,可以把砂子分为粗砂、中砂和细砂。砂子中如果粗粒砂子过多,而中、小颗粒砂子又搭配得不好,则砂子的空隙率必然会变大。同时砂子过粗,容易使新拌混凝土产生离析、泌水现象,影响混凝土的和易性。因此,砂子的粗细程度必须结合级配来考虑,用于拌制混凝土的砂,不宜过细,也不宜过粗。

砂的细度模数和颗粒级配用筛分析方法检测,用细度模数(M_x)表示粗细程度,用级配区表示砂的级配。细度模数 M_x 越大,表示砂越粗,单位质量总表面积(或比表面积)越小; M_x 越小,则砂比表面积越大。

筛分析方法是用一套方孔孔径为 9.50 mm、4.75 mm、2.36 mm、1.18 mm、0.60 mm、0.30 mm、0.15 mm 的七个标准筛,试验前筛除大于 9.50 mm 的颗粒,并计算出其筛余百分率。将 500 g 干砂试样由粗到细依次过筛,然后称量余留在各筛上的砂量,并计算出各筛上的分计筛余百分率(各筛上的筛余量占砂子总量的百分率) a_1 , a_2 , a_3 , a_4 , a_5 , a_6 及累计筛余百分率(各筛和比该筛粗的所有分计筛余百分率之和) A_1 , A_2 , A_3 , A_4 , A_5 , A_6 ,即

$$A_i = a_1 + a_2 + \cdots + a_i \tag{5-1}$$

如:对于 1.18 mm 孔径,其分计筛余百分率为 a_3 ,累计筛余百分率(A_3)为($a_1 + a_2 + a_3$)。其中 $a_1 = \dfrac{m_1}{500}$, $a_2 = \dfrac{m_2}{500}$, $a_3 = \dfrac{m_3}{500}$,以此类推。 m_1 , m_2 , m_3 等分别为对应各筛的筛余量。分计筛余百分率与累计筛余百分率的关系见表 5-1。

表 5-1 分计筛余与累计筛余计算关系

筛孔尺寸/mm	筛余量/g	分计筛余/(%)	累计筛余/(%)
4.75	m_1	$a_1 = \dfrac{m_1}{m}$	$A_1 = a_1$
2.36	m_2	$a_2 = \dfrac{m_2}{m}$	$A_2 = A_1 + a_2$

筛孔尺寸/mm	筛余量/g	分计筛余/(%)	累计筛余/(%)
1.18	m_3	$a_3 = \dfrac{m_3}{m}$	$A_3 = A_2 + a_3$
0.60	m_4	$a_4 = \dfrac{m_4}{m}$	$A_4 = A_3 + a_4$
0.30	m_5	$a_5 = \dfrac{m_5}{m}$	$A_5 = A_4 + a_5$
0.15	m_6	$a_6 = \dfrac{m_6}{m}$	$A_6 = A_5 + a_6$
底盘	$m_底$	$a_底 = \dfrac{m_底}{m}$	$A_底 = A_6 + a_底$

细度模数根据下式计算(精确至 0.01):

$$M_x = \frac{A_2 + A_3 + A_4 + A_5 + A_6 - 5A_1}{100 - A_1} \tag{5-2}$$

根据标准规定,细度模数 $M_x = 3.1 \sim 3.7$ 为粗砂;$M_x = 2.3 \sim 3.0$ 为中砂;$M_x = 1.6 \sim 2.2$ 为细砂。普通混凝土用砂的细度模数范围一般为 $M_x = 1.6 \sim 3.7$,以其中的中砂为适宜。评定砂子是否适合配制混凝土,除粗细程度外,还应评定其颗粒级配。

砂的颗粒级配用级配区表示,按标准规定,根据 0.60 mm 筛孔(0.60 mm 为控制粒径,它使任一砂样只能处于某一级配区内,不会同时属于两个级配区)对应的累计筛余百分率分成 1 区、2 区和 3 区三个级配区。各区的级配范围见表 5-2。混凝土用砂的颗粒级配,应处于表 5-2 任何一个级配区内。同时对不同技术类别砂的级配类别也应符合表 5-3 的要求。实际使用的砂颗粒级配可能不完全符合要求,除 4.75 mm 和 0.60 mm 对应的累计筛余率外,其余各档可以略有超出,但超出总量应小于 5%。当某一筛区累计筛余率超过 5% 时,说明砂级配很差,视作不合格。

表 5-2 砂的颗粒级配区范围(GB/T 14684—2022)

砂的分类	天然砂			机制砂		
级配区	1 区	2 区	3 区	1 区	2 区	3 区
筛孔尺寸/mm	累计筛余/(%)					
4.75	10~0	10~0	10~0	10~0	10~0	10~0
2.36	35~5	25~0	15~0	35~5	25~0	15~0
1.18	65~35	50~10	25~0	65~35	50~10	25~0
0.60	85~71	70~41	40~16	85~71	70~41	40~16
0.30	95~80	92~70	85~55	95~80	92~70	85~55
0.15	100~90	100~90	100~90	97~85	94~80	94~75

为了评定砂子的实际颗粒级配,通过筛分析方法得到的各筛上的累计筛余百分率,绘制砂子1、2、3三个区的级配曲线,以累计筛余百分率为纵坐标,筛孔尺寸为横坐标(图5-3),在筛分曲线上可以直观地分析砂的颗粒级配优劣。如该曲线处于三个区的任何一个区内,即认为级配符合要求。

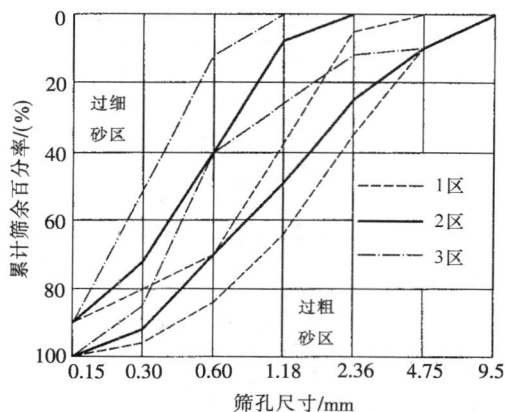

图 5-3　砂的级配曲线

级配曲线符合2区的砂子,粗细程度适中,级配最好;1区砂子粗粒较多,易泌水,不易密实成型,宜配制水泥用量较多或流动性较小的混凝土;3区砂子颗粒偏细,用它配制普通混凝土,混凝土拌和物黏性大,保水性较好,容易插捣,但干缩性较大,表面容易产生微裂纹。

砂的级配类别应符合表5-3的规定。

表 5-3　砂的级配类别

类别	Ⅰ类	Ⅱ类	Ⅲ类
级配区	2区	1、2、3区	

2. 有害杂质含量

1)黏土和云母

黏土和云母黏附于砂表面或夹杂其中,严重降低水泥与砂的黏结强度,从而降低混凝土的强度、抗渗性和抗冻性,增大混凝土的收缩。

2)有机物、硫化物、硫酸盐、氯盐、轻物质及活性二氧化硅等

有机物、硫化物、硫酸盐等对水泥有腐蚀作用,降低混凝土的强度及耐久性;氯盐对钢筋有锈蚀作用;活性二氧化硅易引起碱-骨料反应,造成混凝土膨胀开裂。重要工程的混凝土所使用的砂子,应用化学法和砂浆长度法进行骨料的碱活性检验。

此外,砂子中不得混有草根、树叶、树枝、塑料、煤块、炉渣等杂物,因此对有害杂质含量必须加以限制。国家标准《建设用砂》(GB/T 14684—2022)对有害物质含量的限值见表5-4。

由于氯离子对钢筋有严重的腐蚀作用,当采用海砂配制钢筋混凝土时,海砂中氯离子含量要求小于 0.06%(以干砂重计);对预应力混凝土不宜采用海砂,若必须使用海砂,需经淡水冲洗至氯离子含量小于 0.02%。用海砂配制素混凝土,氯离子含量不予限制。

表 5-4 砂中有害物质含量限值(GB/T 14684—2022)

试验项目	Ⅰ类	Ⅱ类	Ⅲ类
云母含量(按质量计)/(%)	≤1.0	≤2.0	≤2.0
硫化物与硫酸盐含量(按 SO_3 质量计)/(%)	≤0.5	≤0.5	≤0.5
有机物含量(用比色法试验)	合格	合格	合格
轻物质	≤1.0	≤1.0	≤1.0
氯化物含量(以 NaCl 质量计)/(%)	≤0.01	≤0.02	≤0.06
贝壳(按质量计)/(%)	≤3.0	≤5.0	≤8.0
黏土块含量(按质量计)/(%)	0	≤1.0	≤2.0
含泥量(按质量计)/(%)	≤1.0	≤3.0	≤5.0

3. 坚固性

骨料是由天然岩石经自然风化作用而成的,机制骨料也会含大量风化岩体,在冻融或干湿循环作用下有可能继续风化,因此对某些重要工程或特殊环境下工作的混凝土用骨料,应做坚固性检验。如严寒地区室外工程,并处于湿潮或干湿交替状态下的混凝土,有腐蚀介质存在或处于水位升降区的混凝土等。坚固性根据国家标准《建设用砂》(GB/T 14684—2022)的规定,采用硫酸钠溶液浸泡—烘干—浸泡循环试验法检验,检测 5 个循环后的重量损失率,指标应不大于表 5-5 的要求。

表 5-5 骨料的坚固性指标(GB/T 14684—2022)

类别	Ⅰ类	Ⅱ类	Ⅲ类
质量损失/(%)	≤8	≤8	≤10

4. 砂的含水状态

砂的含水状态分为干燥状态、气干状态、饱和面干状态和湿润状态四种,如图 5-4 所示。干燥状态的砂粒内外不含任何水,通常在(105±5)℃ 条件下烘干而得;气干状态的砂粒是指室内或室外(晴天)空气平衡的含水状态,其含水量的大小与空气相对湿度和温度密切相关,砂粒表面干燥,内部孔隙中部分含水;饱和面干状态的砂粒表面干燥,内部孔隙全部吸水饱和,水利工程上通常采用饱和面干状态计量用砂量;湿润状态的砂粒内部吸水饱和,表面还含有部分表面水,施工现场,特别是雨后常出现此种状态。搅拌混凝土中计量用砂量时,要扣除砂中的含水量;同样,计量用水量时,要扣除砂中带入的水量。

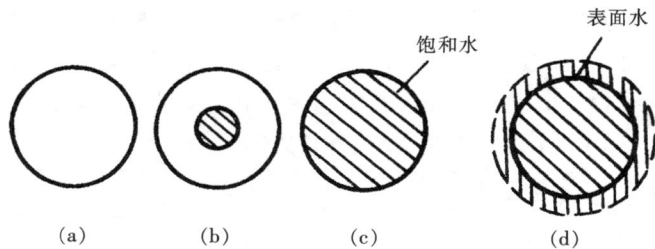

图 5-4　骨料含水状态示意图

(a)干燥状态;(b)气干状态;(c)饱和面干状态;(d)湿润状态

1)砂的含水率与其体积之间的关系

砂子的外观体积随着砂子湿度的变化而变化。假定以干砂体积为标准,当砂的含水率为 5%～7%时,砂堆的体积最大;当含水率增加,体积便开始逐渐减小;当含水率增到 17%时,体积将缩至与干燥状态下相同;当砂子完全被水浸泡之后,其密实度反而超过干砂,体积较原来干燥体积缩小。在设计混凝土和各种砂浆配合比时,均应以干燥状态下的砂为标准进行计算。

2)天然砂、天然净砂、净干砂

天然砂系指从砂坑开采的未经加工(过筛)而运至施工现场的砂,含有少量泥土、石子、杂质和水分。天然净砂系将天然砂过筛后,筛选掉石子、杂质含量的砂。天然净砂经过烘干后,称为净干砂。

3)天然砂含水率与堆积密度的关系

砂子的体积随其含水率不同而发生变化,导致砂子堆积密度随含水率不同而变化。当天然砂的含水率为 1%～5%时,其堆积密度与干燥状态下的堆积密度相比逐渐减小;当含水率增加到 6%～7%时,其堆积密度最小;含水率再增加时,其堆积密度随之逐渐增大;当含水率增至 10%左右时,其堆积密度最大。抹灰的水泥砂浆配合比为体积比,系指水泥与净干砂体积比,不得当作水泥与天然净砂的体积比。

5. 砂的掺配使用

配制普通混凝土的砂宜为中砂($M_x = 2.3 \sim 3.0$)。但实际工程中往往出现砂偏细或偏粗的情况。通常有以下两种处理方法。

(1)当只有一种砂源时,对偏细砂适当减少砂用量,即降低砂率;对偏粗砂则适当增加砂用量,即增加砂率。

(2)当粗砂和细砂可同时提供时,宜将细砂和粗砂按一定比例掺配使用,这样既可调整 M_x,也可改善砂的级配,有利于节约水泥,提高混凝土性能。掺配比例可根据砂资源状况、粗细砂各自的细度模数及级配情况,通过试验和计算确定。

5.2.3　粗骨料

粒径大于 5 mm 的骨料称为粗骨料,普通混凝土常用的粗骨料有碎石和卵石。由天然岩石或卵石经破碎、筛分而得的,粒径大于 5 mm 的岩石颗粒,称为碎石或碎卵石。由自然条件作用而形成的岩石,粒径大于 5 mm 的颗粒,称为卵石,卵石(砾石)包括河卵石、海卵石和山卵石等,其中河卵石应用较多。与碎石比较,卵石表面光滑,少棱角,空隙率及表面积较小,拌制混凝土时需水泥浆量较少,拌制的混凝土拌和物的和易性较好。但卵石与水泥石黏结力较差,因而在相同条件下,卵石混凝土的强度较碎石混凝土低。

碎石与卵石各有特点,应本着就地取材的原则结合工程要求合理选用。卵石、碎石按技术要求分为Ⅰ类、Ⅱ类、Ⅲ类三种。Ⅰ类宜用于强度等级大于 C60 的混凝土;Ⅱ类宜用于强度等级为 C30~C60 及有抗冻、抗渗或其他要求的混凝土;Ⅲ类宜用于强度等级小于 C30 的混凝土。对配制混凝土的粗骨料的质量要求有以下几个方面。

1. 最大粒径

石子的规格,是用公称粒级即最小粒径的名义尺寸提出的,粗骨料中公称粒级的上限称为该粒级的最大粒径。当骨料粒径增大时,其比表面积随之减小,保证一定厚度润滑层所需的水泥浆或砂浆的数量也相应减少,所以粗骨料的最大粒径应在条件许可下,尽量选用得大些。最佳的最大粒径取决于混凝土的水泥用量。在水泥用量少的混凝土中(1 m³ 混凝土的水泥用量不大于 170 kg),采用大骨料是有利的。在普通配合比的混凝土结构中,骨料粒径大于 40 mm 并没有好处,因为骨料最大粒径还受结构形式和配筋疏密限制。根据国家标准《混凝土结构工程施工质量验收规范》(GB 50204—2015)的规定,混凝土粗骨料的最大粒径不得超过结构截面最小尺寸的 1/4,同时不得大于钢筋间最小净距的 3/4。对于混凝土实心板,可允许采用最大粒径达 1/2 板厚的骨料,但最大粒径不得超过 50 mm。对于泵送混凝土,最大粒径与输送管内径之比分别为:当泵送高度在 50 m 以下时,碎石不宜大于 1∶3,卵石不宜大于 1∶2.5;当泵送高度在 50~100 m 时,碎石不宜大于 1∶4,卵石不宜大于 1∶3;当泵送高度在 100 m 以上时,碎石不宜大于 1∶5,卵石不宜大于 1∶4。

石子粒径过大,运输和搅拌都不方便。试验表明,最大粒径小于 80 mm 时,水泥用量随最大粒径减小而增加;最大粒径大于 150 mm 时,节约水泥效果却不明显。因此,从经济上考虑,最大粒径不宜超过 150 mm。

综上所述,一般在水利、海港等大型工程中最大粒径通常采用 120 mm 或 150 mm,在房屋建筑工程中,一般采用 20 mm、31.5 mm、40 mm。

2. 石子的颗粒级配

良好的石子级配对节约水泥和保证混凝土具有良好的和易性有很大关系。特别是拌制高强度混凝土,石子级配更为重要。

石子的颗粒级配分为连续粒级和单粒级两种。石子的级配也通过筛分试验来确定,石子的标准筛有孔径为 2.36 mm、4.75 mm、9.50 mm、16.0 mm、19.0 mm、26.5 mm、31.5 mm、37.5 mm、53.0 mm、63.0 mm、75.0 mm 及 90.0 mm 共 12 个筛子。可按需选用筛号进行筛分,其确定方法与细骨料相同,碎石或卵石的颗粒级配应符合表 5-6 的规定。

表 5-6　石子颗粒级配(GB/T 14685—2022)

公称粒级 /mm		累计筛余/(%)												
		方孔筛孔径/mm												
		2.36	4.75	9.50	16.0	19.0	26.5	31.5	37.5	53.0	63.0	75.0	90
连续粒级	5~16	95~100	85~100	30~60	0~10	0	—	—	—	—	—	—	—
	5~20	95~100	90~100	40~80	—	0~10	0	—	—	—	—	—	—
	5~25	95~100	90~100	—	30~70	—	0~5	0	—	—	—	—	—
	5~31.5	95~100	90~100	70~90	—	15~45	—	0~5	0	—	—	—	—
	5~40	—	95~100	70~90	—	30~65	—	—	0~5	0	—	—	—
单粒粒级	5~10	95~100	80~100	0~15	0	—	—	—	—	—	—	—	—
	10~16	—	95~100	80~100	0~15	0	—	—	—	—	—	—	—
	10~20	—	95~100	85~100	—	0~15	0	—	—	—	—	—	—
	16~25	—	—	95~100	55~70	25~40	0~10	0	—	—	—	—	—
	16~31.5	—	95~100	—	85~100	—	—	0~10	0	—	—	—	—
	20~40	—	—	95~100	—	80~100	—	—	0~10	0	—	—	—
	25~31.5	—	—	—	95~100	80~100	—	0~10	0	—	—	—	—
	40~80	—	—	—	—	95~100	—	70~100	—	30~60	0~10	0	

注:"—"表示该孔径累计筛余不做要求;"○"表示该孔径累计筛余为0。

在混凝土配合比设计中应优先选用连续粒级,连续粒级颗粒级差小,配制的混凝土拌和物和易性好,不易发生离析。单粒级是人为剔除某些中间粒级颗粒,大颗粒的空隙直接由比它小得多的颗粒去填充,颗粒级差大,空隙率的降低比连续粒级快得多,可最大限度地发挥骨料的骨架作用,减小水泥用量,但混凝土容易产生离析现象,增加施工难度,工程应用较少。单粒级一般用于组合成具有要求级配的连续粒级,它也可与连续粒级的碎石或卵石混合使用,以改善它们的级配或配成较大粒度的连续粒级。

3. 有害杂质

粗骨料中常含有一些有害杂质,如黏土、淤泥、细屑、硫酸盐、硫化物和有机杂质。它们的危害作用与在细骨料中的相同,其含量一般应符合表 5-7 中的规定。当粗骨料中夹杂活性氧化硅(活性氧化硅的矿物形式有蛋白石、玉髓和鳞石英等,含有活性氧化硅的岩石有流纹岩、安山岩和凝灰岩等)时,如果混凝土中所用的水泥含有较多的碱,就可能发生碱-骨料破坏。这是因为水泥中碱性氧化物水解后形成的氢氧化钠和氢氧化钾与骨料中的活性氧化硅发生化学反应,结果在骨料表面生成了复杂的碱-硅酸凝胶。这样就改变了骨料与水泥浆原来的界面,生成的凝胶是无限膨胀性的(指不断吸水后体积可以不断膨胀),由于凝胶为水泥石所包围,当凝胶吸水不断膨胀时,会把水泥石胀裂。这种碱性氧化物和活性氧化硅之间的化学作用通常称为碱-骨料反应。重要工程的混凝土所使用的碎石或卵石应进行碱活性检验。

表 5-7　卵石、碎石中有害物质、含泥量、泥块含量及针、片状颗粒含量(GB/T 14685—2022)

项目	指标		
	Ⅰ类	Ⅱ类	Ⅲ类
有机物	合格	合格	合格
硫化物及硫酸盐(按 SO₃质量计)/(%),≤	0.5	1.0	1.0
含泥量(质量分数)/(%),≤	0.5	1.0	1.5
泥块含量(质量分数)/(%),≤	0.1	0.2	0.7
针、片状颗粒含量/(%),≤	5	8	15

4. 颗粒形状及表面特征

粗骨料的颗粒形状及表面特征同样会影响其与水泥的黏结及混凝土拌和物的流动性。碎石具有棱角,表面粗糙,与水泥黏结较好,而卵石多为圆形,表面光滑,与水泥的黏结较差,在水泥用量和用水量相同的情况下,碎石拌制的混凝土流动性较差,但强度较高,而卵石拌制的混凝土则流动性较好,但强度较低。

粗骨料的粒形以接近立方体或球体为好。粗骨料中的圆形颗粒越多,其空隙率越小。颗粒形状偏离"球体"越远,则应力集中的程度越高,混凝土的强度也越低。由于针状(颗粒长度大于该颗粒所属粒级的平均粒径——指一个粒级下限和上限粒径的平均值的 2.4 倍)和片状(厚度小于平均粒径的 0.4 倍)的应力集中程度较高,而且会影响混凝土拌和物的和易性,因此对其含量一般均有限制。针、片状颗粒含量见表 5-7。

5. 强度

为保证混凝土的强度要求,粗骨料都必须质地致密、具有足够的强度。碎石或卵石的强度可用岩石立方体强度和压碎指标两种方法表示。

岩石立方体强度检验,是将碎石的母岩制成直径与高均为 5 cm 的圆柱体试件或边长为 5 cm 的立方体,在水饱和状态下,检测其极限抗压强度值。依据标准规定,岩石抗压强度分别为:火成岩应不小于 80 MPa;变质岩应不小于 60 MPa;水成岩不小于 30 MPa。虽然岩石立方体强度比较直观,但因试件加工比较困难,且其抗压强度未能反映石子在混凝土中的真实受力情况,只有当混凝土强度等级为 C60 以上时,才进行岩石抗压强度检验。在选择采石场或对粗骨料强度有质量争议时,宜用立方体做强度检验。

压碎指标检验,是将一定质量气干状态下粒径 9.5~19.0 mm 的石子装入标准圆模内,放在压力机上均匀加荷至 200 kN。卸荷后称取试样质量 G_0,然后用孔径为 2.36 mm 的筛来筛除被压碎的颗粒,称出留在筛上的试样质量 G_1,按下式计算压碎指标值 Q_c:

$$Q_c = \frac{G_0 - G_1}{G_0} \times 100\% \tag{5-3}$$

压碎指标值越小,表示石子抵抗受压破坏的能力越强。对经常性的生产质量控制则可用压碎指标值检验,卵石强度只能用压碎指标值表示。根据标准,压碎指标值不应超过表 5-8 的规定。

6. 坚固性

有抗冻要求的混凝土所用粗骨料,要求检测其坚固性,即用硫酸钠溶液法检验,试样经五次循环后,其质量损失率应不超过表 5-8 的规定。

表 5-8 石子的压碎指标与坚固性指标(GB/T 14685—2022)

项目	指标		
	Ⅰ类	Ⅱ类	Ⅲ类
碎石压碎指标/(%),≤	10	20	30
卵石压碎指标/(%),≤	12	14	16
质量损失率/(%),≤	5	8	12

注:有腐蚀性介质作用或经常处于水位变化区的地下结构或有抗疲劳、耐磨、抗冲击等要求的混凝土用碎石或卵石,其质量损失率应不大于 8%。

5.2.4 混凝土拌和及养护用水

混凝土拌和用水按水源可分为饮用水、地表水、地下水、海水及经适当处理或处置后的工业废水。对混凝土拌和及养护用水的质量要求是:不得影响混凝土的和易性及凝结;不得有损于混凝土强度发展;不得降低混凝土的耐久性、加快钢筋腐蚀及导致预应力钢筋脆断;不得污染混凝土表面。遇到被工业废水或生活废水所污染的河水或含有矿物质较多的泉水,应事先进行检验,水质必须符合国家现行标准《混凝土用水标准》(JGJ 63—2006)的规定。在对水质有怀疑时,应将该水与蒸馏水或饮用水进行水泥凝结时间、砂浆或混凝土强度对比试验。测得的初凝时间差及终凝时间差均不得大于 30 min,其初凝和终凝时间还应符合水泥国家标准的规定;用该水制成的砂浆或混凝土 28 d 抗压强度应不低于蒸馏水或饮用水制成的砂浆或混凝土抗压强度的 90%。海水中含有硫酸盐、镁盐和氯化物,对水泥石有侵蚀作用,对钢筋也会造成锈蚀,因此不得用于拌制钢筋混凝土和预应力混凝土。

5.3　混凝土拌和物的和易性

5.3.1　和易性的概念

混凝土硬化前的拌和物必须经过拌和、运输、振捣等施工过程,为了保证新拌混凝土不发生分层、离析、泌水等现象,并形成质量均匀、成型密实的混凝土,就必须考虑其和易性。和易性是指混凝土拌和物的施工操作难易程度和抵抗离析作用程度的性质。和易性是一项综合的技术性质,包括流动性、黏聚性和保水性三方面的含义。

(1)流动性是指混凝土拌和物在本身自重或施工机械振捣的作用下,能产生流动,并均匀密实地填满模板的性能。

(2)黏聚性是指混凝土拌和物在施工过程中其组成材料之间有一定的黏聚力,不致产生分层和离析的现象。

(3)保水性是指混凝土拌和物在施工过程中,具有一定的保水能力,不致产生严重的泌水现象。产生泌水现象的混凝土拌和物,由于水分分泌出来会形成容易透水的孔隙,而影响混凝土的密实性,降低质量。

由此可见,混凝土拌和物的流动性、黏聚性和保水性有其各自的内容,而它们之间是互相联系的,但常存在矛盾。因此,所谓和易性就是这三方面性质在某种具体条件下的矛盾统一。

5.3.2　和易性检测方法及指标

由于混凝土的和易性的内涵较为复杂,目前还没有找到一种简单易行、迅速准确、全面反映和易性的指标及检测方法。所以通常是检测混凝土拌和物的流动性,辅以对黏聚性及保水性的观察,判断新拌混凝土的和易性是否满足工程需要。新拌混凝土流动性用坍落度和维勃稠度来表示。

1. 坍落度检测

坍落度试验是用标准坍落圆锥筒检测,该筒为钢皮制成,高度 $H = 300$ mm,上口直径 $d = 100$ mm,下口直径 $D = 200$ mm。试验时,将圆锥置于平台上,然后将混凝土拌和物分三层装入标准圆锥筒内,每层用弹头棒均匀地捣插 25 次。多余试样用镘刀刮平,然后垂直提取圆锥筒,将圆锥筒与混合料排放于平板上,测量筒高与坍落后混凝土试体最高点之间的高差,如图 5-5 所示,即新拌混凝土的坍落度,通常用 T 表示(以 mm 为单位,精确至 5 mm)。

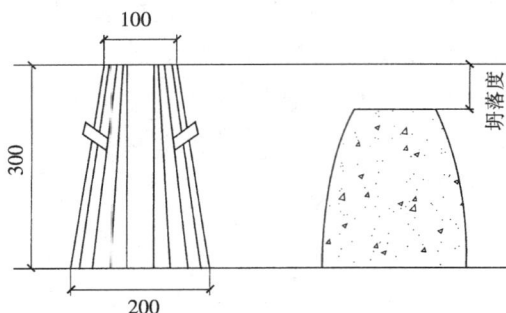

图 5-5　混凝土拌和物的坍落度(单位:mm)

坍落度反映的是混凝土拌和物流动性的好坏。坍落度越大,流动性越大。在做坍落度试验的同时,还应观察混凝土拌和物的黏聚性、保水性等情况,以更全面地评定混凝土拌和物的和易性。黏聚性的检查方法:将捣棒在已坍落的混凝土锥体侧面轻轻敲打,轻轻敲后锥体逐渐下沉,表示黏聚性良好,若锥体倒塌或部分崩裂,表示黏聚性不好。保水性的检查方法:若混凝土拌和物失浆而骨料外露,或者较多稀浆自锥体底部流出,则表示保水性较差。

根据坍落度的不同,可将混凝土拌和物分为 4 级:大流动性的($T \geqslant 160$ mm);流动性的(T 为 $100 \sim 150$ mm);塑性的(T 为 $50 \sim 90$ mm);低塑性的(T 为 $10 \sim 40$ mm)。坍落度试验只适用于骨料最大粒径不大于 40 mm,坍落度值不小于 10 mm 的混凝土拌和物。

2. 维勃稠度检测

骨料最大粒径不超过 40 mm,维勃稠度在 $5 \sim 30$ s 之间的干硬性混凝土拌和物的流动性要用维勃稠度来表示。检测时选用维勃稠度仪检测,如图 5-6 所示,其检测方法为:将混凝土拌和物按规定方法装入坍落度筒中,按一定方式捣实,装满刮平后,将筒垂直向上提起,在拌和物试体顶面放一透明圆盘,开启振动台,同时用秒表计时,到透明圆盘的底面完全为水泥浆所布满时,停止秒表,关闭振动台。此时可认为混凝土拌和物已密实。所读秒数,称为维勃稠度。维勃稠度越大,表示混凝土拌和物越干稠。

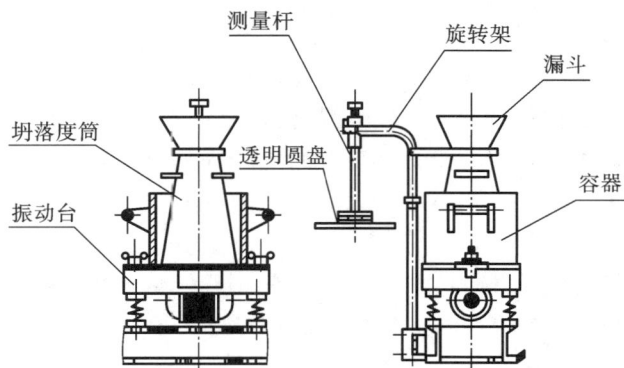

图 5-6　维勃稠度仪

混凝土按照维勃稠度大小可分为 4 级:超干硬性混凝土($t \geqslant 31$ s);特干硬性混凝土(t 为 $21 \sim 30$ s);干硬性混凝土(t 为 $11 \sim 20$ s);半干硬性混凝土(t 为 $5 \sim 10$ s)。

3. 流动性(坍落度)的选择

混凝土拌和物的坍落度,要根据构件截面大小、钢筋疏密和捣实方法来确定。当构件截面尺寸较小、钢筋较密或采用人工插捣时,坍落度可选择大些。反之,如构件截面尺寸较大、钢筋较疏或采用振动器振捣时,坍落度可选择小些。

5.3.3　影响和易性的主要因素

混凝土拌和物在自重或外力作用下产生流动的大小,与水泥浆的流变性能及骨料颗粒间的内摩擦力有关。骨料间的内摩擦力除了取决于骨料的颗粒形状和表面特征,还与骨料颗粒表面水泥浆层厚度、水泥浆的流变性能及水泥浆的稠度密切相关。因此,影响混凝土拌和物和易性的主要因素有以下几方面。

1. 水泥浆的数量

混凝土拌和物中的水泥浆,赋予混凝土拌和物以一定的流动性。在水胶比不变的情况下,单位体积拌和物内,如果水泥浆越多,则拌和物的流动性越大。但若水泥浆过多,将会出现流浆现象,使拌和物的黏聚性变差,同时对混凝土的强度与耐久性也会产生一定影响,且水泥用量也大。水泥浆过少,使其不能填满骨料空隙或不能很好地包裹骨料表面时,就会产生崩坍现象,黏聚性变差。因此,混凝土拌和物中水泥浆的含量应以满足流动性要求为度,不宜过量。

2. 水泥浆的稠度

水泥浆的稠度是由水胶比决定的。在水泥用量不变的情况下,水胶比越小,水泥浆就越稠,混凝土拌和物的流动性越小。当水胶比过小时,水泥浆干稠,混凝土拌和物的流动性过低,会使施工困难,不能保证混凝土的密实性。增加水胶比会使流动性加大。如果水胶比过大,会造成混凝土拌和物的黏聚性和保水性不良,而产生流浆、离析现象,并严重影响混凝土的强度。所以水胶比不能过大或过小。一般应根据混凝土强度和耐久性要求合理地选用。

无论是水泥浆的多少,还是水泥浆的稀稠,实际上对混凝土拌和物流动性起决定作用的是用水量的多少。因为无论是提高水胶比或增加水泥浆用量最终都表现为混凝土用水量的增加。当使用确定的材料拌制混凝土时,水泥用量在一定范围内,为达到一定流动性,所需加水量为常值。所谓一定范围是指每立方米混凝土水泥用量增减不超过 100 kg。一般根据选定的坍落度来选用每立方米混凝土的用水量。但应指出,在试拌混凝土时,不能用单纯改变用水量的办法来调整混凝土拌和物的流动性,因为单纯加大用水量会降低混凝土的强度和耐久性。应该在保持水胶比不变的条件下用调整水泥浆量的办法来调整混凝土拌和物的流动性。

3. 砂率

砂率是指混凝土中砂的质量占砂、石总质量的百分率(砂质量/砂、石总质量)。砂率的变动会使骨料的空隙率和骨料的总表面积有显著改变,因而对混凝土拌和物的和易性产生显著影响。

砂率过大时，骨料的总表面积及空隙率都会增大，在水泥浆含量不变的情况下，水泥浆相对显得少了，减弱了水泥浆的润滑作用，而使混凝土拌和物的流动性减小；如砂率过小，不能保证在粗骨料之间有足够的砂浆层，也会降低混凝土拌和物的流动性，而且会严重影响其黏聚性和保水性，容易造成离析、流浆等现象。因此，砂率有一个合理值。当采用合理砂率时，在用水量及水泥用量一定的情况下，能使混凝土拌和物获得最大的流动性且能保持良好的黏聚性和保水性，如图 5-7 所示。或者，当采用合理砂率时，能使混凝土拌和物获得所要求的流动性及良好的黏聚性与保水性，而水泥用量为最少，如图 5-8 所示。

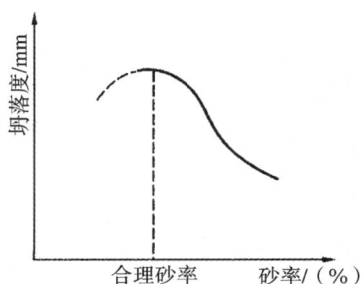

图 5-7　砂率与坍落度的关系
（水与水泥用量一定）

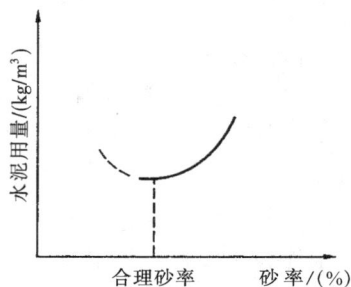

图 5-8　砂率与水泥用量的关系
（达到相同的坍落度）

影响合理砂率大小的因素很多，可概括为：石子最大粒径较大、级配较好、表面较光滑时，由于粗骨料的空隙率较小，可采用较小的砂率；砂的细度模数较小时，由于砂中细颗粒多，混凝土的黏聚性容易得到保证，而且砂在粗骨料中的拨开作用较小，故可采用较小的砂率；水胶比较小、水泥浆较稠时，由于混凝土的黏聚性较易得到保证，故可采用较小的砂率；施工要求的流动性较大时，粗骨料常易出现离析，所以为保证混凝土的黏聚性，需采用较大的砂率；掺用引气剂或减水剂等外加剂时，可适当减小砂率。

由于影响合理砂率的因素很多，不可能用计算的方法得出准确的合理砂率，通常在保证拌和物既不离析，又能很好地浇灌、捣实的条件下，应尽量选用较小的砂率。

4. 组成材料的性质

水泥对拌和物和易性的影响主要是水泥品种和水泥细度的影响。用硅酸盐水泥及普通水泥品种，流动性较大，保水性较好；用矿渣水泥和某些火山灰水泥，流动性较小，保水性较差；用粉煤灰水泥比普通水泥流动性更好，保水性及黏聚性也很好。此外水泥的细度对拌和物的和易性也有影响，水泥磨得细，则流动性小，但黏聚性和保水性较好。

骨料对拌和物的影响主要有：骨料的级配、颗粒形状、表面特征及粒径。通常来看，级配好的混凝土拌和物的流动性较大，黏聚性和保水性也好；表面光滑的骨料，流动性较大；骨料的粒径增大，总表面积减小，流动性增大。一般卵石拌制的混凝土拌和物比碎石拌制的流动性好。河砂拌制的混凝土拌和物比山砂拌制的流动性好。

5. 外加剂与矿物掺合料的影响

在拌制混凝土时，加入少量的外加剂能使混凝土拌和物在不增加水泥用量的条件下，获得很好的和易性,增大流动性和改善黏聚性,降低泌水性。由于加入外加剂改善了混凝土的结构,还能提高混凝土的耐久性。

引气剂可以增大拌和物的含气量,因此在用水量一定的条件下使浆体体积增大,改善混凝土的流动性并减少泌水、离析,提高拌和物的黏聚性。加入适量的减水剂,可使为水泥凝胶所包裹的水分释放出来,从而在不增加用水量的情况下,获得较好的和易性。

掺有需水量较小的粉煤灰或磨细矿渣时,拌和物需水量降低,在用水量、水胶比相同时流动性明显改善,以粉煤灰代替部分砂子,通常在保持用水量一定条件下使拌和物变稀。

6. 时间和温度

混凝土拌和物拌制后,随时间的延长而逐渐变得干稠,流动性减小,原因是一部分水供水泥水化反应变成水化产物结合水,一部分水被骨料吸收,一部分水蒸发以及凝聚结构的逐渐形成,致使混凝土拌和物的流动性变小。由于拌和物流动性的这种变化,在施工中检测和易性的时间,推迟至搅拌完后约 15 min 为宜。

拌和物的和易性也受温度的影响。因为环境温度的升高,水分蒸发及水泥水化反应加快,拌和物的流动性变差,而且坍落度损失也变快。因此施工中为保证一定的和易性,必须注意环境温度的变化,采取相应的措施。夏季施工时,为保证流动性应当增加拌和物的用水量。

5.3.4 改善和易性的措施

以上讨论了混凝土拌和物和易性的变化规律,目的是运用这些规律能动地调整混凝土拌和物的和易性,以适应具体的结构与施工条件。当决定采取某项措施来调整和易性时,还必须同时考虑对混凝土其他性质(如强度、耐久性)的影响。在实际工作中调整拌和物的和易性,可采取如下措施。

(1)尽可能降低砂率。通过试验,采用合理砂率,有利于提高混凝土的质量和节约水泥。

(2)改善砂、石(特别是石子)的级配,有利于提高混凝土的质量和节约水泥,但要增加备料工作。

(3)尽量采用较粗的砂、石。

(4)当混凝土拌和物坍落度太小时,维持水胶比不变,适当增加水泥和水的用量,或者加入外加剂等;当拌和物坍落度太大,但黏聚性良好时,可保持砂率不变,适当增加砂、石。

5.3.5 新拌混凝土的凝结时间

水泥的水化反应是混凝土产生凝结的主要原因,但是混凝土的凝结时间与配制该混凝土所用水泥的凝结时间并不一致,因为水泥浆体的凝结和硬化过程要受到水化产物在空间填充情况的影响。水胶比的大小会明显影响其凝结时间:水胶比越大,凝结时间越长。同时环境温度的变化、混凝土中掺入某些外加剂(缓凝剂或速凝剂等)也会明显影响混凝土的凝结时间。混凝土拌和物的凝结时间通常是用贯入阻力法进行检测的,所使用的仪器为贯入阻力仪。

5.4 混凝土的强度

强度是硬化混凝土最重要的性质,混凝土的其他性能与强度均有密切关系,混凝土的强度也是配合比设计、施工控制和质量检验评定的主要技术指标。

5.4.1 混凝土的强度指标

1. 混凝土的抗压强度与强度等级

混凝土的强度主要有抗压强度、抗拉强度、抗弯强度、抗剪强度和黏结强度等。混凝土的抗压强度与其他各种强度和性质之间有一定相关性,可以根据抗压强度来估计其他强度及性质,因此混凝土抗压强度是最重要的一项性能指标,它是结构设计的主要参数,常作为评定混凝土质量的指标。

1)混凝土立方体抗压强度

混凝土的抗压强度是指其标准试件在压力作用下直到破坏的单位面积所能承受的最大应力。根据国家标准《混凝土物理力学性能试验方法标准》(GB/T 50081—2019),按照标准的制作方法制成边长为 150 mm 的正立方体试件,在标准养护条件下,即温度(20±2)℃,相对湿度 95% 以上,养护至 28 d 龄期,按照标准的检测方法检测其抗压强度值,称为"混凝土立方体试件抗压强度"(简称"立方抗压强度",以 f_{cu} 表示),以 MPa 计。

为便于设计选用和控制混凝土,将混凝土按强度分成若干等级,即强度等级。混凝土强度等级是根据立方体抗压强度标准值 $f_{cu,k}$ 来确定的。立方体抗压强度标准值是指按标准方法制作和养护的边长为 150 mm 的立方体试件,在 28 d 龄期用标准试验方法测得的具有 95% 保证率的抗压强度,以 $f_{cu,k}$ 表示。它的表示方法是用"C"和"立方体抗压强度标准值"两项内容表示,如:"C30"即表示混凝土立方体抗压强度标准值 $f_{cu,k}=30$ MPa。普通混凝土划分为 14 个强度等级:C15、C20、C25、C30、C35、C40、C45、C50、C55、C60、C65、C70、C75 和 C80。混凝土强度等级是混凝土结构设计、施工质量控制和工程验收的重要依据。不同的建筑工程及建筑部位需采用不同强度等级的混凝土,一般有一定的选用范围。

检测混凝土立方体试件抗压强度,也可以按粗骨料最大粒径的尺寸而选用不同的试件尺寸。对非标准尺寸(边长为 100 mm 或 200 mm)的立方体试件,其检测结果应乘以换算系数,以得到相当于标准试件的试验结果(表5-9)。这是由于试块尺寸、形状不同,会影响试件的抗压强度值。试件尺寸越小,测得的抗压强度值越大。因为混凝土立方试件在压力机上受压时,在沿加荷方向发生纵向变形的同时,也按泊松比效应产生横向变形。压力机上、下两块压板(钢板)的弹性模量比混凝土大 5~15 倍,而泊松比则不大于混凝土的两倍,所以在荷载下压板的横向应变小于混凝土的横向应变(指都能自由横向变形的情况),因而上下压板与试件的上下表面之间产生的摩擦力对试件的横向膨胀起着约束作用,对强度有提高的作用。

表 5-9　混凝土抗压强度试块允许最小尺寸表

骨料最大颗粒直径/mm	换算系数	试块尺寸/mm
31.5	0.95	100×100×100(非标准试块)
40	1.00	150×150×150(标准试块)
60	1.05	200×200×200(非标准试块)

越接近试件的端面,这种约束作用就越大。在距离试件受压面约 0.866 a(a 为试件边长)范围外这种效应消失,试件破坏以后,其上下部分各呈一个较完整的棱锥体,就是这种约束作用的结果(图 5-9)。通常这种作用称为环箍效应。立方体试件尺寸较大时,环箍效应的相对作用较小,测得的立方抗压强度因而偏低。反之,试件尺寸较小时,测得的立方抗压强度就偏高。试件中的裂缝、孔隙等缺陷将减少受力面积并引起应力集中,因而强度降低。随着试件尺寸增大,存在缺陷的概率也增大,故较大尺寸的试件测得的抗压强度就偏低。

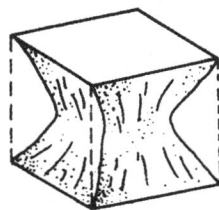

图 5-9　环箍效应

2)混凝土轴心抗压强度

确定混凝土强度等级是采用立方体试件,但实际工程中,钢筋混凝土结构形式极少是立方体的,大部分是棱柱体试件(正方形截面)或圆柱体试件。为了使测得的混凝土强度接近混凝土结构的实际情况,在钢筋混凝土结构计算中,计算轴心受压构件(例如柱、桁架的腹杆等)时,都是采用混凝土的轴心抗压强度 f_{cp} 作为依据。采用棱柱体试件比立方体试件能更好地反映混凝土在受压构件中的实际受压情况。目前我国采用 150 mm×150 mm×300 mm 棱柱体作为轴心抗压强度标准试件。如有必要,也可采用非标准尺寸的棱柱体试件,但其高(h)与宽(a)之比应在 2～3 的范围内。棱柱体试件是在与立方体试件相同的条件下制作的,测得的轴心抗压强度 f_{cp} 比同截面的立方体强度值 f_{cu} 小,棱柱体试件高宽比(即 h/a)越大,轴心抗压强度越小,但当 h/a 达到一定值后,强度就不再降低。因为这时在试件的中间区段已无环箍效应,形成了纯压状态。但是过高的试件在破坏前由于失稳产生较大的附加偏心,又会降低其抗压试验强度值。

关于轴心抗压强度 f_{cp} 与立方抗压强度 f_{cu} 间的关系,通过多组棱柱体和立方体试件的强度试验表明:在立方抗压强度 f_{cu}=10～55 MPa 的范围内,轴心抗压强度 f_{cp} 与 f_{cu} 的比值基本为 0.70～0.80。

2. 混凝土的抗拉强度

混凝土在直接受拉时,产生很小的变形就会开裂,它在断裂前没有残余变形,是一种脆性破坏。混凝土的抗拉强度只有其抗压强度的 1/20～1/10,且随着混凝土强度等级的提高,比值有所降低,也就是当混凝土强度等级提高时,抗拉强度的增加不及抗压强度提高得快。因此,混凝土在工作时一般不依靠其抗拉强度。但抗拉强度对于开裂现象有重要意义,在结构设计中抗拉强度是确定混凝土抗裂度的重要指标。有时它也用来间接衡量混凝土与钢筋的黏结强度等。

我国采用立方体(国际上多用圆柱体)的劈裂抗拉试验来检测混凝土的抗拉强度,称为劈裂抗拉强度 f_{ts}。该方法的原理是在试件的两个相对的表面素线上,作用着均匀分布的压力,这样就能够在外力作用的竖向平面内产生均布拉伸应力,这个拉伸应力可以根据弹性理论计算得出。这个方法大大地简化了抗拉试件的制作,并且较正确地反映了试件的抗拉强度。

抗拉强度对减少裂纹有重要意义,对于道路混凝土铺路板、水塔和油库等工程尤为重要。

5.4.2 影响混凝土强度的主要因素

影响混凝土强度的因素很多,如水泥石强度、水泥石与骨料的黏结强度、材料的质量、材料的配合比及施工条件等。在普通混凝土中,骨料最先破坏的可能性小,因为骨料强度经常大大超过水泥石和黏结面的强度。普通混凝土受力破坏一般出现在骨料和水泥石的分界面上,这就是常见的黏结面破坏的形式。另外,当水泥石强度较低时,水泥石本身破坏也是常见的破坏形式。所以混凝土的强度主要取决于水泥石强度及其与骨料表面的黏结强度。而水泥石强度及其与骨料的黏结强度又与水泥强度等级、水胶比及骨料的性质有密切关系。此外,混凝土的强度还受施工质量、养护条件及龄期的影响。

影响混凝土强度的因素主要有以下几点。

1. 水胶比和水泥强度等级——决定混凝土强度的主要因素

水泥是混凝土中的活性组分,其强度大小直接影响着混凝土强度的高低。在配合比相同的条件下,所用的水泥强度等级越高,制成的混凝土强度也越高。当用同一种水泥(品种及标号相同)时,混凝土的强度主要取决于水胶比。因为水泥水化时所需的结合水,一般只占水泥质量的 23% 左右,但在拌制混凝土拌和物时,为了获得必要的流动性,常需用较多的水(占水泥质量的 40%~70%),也即较大的水胶比。当混凝土硬化后,多余的水分就残留在混凝土中形成水泡或蒸发后形成气孔,大大地减少了混凝土抵抗荷载的实际有效断面,而且可能在孔隙周围产生应力集中。因此,在水泥强度等级相同的情况下,水胶比越小,水泥石的强度越高,与骨料黏结力也越大,混凝土的强度就越高。但应说明:如果加水太少(水灰比太小),拌和物过于干硬,在一定的捣实成型条件下,无法保证浇灌质量,混凝土中将出现较多的蜂窝、孔洞,强度也将下降。

水泥石与骨料的黏结力还与骨料的表面状况有关,碎石表面粗糙,黏结力比较大,卵石表面光滑,黏结力比较小。因而在水泥强度等级和水灰比相同的条件下,碎石混凝土的强度往往高于卵石混凝土的强度。

在原材料一定的情况下,混凝土 28 d 龄期抗压强度(f_{cu})与水泥实际强度(f_{ce})及水胶比($\dfrac{W}{B}$)之间的关系符合下列经验公式。

$$f_{cu} = \alpha_a f_{ce}\left(\frac{B}{W} - \alpha_b\right) \tag{5-4}$$

式中:f_{cu}——混凝土 28 d 龄期的立方体抗压强度(MPa);

$\qquad f_{ce}$——水泥的实际强度(MPa);

$\dfrac{B}{W}$——胶水比;

α_a、α_b——回归系数(碎石 $\alpha_a=0.53$,$\alpha_b=0.20$;卵石 $\alpha_a=0.49$,$\alpha_b=0.13$)。

式(5-4)中水泥的实际强度若无法得到,可采用下式计算

$$f_{ce} = \gamma_c f_{cu,k} \tag{5-5}$$

式中:f_{ce}——水泥的实际强度(MPa);

γ_c——水泥强度的富余系数,应根据各地区实际统计资料定出或见表 5-10;

$f_{cu,k}$——水泥强度等级的标准值(MPa)。

表 5-10　水泥强度等级值的富余系数

水泥强度等级	32.5	42.5	52.5
富余系数	1.12	1.16	1.10

　　一般水泥厂为了保证水泥的出厂强度等级,其实际抗压强度往往比其强度等级要高些。当无法取得水泥实际强度数值时,用水泥强度等级的标准值($f_{cu,k}$)代入式中,应乘以水泥强度的富余系数(γ_c),γ_c 值应按各地区统计资料确定。

　　上面的经验公式,一般只适用于流动性混凝土和低流动性混凝土,对干硬性混凝土则不适用。同时对流动性混凝土来说,也只是在原材料相同、工艺措施相同的条件下 α_a、α_b 才可视作常数。如果原材料变了,或工艺条件变了,则 α_a、α_b 系数也随之改变。因此必须结合工地的具体条件,如施工方法及材料的质量等,进行不同 $\dfrac{B}{W}$ 的混凝土强度试验,求出符合当地实际情况的 α_a、α_b 系数,这样既能保证混凝土的质量,又能取得较好的经济效果。若无上述试验统计资料,则可按公式(5-4)提供的 α_a、α_b 经验系数值取用。

　　利用强度公式时,可根据所用的水泥强度等级和水灰比来估计所制成混凝土的强度,也可根据水泥强度等级和要求的混凝土强度等级来计算应采用的水灰比。

2. 骨料的影响

　　粗骨料本身的强度一般都比水泥石的强度和水泥与骨料的黏结力要高(轻骨料除外),所以不会直接影响混凝土的强度,但若骨料经风化等作用使强度降低,其配制的混凝土强度也降低。碎石表面粗糙,与水泥石黏结强度较高,卵石表面光滑,与水泥黏结强度较低,所以在水泥强度等级和水灰比不变的条件下,用碎石配制的混凝土比用卵石配制的混凝土要高,但随着水灰比增大,两者的差别就不显著了。因此在配制高强混凝土时,一般选择碎石。

　　当骨料级配良好、砂率适当时,骨架坚强密实,有利于混凝土强度的提高。如果混凝土骨料中有害杂质较多,品质低,级配不好,会降低混凝土的强度。

3. 养护的温度和湿度

　　混凝土所处的环境温度和湿度等,都是影响混凝土强度的重要因素,它们都是通过对水泥水化过程所产生的影响而起作用的。

　　混凝土的硬化,关键在于水泥的水化作用。周围环境的温度对水化作用进行的速度有显著的影响。在保证足够湿度的条件下,养护温度高可以加大初期水化速度,混凝土初期强

度也高。但急速的初期水化会导致水化物分布不均匀,对后期强度的发展不利。而在养护温度较低的情况下,由于水化缓慢,具有充分的扩散时间,从而使水化物在水泥石中均匀分布,有利于后期强度的发展。当温度降至冰点以下时,则由于混凝土中的水分大部分结冰,水泥颗粒不能和冰发生化学反应,混凝土的强度停止发展。不但混凝土的强度停止发展,而且由于孔隙内水分结冰而引起的膨胀(水结冰体积可膨胀约 9%)产生相当大的压力,作用在孔隙、毛细管内壁,将使混凝土的内部结构遭受破坏,使已经获得的强度(如果在结冰前,混凝土已经不同程度地硬化的话)受到损失。但气温如再升高,冰又开始融化。如此反复冻融,混凝土内部的微裂缝逐渐增长、扩大,混凝土强度逐渐降低,表面开始剥落,甚至混凝土完全崩溃。混凝土早期强度低,更容易冻坏。所以冬季施工时,应采取一定的保温措施或掺入早强剂、防冻剂,以防止混凝土早期受冻。

周围环境的湿度也对水泥的水化作用能否正常进行有显著影响。湿度适当,水泥水化便能顺利进行,使混凝土强度得到充分发展。如果湿度不够,混凝土会失水干燥,从而影响水泥水化作用的正常进行,甚至停止水化。因为水泥水化只能在为水填充的毛细管内发生,而且混凝土中大量自由水在水泥水化过程中逐渐被产生的凝胶所吸附,内部供水化反应的水则越来越少。这不仅严重降低混凝土的强度,而且因水化作用未能完成,使混凝土结构疏松,渗水性增大或形成干缩裂缝,从而影响耐久性。

所以,为了使混凝土正常硬化,必须在成型后一定时间内维持周围环境的温度和湿度。混凝土在自然条件下养护,称为自然养护。自然养护的温度随气温变化,为保持潮湿状态,在混凝土凝结以后(一般在 12 h 以内),表面应覆盖草袋等物并不断浇水,这样也同时能防止其发生不正常的收缩。使用硅酸盐水泥、普通水泥和矿渣水泥时,浇水保湿应不少于 7 d;使用火山灰水泥和粉煤灰水泥或在施工中掺用缓凝型外加剂或有抗渗要求时,应不少于 14 d;高强混凝土在成型后,必须立即进行覆盖或采取保湿措施,使水泥充分水化,以保证混凝土强度不断发展。在夏季应特别注意浇水,保持必要的湿度,在冬季应特别注意保持必要的温度。

4. 龄期

龄期是指混凝土在正常养护条件下所经历的时间。混凝土在正常养护条件下,其强度将随着龄期的增加而增长。最初 7~14 d,强度增长较快,28 d 以后增长缓慢。但龄期延续很久其强度仍有所增长。

在标准养护条件下,其强度发展大致与龄期的常用对数成正比关系,其经验公式如下:

$$\frac{f_n}{f_{28}} = \frac{\lg n}{\lg 28} \tag{5-6}$$

式中:f_n——混凝土 n d 龄期的抗压强度(MPa);

f_{28}——混凝土 28 d 龄期的抗压强度(MPa);

n——养护龄期(d),$n \geqslant 3$。

根据上式,可估算混凝土 28 d 的强度,或者推算 28 d 前混凝土达到某一强度需要养护的天数,确定生产施工进度如混凝土的拆模、构件的起吊、放松预应力钢筋、制品堆放、出厂等的日期。

5.5　混凝土的耐久性

　　混凝土除应具有设计要求的强度,以保证其能安全地承受设计荷载外,还应根据其周围的自然环境及在使用上的特殊要求,而具有各种特殊性能。例如,承受压力水作用的混凝土,需要具有一定的抗渗性能;遭受反复冰冻作用的混凝土,需要有一定的抗冻性能;遭受环境水侵蚀作用的混凝土,需要具有与之相适应的抗侵蚀性能;处于高温环境中的混凝土,则需要具有较好的耐热性能等。我们把混凝土抵抗环境介质作用并长期保持其良好的使用性能和外观完整性,从而维持混凝土结构的安全、正常使用的能力称为耐久性。

　　混凝土耐久性能主要包括抗渗、抗冻、抗侵蚀、抗碳化、抗碱-骨料反应等性能。

5.5.1　混凝土的抗渗性

　　抗渗性是指混凝土抵抗水、油等液体在压力作用下渗透的性能。它直接影响混凝土的抗冻性和抗侵蚀性。混凝土的抗渗性主要与其密实度及内部孔隙的大小和构造有关。混凝土内部互相连通的孔隙和毛细管通路,以及由于在混凝土施工成型时,振捣不实产生的蜂窝、孔洞都会造成混凝土渗水。

　　混凝土的抗渗性我国一般采用抗渗等级表示,也有采用相对渗透系数来表示的。抗渗等级是按标准试验方法进行试验,用每组 6 个试件中 4 个试件未出现渗水时的最大水压力来表示的。如分为 P6、P8、P10、P12,以及 P12 以上,即相应表示能抵抗 0.6 MPa、0.8 MPa、1.0 MPa、1.2 MPa 及 1.2 MPa 以上的水压力而不渗水。

　　影响混凝土抗渗性的因素有水胶比、骨料的最大粒径、养护方法、水泥品种、外加剂及掺合料等。

1. 水胶比

　　混凝土水胶比的大小,对其抗渗性能起决定性作用。水胶比越大,其抗渗性越差。在成型密实的混凝土中,水泥石的抗渗性对混凝土的抗渗性影响最大。

2. 骨料的最大粒径

　　在水胶比相同时,混凝土骨料的最大粒径越大,其抗渗性能越差。这是由于骨料和水泥浆的界面处易产生裂隙和较大骨料下方易形成孔穴。

3. 养护方法

　　蒸汽养护的混凝土,其抗渗性较潮湿养护的混凝土要差。在干燥条件下,混凝土早期失水过多,容易形成收缩裂隙,因而降低混凝土的抗渗性。

4. 水泥品种

　　水泥的品种、性质也影响混凝土的抗渗性能。水泥的细度越大,水泥硬化体孔隙率越小,强度就越高,则其抗渗性越好。

5. 外加剂

　　在混凝土中掺入某些外加剂,如减水剂等,可减小水胶比,改善混凝土的和易性,因而可改善混凝土的密实性,即提高了混凝土的抗渗性能。

6. 掺合料

在混凝土中加入掺合料,如掺入优质粉煤灰,由于优质粉煤灰能发挥其形态效应、活性效应、微骨料效应和界面效应等,可提高混凝土的密实度、细化孔隙,从而改善了孔结构和骨料与水泥石界面的过渡区结构,提高了混凝土的抗渗性。

7. 龄期

混凝土龄期越长,其抗渗性越好。随着水泥水化的进展,混凝土的密实性逐渐增大。

对于凡是受水压作用的构筑物的混凝土,都有抗渗的要求。提高混凝土抗渗性的措施是增大混凝土的密实度和改变混凝土中的孔隙结构,减少连通孔隙。

5.5.2　混凝土的抗冻性

混凝土的抗冻性是指混凝土在水饱和状态下,经受多次冻融循环作用,能保持强度和外观完整性的能力。在寒冷地区,特别是在接触水又受冻的环境下的混凝土,要求具有较高的抗冻性能。混凝土受冻融作用破坏的原因,是混凝土内部孔隙中的水在负温下结冰后体积膨胀造成的静水压力和冰水蒸气压的差别推动未冻水向冻结区的迁移所造成的渗透压力。当这两种压力所产生的内应力超过混凝土的抗拉强度,混凝土就会产生裂缝,多次冻融使裂缝不断扩展直至破坏。混凝土的密实度、孔隙构造和数量、孔隙的充水程度是决定抗冻性的重要因素。因此,当混凝土采用的原材料质量好、水胶比小、具有封闭细小孔隙(如掺入引气剂的混凝土)及掺入减水剂、防冻剂时,其抗冻性都较高。

随着混凝土龄期增加,混凝土抗冻性能也得到提高。因水泥不断水化,可冻结水量减少;水中溶解盐浓度随水化深入而浓度增加,冰点也随龄期而降低,抵抗冻融破坏的能力也随之增强。所以延长冻结前的养护时间可以提高混凝土的抗冻性。

混凝土抗冻性一般以抗冻等级表示。抗冻等级是采用慢冻法以龄期 28 d 的试块在吸水饱和后,承受反复冻融循环,以抗压强度下降不超过 25%,而且质量损失不超过 5%时所能承受的最大冻融循环次数来确定。将混凝土划分为 F25、F50、F100、F150、F200、F250 和 F300 等抗冻等级,分别表示混凝土能够承受反复冻融循环次数为 25、50、100、150、200、250 和 300 次。

对高抗冻性的混凝土,其抗冻性可采用快冻法,以相对动弹性模量值不小于 60%,而且质量损失率不超过 5%时所能承受最大循环次数来表示。

提高混凝土抗冻性的最有效方法是采用加入引气剂(如松香热聚物等)、减水剂和防冻剂的混凝土或密实混凝土。

5.5.3　混凝土的抗侵蚀性

当混凝土所处环境中含有侵蚀性介质时,混凝土便会遭受侵蚀,通常有软水侵蚀、硫酸盐侵蚀、镁盐侵蚀、碳酸侵蚀、一般酸侵蚀与强碱侵蚀等。混凝土在海岸、海洋工程中的应用也很广,海水对混凝土的侵蚀作用除化学作用外,尚有反复干湿的物理作用;盐分在混凝土内的结晶与聚集、海浪的冲击磨损、海水中氯离子对混凝土内钢筋的锈蚀作用等,也都会使混凝土遭受破坏。

混凝土的抗侵蚀性与所用水泥的品种、混凝土的密实程度和孔隙特征有关。密实和孔隙封闭的混凝土，环境水不易侵入，故其抗侵蚀性较强。所以，提高混凝土抗侵蚀性的措施主要是合理选择水泥品种、降低水胶比、提高混凝土的密实度和改善孔隙结构。

5.5.4　混凝土的碳化

混凝土的碳化是指空气中的二氧化碳渗入混凝土后，与混凝土内水泥石中的氢氧化钙作用，生成碳酸钙和水，使混凝土碱度降低的过程，此现象也称为中性化。碳化使混凝土碱度降低，减弱了对钢筋的保护作用，可能导致钢筋锈蚀，并由此引起混凝土的体积细微膨胀，使保护层出现裂缝及剥离等破坏现象，混凝土强度降低。此外碳化现象将显著增加混凝土的收缩，使混凝土表面产生细微裂缝。但碳化也有有利的一面，表层混凝土碳化时生成的碳酸钙，可填充水泥石的孔隙，提高密实度，防止有害物质的侵入。

影响碳化的因素主要有以下几方面。

(1)水泥品种：硅酸盐水泥要比早强硅酸盐水泥碳化稍快一些，掺混合材料的水泥比普通硅酸盐水泥碳化快一些。

(2)水胶比：水胶比越大，碳化速度越快，反之则越慢。

(3)外界因素：主要是空气中的二氧化碳浓度和湿度，二氧化碳的浓度增高，碳化加快，在相对湿度达到 50%～70% 的情况下，碳化速度最快。在相对湿度达到 100%(或置于水中)，或者相对湿度小于 25%(或干燥环境中)的条件下，碳化会停止。

提高混凝土抗碳化的主要方法和措施是降低水胶比，掺入减水剂或引气剂，均可提高混凝土的密实度，从而提高抗渗性，促使碳化速度放慢。

5.5.5　碱-骨料反应

混凝土的碱-骨料反应，是指水泥中的碱与骨料中的活性二氧化硅发生反应，在骨料表面生成碱-硅酸凝胶。这种凝胶具有吸水膨胀的特性，当其膨胀时，会使包围骨料的水泥石胀裂。这种对混凝土能产生破坏作用的现象称为碱-骨料反应。

抑制碱-骨料反应的措施如下。

(1)条件许可时选择非活性骨料。

(2)当不可能采用完全没有活性的骨料时，则应严格控制混凝土中总的碱量，符合现行有关标准的规定。首先是要选择低碱水泥(含碱量不超过 0.6%)，以降低混凝土总的含碱量。另外，在混凝土配合比设计中，在保证质量要求的前提下，尽量降低水泥用量，从而进一步控制混凝土的含碱量。当掺入外加剂时，必须控制外加剂的含碱量，防止其对碱-骨料反应的促进作用。

(3)掺用活性混合材料，如硅灰、粉煤灰(高钙高碱粉煤灰除外)，对碱-骨料反应有明显的抑制效果，因为活性混合材可与混凝土中碱(包括 Na^+、K^+ 和 Ca^{2+})起反应，又由于它们是粉状、颗粒小、分布较均匀，因此反应进行得快，而且反应产物能均匀分散在混凝土中，而不集中在骨料表面，从而降低了混凝土中的含碱量，抑制了碱-骨料反应。同样道理采用矿渣含量较高的矿渣水泥也是抑制碱-骨料反应的有效措施。

(4)碱-骨料反应要有水分,如果没有水分,反应就会大为减少乃至完全停止。因此,设法防止外界水分渗入混凝土或使混凝土变干可减轻反应的危害程度。

5.5.6 提高混凝土耐久性的措施

混凝土在遭受压力水、冰冻或侵蚀作用时的破坏过程,虽然各不相同,但对提高混凝土的耐久性的措施来说,却有很多共同之处。除原材料的选择外,混凝土的密实度是影响混凝土耐久性的一个重要因素。一般提高混凝土耐久性的措施有以下几种。

(1)合理选择水泥品种。

(2)严格控制混凝土的水胶比并保证足够的水泥用量。水胶比的大小是决定混凝土密实性的主要因素,它不但影响混凝土的强度,而且严重影响其耐久性,故必须严格控制。保证足够的水泥用量,同样可以起到提高混凝土密实性和耐久性的作用。

(3)选用较好的砂、石骨料。质量良好、技术条件合格的砂、石骨料,是保证混凝土耐久性的重要条件。改善粗细骨料的颗粒级配,在允许的最大粒径范围内尽量选用较大粒径的粗骨料,可减小骨料的空隙率和比表面积,也有助于提高混凝土的耐久性。

(4)掺用引气剂或减水剂。掺用引气剂或减水剂对提高抗渗、抗冻等有良好的作用,在某些情况下,还能节约水泥。

(5)加强混凝土质量的生产控制。在混凝土施工中,应当搅拌均匀、浇灌和振捣密实及加强养护以保证混凝土的施工质量。

5.6 混凝土的外加剂和掺合料

5.6.1 混凝土的外加剂

外加剂是指在混凝土拌和过程中掺入的且能使混凝土按要求改性的物质。混凝土外加剂的特点是品种多、掺量小,在改善新拌和硬化混凝土性能中起着重要的作用。外加剂的研究和实践证明,在混凝土中掺入功能各异的外加剂,满足了改善混凝土的工艺性能和力学性能的要求,如改善和易性、调节凝结时间、延缓水化放热、提高早期强度、增加后期强度、提高耐久性、增加混凝土与钢筋的握裹力、防止钢筋锈蚀等。由于外加剂对混凝土技术性能的改善,它在工程中应用的比例越来越大,不少国家使用掺外加剂的混凝土已占混凝土总量的60%～90%。因此,外加剂已成为混凝土中除四种基本材料以外的第五种组分。

混凝土外加剂种类较多,且均有相应的质量标准,使用时其质量及应用技术应符合现行标准《混凝土外加剂》(GB 8076—2008)、《混凝土外加剂应用技术规范》(GB 50119—2013)、《喷射混凝土用速凝剂》(JC/T 477—2005)、《砂浆、混凝土防水剂》(JC/T 474—2008)、《混凝土防冻剂》(JC/T 475—2004)、《混凝土膨胀剂》(GB/T 23439—2017)等的规定。外加剂的检验项目、方法和批量应符合相应标准的规定。若外加剂中含有碱性物质、氯化物,同样可能引起混凝土结构中钢筋的锈蚀,故应严格控制其掺入量。

混凝土外加剂按化学成分可分成三类:无机化合物(多为电解质盐类);有机化合物(多

为表面活性剂）；有机、无机复合物。

混凝土外加剂按功能分为四类：改善混凝土拌和物流变性能的外加剂，如各种减水剂、泵送剂、保水剂等；调节混凝土凝结时间、硬化性能的外加剂，如缓凝剂、早强剂、速凝剂等；改善混凝土耐久性能的外加剂，如引气剂、防水剂和阻锈剂等；改善混凝土其他性能的外加剂，如膨胀剂、防冻剂、着色剂、碱-骨料反应抑制剂、隔离剂、养护剂等。外加剂的选用见表 5-11。

表 5-11 混凝土外加剂的选用

序号	工程项目	选用目的	选用剂型
1	自然条件下的混凝土工程或构件	改善和易性，提高早期强度，节约水泥	各种减水剂
2	太阳直射下施工	缓凝	缓凝减水剂，常用糖蜜、木钙
3	大体积混凝土	减少水化热	缓凝剂，缓凝减水剂
4	冬期施工	早强、防寒、抗冻	早强减水剂、早强剂、抗冻剂
5	流态混凝土	提高流动性	非引气型减水剂，常用 NF、FDN 等
6	泵送混凝土	减少坍落度损失	泵送剂、引气剂、缓凝减水剂、常用 FDN-P、UNF-5
7	喷射混凝土、防水堵漏混凝土	速凝	速凝剂
8	水工混凝土、海港工程	改善和易性，增强抗渗性	引气剂、引气减水剂
9	高强度混凝土	C60 以上混凝土	高效减水剂、非引气型减水剂、密实剂
10	灌浆、补强、填缝	防止混凝土收缩	膨胀剂
11	蒸养混凝土	缩短蒸养时间	非引气型减水剂、早强减水剂
12	预制构件	缩短生产周期、提高模具周转率	高效减水剂、早强减水剂
13	滑模工程	夏季宜缓凝	普通减水剂、木质素类或糖蜜类
		冬季宜早强	高效减水剂或早强减水剂
14	大模板工程	提高和易性，一天即可达拆模强度	高效减水剂或早强减水剂
15	钢筋密集的构筑物	提高和易性，利于浇筑	普通减水剂、高效减水剂
16	耐碱混凝土	提高密实度	引气型高效减水剂
17	耐冻融混凝土	提高耐久性	引气型高效减水剂

续表

序号	工程项目	选用目的	选用剂型
18	竖向小尺寸构件、成组立模构件	改善和易性	高效减水剂
19	灌注桩基础	改善和易性	普通减水剂、高效减水剂
20	商品混凝土	节约水泥保证运输后的和易性	普通减水剂、高效减水剂、缓凝型减水剂
21	装饰混凝土	彩色混凝土	各种矿物质彩色外加剂
22	防锈混凝土	防止钢筋锈蚀	防锈剂(常用亚硝酸钠)
23	超常混凝土	防止混凝土收缩裂缝	膨胀剂

1. 减水剂

在保持混凝土稠度不变的条件下,具有减水增强作用的外加剂,称为减水剂。减水剂多属于亲水性表面活性剂,在水中它的分子结构由亲水基团和憎水基团组成,当两种物质接触时(如水-水泥,水-油,水-气),表面活性剂的亲水基团指向水,憎水基团朝向水泥颗粒(油或气)。减水剂之所以能提高混凝土拌和物和易性及混凝土强度,是因为其表面活性物质间的吸附-分散作用,以及其润滑、湿润作用。

水泥加水拌和后,由于水泥颗粒间分子引力的作用,产生许多絮状物而形成絮凝结构,使 10%～30% 的拌和水(游离水)被包裹其中,从而降低了混凝土拌和物的流动性。当加入适量减水剂后,减水剂分子定向吸附于水泥颗粒表面,亲水基团指向水溶液。由于亲水基团的电离作用,水泥颗粒表面带上电性相同的电荷,产生静电斥力,致使水泥颗粒相互分散,导致絮凝结构解体,释放出游离水,达到减水的效果,有效地增大了混凝土拌和物的流动性,如图 5-10 所示。

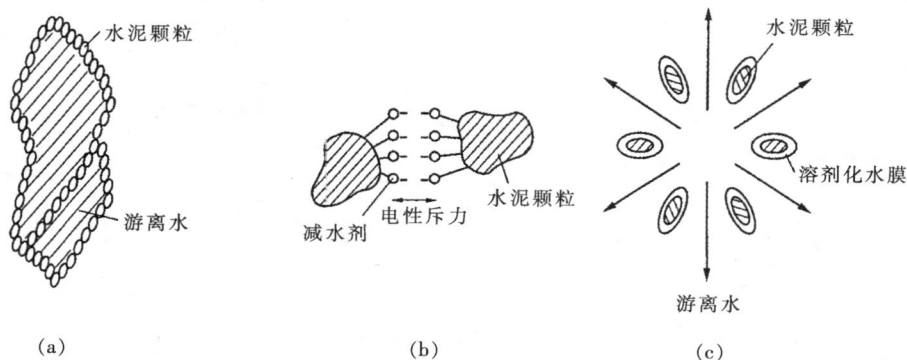

图 5-10 水泥浆的絮凝结构和减水剂作用示意图
(a)水泥浆的絮凝结构;(b)水泥颗粒表面产生静电斥力;
(c)水泥浆絮凝结构破坏而释放出游离水

阴离子表面活性剂类减水剂,其亲水基团极性很强,易与水分子以氢键形式结合,在水泥颗粒表面形成一层稳定的溶剂化水膜,这层水是很好的润滑剂,有利于水泥颗粒的滑动,从而使混凝土流动性进一步提高。减水剂还能使水泥更好地被水湿润,也有利于和易性的改善。

1)减水剂的经济技术效果

掺减水剂的混凝土与未掺减水剂基准混凝土相比,有如下效果。

(1)在保证混凝土混合物和易性和水泥用量不变的条件下,可减少用水量,降低水胶比,从而提高混凝土的强度和耐久性。

(2)在保持混凝土强度(水胶比不变)和坍落度不变的条件下,可节约水泥用量。

(3)在保持水胶比与水泥用量不变的条件下,可大大提高混凝土混合物的流动性,从而方便施工。

2)减水剂的常用品种

(1)普通减水剂。

普通减水剂是指在保证混凝土坍落度基本相同的条件下,能减少拌和用水量的外加剂。普通减水剂按化学成分可分为木质素磺酸盐、多元醇系及复合物、高级多元醇、羧酸(盐)基、聚丙烯酸盐及其共聚物、聚氧乙烯醚及其衍生物六类,其中前两类是天然产品,资源丰富、成本低,广泛作为普通减水剂使用。

普通减水剂木质素磺酸盐是阴离子型高分子表面活性剂,对水泥团粒有吸附作用,具有半胶体性质。普通减水剂可分为早强型、标准型、缓凝型三个品种,但在不复合其他外加剂时,本身有一定缓凝作用。木质素磺酸盐能增大新拌混凝土的坍落度 6~8 cm,能减少用水量,减水率小于10%;使混凝土含气量增大;减少泌水和离析;降低水泥水化放热速率和放热高峰;使混凝土初凝时间延迟,且随温度降低而加剧。适宜掺量为水泥质量的 0.2%~0.3%,根据气温的高低,掺量可适当增减,但不得大于 0.5%。

普通减水剂适用于各种现浇及预制(不经蒸养工艺)混凝土、钢筋混凝土及预应力混凝土、中低强度混凝土,也适用于大模板施工、滑模施工及日最低气温 5 ℃以上混凝土施工。它多用于大体积混凝土、热天施工混凝土、泵送混凝土、有轻度缓凝要求的混凝土。

(2)高效减水剂。

高效减水剂是指在混凝土坍落度基本相同的条件下,具有大幅度减水增强作用的外加剂,如萘磺酸盐甲醛缩合物(商品名称为 MF,VNF,NF,FDN 等)。高效减水剂对水泥有强烈分散作用,能大大提高水泥拌和物流动性和混凝土坍落度,同时大幅度降低用水量,显著改善混凝土工作性能,显著提高混凝土各龄期强度。

高效减水剂基本不改变混凝土凝结时间,掺量大时(超剂量掺入)稍有缓凝作用,但并不延缓硬化混凝土早期强度的增长。在保持强度恒定时,则至少能节约水泥10%。高效减水剂不含氯离子,对钢筋不产生锈蚀作用,可提高混凝土的抗渗、抗冻及耐腐蚀性,增强耐久性,但掺量过大则产生泌水,适宜掺量为 0.5%~1.0%,根据工程需要可适当增减。

常用的高效减水剂主要有萘系(萘磺酸盐甲醛缩合物)、三聚氰胺系(三聚氰胺磺酸盐甲醛缩合物)、多羧酸系(烯烃-马来酸酐共聚物、多羧酸酯)、氨基磺酸系(芳香族氨基磺酸聚合物),它们都具有较高的减水性能,三聚氰胺系高效减水剂减水率更大,但减水率越高,流动性损失越大。

高效减水剂适用于各类工业与民用建筑、水利、交通、港口、市政等工程建设中的预制和现浇钢筋混凝土、预应力钢筋混凝土工程;适用于高强、超高强、中等强度混凝土,早强、浅度抗冻、大流动混凝土;适宜作为各类复合型外加剂的减水组分。

2. 早强剂

能加速混凝土早期强度发展,并对后期无显著影响的外加剂,称为早强剂。

1)强电解质无机盐类早强剂

强电解质无机盐类早强剂包括硫酸盐、硫酸复盐、硝酸盐、亚硝酸盐、氯盐等,常用的有氯化钙、氯化钠、氯化钾、氯化铝及三氯化铁等,其中以氯化钙应用最广。氯化钙的早强作用主要是因为它能与 C_3A 和 $Ca(OH)_2$ 反应,生成不溶性复盐水化氯铝酸钙和氧氯酸钙,增加水泥浆体中固相比例,提高早期强度;同时液相中 $Ca(OH)_2$ 浓度降低,使 C_3S、C_2S 加速水化,也使混凝土早期强度得以提高。氯化钙的适宜掺量为 $1\%\sim2\%$。氯化钙早强效果显著,能使混凝土 3 d 强度提高 $50\%\sim100\%$,7 d 强度提高 $20\%\sim40\%$。氯化钙早强剂因其产生氯离子,易促使钢筋产生锈蚀,故施工中必须严格控制掺量。我国规范中规定:在钢筋混凝土中氯化钙的掺量不得超过水泥质量的 1%;在无筋混凝土中掺量不得超过 3%。

硫酸盐的早强作用主要是它可与水泥的水化产物 $Ca(OH)_2$ 反应,生成高分散性的化学石膏,它与 C_3A 的化学反应比外掺石膏的作用快得多,能迅速生成水化硫铝酸钙,增加固相体积,提高早期结构的密实度,同时也会加快水泥的水化速度,因而提高混凝土的早期强度。硫酸钠的适宜掺量为 $0.5\%\sim2\%$,常以复合使用效果更佳,使用时应防止引起碱-骨料反应。

2)水溶性有机化合物(三乙醇胺)

水溶性有机化合物包括三乙醇胺、甲酸盐、乙酸盐、丙酸盐等。常用的三乙醇胺是一种非离子型表面活性剂,它易溶于水,呈碱性,无毒,对钢筋无锈蚀作用,能在水泥的水化过程中起催化作用。三乙醇胺的掺量甚微,一般为 $0.02\%\sim0.05\%$。三乙醇胺单独使用时,早强效果不显著,与其他早强剂复合使用,早强效果更好。

3)复合早强剂

复合早强剂是将几种早强剂按比例混合在一起的外加剂,是使用最多的早强剂。

4)适用范围

使用早强剂可加快施工进度,取消或缩短蒸汽养护时间,节约能源。早强剂可用于蒸养混凝土及低温和负温(最低温度不低于 -5 ℃)环境中施工的有早强要求的混凝土工程。炎热环境条件下不宜使用早强剂及早强减水剂。三乙醇胺稍有缓凝作用,故必须严格控制其掺量。

下列结构中严禁采用含有氯盐配制的早强剂及早强减水剂:①相对湿度大于 80% 环境中使用的结构、处于水位变化部位的结构、露天结构或经常受水淋、受水流冲刷的结构;②大体积混凝土;③预应力混凝土结构;④与镀锌钢材或铝铁相接触部位的结构,以及有外露预埋件而无防护措施的结构;⑤与含有酸、碱或其他侵蚀性介质相接触的结构;⑥经常处于温度为 60 ℃以上的结构;⑦需经蒸养的钢筋混凝土结构;⑧使用冷拉钢筋或冷拔低碳钢丝的结构,薄壁结构,中级和重级工作制吊车的梁、屋架、落锤或锻锤混凝土基础等结构;⑨含有活性骨料的混凝土结构。

下列结构中严禁采用含有强电解质无机盐类的早强剂及早强减水剂:①与镀锌钢材或铝铁相接触部位的结构,以及有外露钢筋预埋铁件而无防护措施的结构;②使用直流电源的结构及距高压直流电源 100 m 以内的结构;③含有活性骨料的混凝土结构。

3. 引气剂

在混凝土搅拌过程中,能引入大量分布均匀的稳定而封闭的微小气泡,以减少混凝土拌和物泌水离析、改善和易性,并能显著提高硬化混凝土抗冻融耐久性的外加剂,称为引气剂。

引气剂也是表面活性剂。当引气剂加入拌和的混凝土后,因其表面活性和搅拌作用,形成大量微小气泡,其憎水基团朝向气泡,亲水基团吸附一层水膜,由于引气剂离子对液膜的保护作用,可使气泡不易破裂。引入的这些微小气泡在拌和物中稳定均匀分布于混凝土中,改进拌和物的流动性。由于新拌混凝土中的水分均匀地分布于大量微小气泡的表面,从而改善了拌和物的保水性和黏聚性,改善孔的结构特征(微小、封闭、均布),明显提高混凝土的耐久性(抗冻性和抗渗性),但混凝土的强度会随含气量的增加而下降。

常用的引气剂有松香树脂类,如松香热聚物、松香皂类等;烷基和烷基芳烃磺酸盐类,如烷基苯磺酸盐、烷基苯酚聚氧乙烯醚等;脂肪醇磺酸盐类,如脂肪醇聚氧乙烯醚、脂肪醇聚氧乙烯磺酸钠等。也可以采用引气型减水剂,或者由各类引气剂与减水剂组成的复合剂。

引气剂及引气型减水剂,可用于抗冻混凝土、抗渗混凝土、抗硫酸盐混凝土、泌水严重的混凝土、贫混凝土、轻骨料混凝土、高性能混凝土及有饰面要求的混凝土,但不宜用于蒸养混凝土及预应力混凝土。抗冻性要求高的混凝土,必须掺用引气剂或引气减水剂,其掺量应根据混凝土的含气量要求,通过试验加以确定。引气剂的掺用量极小,一般仅为水泥质量的 0.005%～0.02%,具有一定的减水效果,减水率为 5%～10%。

4. 缓凝剂及缓凝减水剂

缓凝剂是指能延缓混凝土凝结时间,并对混凝土后期强度发展无不利影响的外加剂。兼有缓凝和减水作用的外加剂称为缓凝减水剂。缓凝剂与缓凝减水剂在净浆及混凝土中均有不同的缓凝效果。缓凝效果随掺量增加而增加,超掺会引起水泥水化完全停止。

混凝土工程中,常用的缓凝剂、缓凝减水剂有:糖类,如糖钙等;木质素磺酸盐类,如木质素磺酸钙、木质素磺酸钠等;羟基羧酸及其盐类,如柠檬酸、酒石酸钾钠等;无机盐类,如锌盐、硼酸盐、磷酸盐等;其他,如胺盐及其衍生物、纤维素醚等。最常用的是糖蜜和木质素磺酸钙,糖蜜的效果最好。缓凝剂在水泥及其水化物表面上的吸附作用,或者与水泥反应生成不溶层而达到缓凝的效果。缓凝剂同时还具有减水、增强或降低水化热等功能。缓凝剂及缓凝减水剂的掺量,应根据混凝土的凝结时间、运输距离、停放时间、强度等要求来确定。常用掺量(按水泥质量的百分比计)为糖类 0.1%～0.3%,木质素磺酸盐类 0.2%～0.3%,羟基羧酸及其盐类 0.03%～0.1%,无机盐类 0.1%～0.2%。

缓凝剂及缓凝减水剂适用于大体积混凝土、炎热气候条件下施工的混凝土、碾压混凝土、滑模施工或拉模施工的混凝土及需长时间停放或长距离运输的混凝土。若与高效减水剂复合使用可减少坍落度损失并达到节省水泥的目的。但不宜用于日最低气温 5 ℃以下施工的混凝土,也不宜单独用于有早强要求的混凝土及蒸养混凝土。柠檬酸、酒石酸钾钠等缓凝剂,不宜单独用于水泥用量低、水胶比大的混凝土。

缓凝剂及缓凝减水剂,应以溶液形式掺加,使用时加入拌和水中,溶液中的水量应从拌和水量中扣除。难溶或不溶物较多的缓凝剂和缓凝减水剂,使用时必须充分搅拌均匀。缓凝剂和缓凝减水剂,可以与其他外加剂复合使用,配制溶液时,如产生絮凝或沉淀等现象,应分别配制溶液并分别加入搅拌机为。

5. 防冻剂

在规定温度下,能显著降低混凝土的冰点,使混凝土液相不冻结或仅部分冻结,以保证水泥的水化作用,并能在一定的时间内获得预期强度的外加剂,称为防冻剂。混凝土工程中常用的防冻剂有以下四类:强电解质无机盐类,如氯盐类(氯化钙、氯化钠)、氯盐阻锈类(以氯盐与亚硝酸钠阻锈剂复合而成)、无氯盐类(以硝酸盐、亚硝酸盐、碳酸盐、乙酸钠或尿素复合而成);水溶性有机化合物类;有机化合物与无机盐复合类;复合型防冻剂。

防冻剂适用于负温条件下施工的混凝土。氯盐类防冻剂适用于无筋混凝土工程;氯盐阻锈类可用于钢筋混凝土工程,并符合前述早强剂使用中关于不得掺用氯盐的结构规定;无氯盐防冻剂,可用于钢筋混凝土工程和预应力混凝土工程。亚硝酸盐、碳酸盐类外加剂,不得用于预应力混凝土工程,以及镀锌钢材或铝铁相接触部位的钢筋混凝土工程;含有六价铬盐、亚硝酸盐等的有毒防冻剂,严禁用于饮水工程及与食品接触部位。

6. 速凝剂

速凝剂是能使混凝土迅速凝结硬化的外加剂,主要用于喷射混凝土、砂浆及堵漏抢险工程。其作用是:使喷至岩石上的混凝土在 2～5 min 内初凝,10 min 内终凝,并产生较高的早期强度;在低温下使用不失效,混凝土收缩小,不锈蚀钢筋。速凝剂常用作调凝剂,也适用于堵漏抢险工作。

速凝剂的促凝效果与掺入水泥中的数量成正比增长,但掺量超过 4%～6%后则不再进一步促凝,而且掺入速凝剂的混凝土后期强度不如空白混凝土高。

7. 膨胀剂

混凝土膨胀剂是指在混凝土拌制过程中与水泥、水拌和后经水化反应生成钙矾石或氢氧化钙,使混凝土产生膨胀的外加剂。其主要品种有硫铝酸钙类、硫铝酸钙-氧化钙类、氧化钙类等。掺硫铝酸钙类、硫铝酸钙-氧化钙类膨胀剂配制的膨胀混凝土(砂浆),不得用于长期环境温度为 80 ℃以上的工程;含氧化钙类膨胀剂配制的膨胀混凝土(砂浆),不得用于海水或有侵蚀性水的工程。

8. 泵送剂

泵送剂是能改善混凝土拌和物泵送性能的外加剂。泵送性,就是混凝土拌和物顺利通过输送管道,不阻塞、不离析、黏塑性良好的性能。

泵送剂是流化剂中的一种,但它的组分较其他流化剂要复杂得多,不是所有的流化混凝土都适合泵送。泵送剂除了能大大提高拌和物流动性,还能使新拌混凝土在 $60\sim180$ min 内保持其流动性,剩余坍落度应不低于原始坍落度的 55%。掺泵送剂的混凝土黏聚性、流动性要好,泌水率要低。坍落度试验时,坍落度扩展后的混凝土试样中心部分不能有粗骨料堆积,边缘部分不能有明显的浆体和游离水分离出来。将坍落度筒倒置并装满混凝土试样,提起 30 cm 后计算样品从筒中流空时间,短者为流动性好。此外,它不是缓凝剂,缓凝时间不宜超过 120 min(有特殊要求除外)。

泵送剂适用于各种需要采用泵送工艺的混凝土。超缓凝泵送剂适用于大体积混凝土,含防冻组分的泵送剂适用于冬期施工混凝土。

5.6.2　混凝土掺合料

在混凝土拌和物制备时,为了节约水泥、改善混凝土性能、调节混凝土强度等级而加入的天然或人造的矿物材料,统称为混凝土掺合料。混凝土掺合料分为活性掺合料和非活性掺合料。建筑工程常用的活性掺合料有粒化高炉矿渣、粉煤灰、火山灰质混合材料和硅灰等。活性掺合料的掺入,可改善新拌混凝土的和易性及硬化混凝土的耐久性,还可以节约水泥;非活性掺合料有石英砂、石灰石粉等,可改善新拌混凝土的和易性及节约水泥。混凝土掺合料的掺量一般不少于水泥质量的 5%。各种混凝土工程适用的掺合料见表 5-12。

表 5-12　各种混凝土工程适用的掺合料

序号	工程项目	适用的掺合料
1	大体积混凝土工程	火山灰质混合材料、细磨粒化高炉矿渣、粉煤灰
2	抗渗工程	火山灰质混合材料、粉煤灰
3	抗软水、硫酸盐介质腐蚀工程	火山灰质混合材料、细磨粒化高炉矿渣、粉煤灰
4	经常处于高温环境的工程	粒化高炉矿渣
5	高强混凝土	硅灰、粉煤灰、磨细天然沸石粉

5.7　普通混凝土的配合比设计

混凝土配合比是指混凝土各组成材料数量间的关系。这种关系常用两种方法表示:单位用量表示法,以每 1 m³ 混凝土中各种材料的用量表示(例如水泥:水:砂:石子＝390 kg:175 kg:670 kg:1220 kg);相对用量表示法,以水泥的质量为 1,并按“水泥:水:砂:石子;水胶比”的顺序排列表示(例如 1:0.45:1.71:3.13; $\dfrac{W}{B}=0.45$)。

混凝土配合比设计:确定上述数量比例关系的工作叫做混凝土配合比设计。

5.7.1　混凝土配合比设计的基本要求

配合比设计的任务:根据原材料的技术性能及施工条件,确定出能满足工程所要求的技术经济指标的各项组成材料的用量。

配合比设计的基本要求如下。

(1)满足混凝土结构设计要求的强度等级。

(2)满足施工所要求的混凝土拌和物的和易性。

(3)满足与所使用环境相适应的耐久性要求。

(4)在满足以上三项技术性质的前提下,尽量做到节约水泥和降低混凝土成本,符合经济性原则。

5.7.2 混凝土配合比设计的资料准备

进行混凝土配合比设计之前,必须详细掌握下列基本资料。

(1)了解设计要求的混凝土强度等级和反映混凝土生产中强度质量稳定性的强度标准差,以便确定混凝土配制强度。

(2)掌握工程所处环境条件和混凝土耐久性的要求,以便确定所配制混凝土的最大水胶比和最小水泥用量。

(3)了解结构构件断面尺寸及钢筋配置情况,以便确定混凝土骨料的最大粒径。

(4)施工工艺对混凝土拌和物的流动性要求及各种原材料的品种、类型和物理力学性能指标,以便选择混凝土拌和物坍落度及骨料最大粒径。

5.7.3 混凝土配合比设计中的三个参数

混凝土配合比设计,实质上就是确定水泥、水、砂和石子这四项基本组成材料的用量。其中有三个重要参数:水胶比、单位用水量和砂率。

水胶比:水与胶凝材料用量之间的比例。

单位用水量:$1 \ m^3$ 混凝土的用水量,它反映了水泥浆与骨料之间的比例关系。

砂率:砂占砂、石子总质量的百分率,它影响着混凝土的黏聚性和保水性。

在混凝土配合比设计中正确地确定这三个参数,就能使混凝土满足上述设计要求。它的基本原则如下。

(1)在满足混凝土强度和耐久性的基础上,确定混凝土的水胶比——取大值(省水泥)。

(2)在满足混凝土施工要求的和易性基础上,根据粗骨料的种类和规格,确定混凝土的单位用水量——越小越好。

(3)砂在细骨料中的数量应以填充石子空隙后略有富余的原则来确定——砂率越小越好。

5.7.4 普通混凝土配合比设计的方法与步骤

混凝土配合比设计分三步进行,即初步配合比的计算、试验室配合比的设计和施工配合比的确定。

1. 确定初步配合比

按原材料性能及混凝土的技术要求,利用公式及表格初步计算出混凝土各种原材料的用量,以得出供试配用的配合比。

1)确定混凝土配制强度($f_{cu,o}$)

为了使混凝土的强度满足规定的使用要求,在设计混凝土配合比时,必须使混凝土的配制强度($f_{cu,o}$)高于设计强度($f_{cu,k}$)。当混凝土强度等级小于 C60 时,$f_{cu,o}$ 可采用下式计算:

$$f_{cu,o} \geqslant f_{cu,k} + 1.645\sigma$$

(5-7)

式中:$f_{cu,o}$——混凝土配制强度(MPa);

$f_{cu,k}$——混凝土设计强度等级(MPa);

σ——施工单位的混凝土强度标准差(MPa),σ 采用至少 25 组试件的无偏估计值。

如具有 25 组以上混凝土试配强度的统计资料,σ 可按下式求得:

$$\sigma = \sqrt{\frac{\sum_{i=1}^{n} f_{cu,i}^2 - n\mu_{f_{cu}}^2}{n-1}}$$

(5-8)

式中:n——同一品种的混凝土试件的组数,$n \geqslant 25$;

$f_{cu,i}$——第 i 组试件的抗压强度值(MPa);

$\mu_{f_{cu}}$—— n 组试件抗压强度的平均值(MPa)。

如施工单位不具有近期的同一品种混凝土强度资料,其混凝土强度标准差 σ 可按表 5-13 取值。

表 5-13　混凝土 σ 取值

混凝土强度等级	≤C20	C20~C50	C50~C55
σ/MPa	4.0	5.0	6.0

当遇到下列两种情况时,应提高混凝土配制强度:现场条件与试验室条件有显著差异时;C30 及其以上等级的混凝土,采用非统计方法评定时。

当混凝土的设计强度等级不小于 C60 时,混凝土配置强度应按下式计算:

$$f_{cu,o} \geqslant 1.15 f_{cu,k}$$

(5-9)

2)确定水胶比($\dfrac{W}{B}$)

根据已检测的水泥实际强度 f_{ce}(或选用的水泥强度等级)、粗骨料种类及所要求的混凝土配制强度 f_{cu},按混凝土强度经验公式(5-4)计算水胶比,则有

$$f_{cu} = \alpha_a f_{ce} \left(\frac{B}{W} - \alpha_b \right)$$

变为

$$\frac{W}{B} = \frac{\alpha_a f_{ce}}{f_{cu} + \alpha_a \alpha_b f_{ce}}$$

(5-10)

3)选取 1 m³ 混凝土用水量(W_0)

(1)干硬性和塑性混凝土用水量的确定。

用水量主要根据所要求的坍落度及骨料的种类、粒径来选择。首先根据施工条件选用适宜的坍落度,再按照表 5-14 和表 5-15 选取 1 m³ 混凝土的用水量。

表 5-14　干硬性混凝土的用水量　　　　　　　　　　　　单位:kg

拌和物稠度		卵石最大粒径/mm			碎石最大粒径/mm		
项目	指标	10	20	40	16	20	40
维勃稠度 /s	16～20	175	160	145	180	170	155
	11～15	180	165	150	185	175	160
	5～10	185	170	155	190	180	165

表 5-15　塑性混凝土的用水量　　　　　　　　　　　　单位:kg

拌和物稠度		卵石最大粒径/mm				碎石最大粒径/mm			
项目	指标	10	20	31.5	40	16	20	31.5	40
坍落度 /mm	10～30	190	170	160	150	200	185	175	165
	35～50	200	180	170	160	210	195	185	175
	55～70	210	190	180	170	220	205	195	185
	75～90	215	195	185	175	230	215	205	195

(2)流动性和大流动性混凝土的用水量计算。

①以表 5-15 中坍落度 90 mm 的用水量为基础,按坍落度每增大 20 mm,用水量增加 5 kg,计算出未掺外加剂时混凝土的用水量。

②掺外加剂时的混凝土用水量按下式计算:

$$W_a = W_0(1-\beta)$$
(5-11)

式中:W_a——掺外加剂时,每 1 m³ 混凝土的用水量(kg/m³);

　　　W_0——未掺外加剂时,每 1 m³ 混凝土的用水量(kg/m³);

　　　β——外加剂的减水率(%),应经试验确定。

4)确定单位胶凝材料用量(B_0)、矿物掺合料用量(F_0)和水泥用量(C_0)

根据已选定的每 1 m³ 混凝土用水量(W_0)和已确定的水胶比值$\left(\dfrac{W}{B}\right)$,可由下式求出单位胶凝材料用量:

$$B_0 = W_0 \times \frac{B}{W}$$
(5-12)

为保证混凝土的耐久性,由上式计算求得的 W_0 还应满足表 5-14 中规定的最小用水量,如计算所得的用水量小于规定的最小用水量,应取规定的最小用水量值。

　　除配置 C15 及其以下强度等级的混凝土外,由上式计算求得的 B_0 最小用量还应满足表 5-16 的规定。

表 5-16　混凝土的最小胶凝材料用量

最大水胶比	最小胶凝材料用量/(kg/m^3)		
	素混凝土	钢筋混凝土	预应力混凝土
0.60	250	280	300
0.55	280	300	300
0.50	320		
≤0.45	330		

　　每 1 m³ 混凝土的矿物掺合料用量 F_0 应按下式计算:

$$F_0 = \beta_f \times B_0 \tag{5-13}$$

式中:β_f ——矿物掺合料掺量(%)。

　　每 1 m³ 混凝土的水泥用量 C_0 按下式计算:

$$C_0 = B_0 - F_0 \tag{5-14}$$

　　5)确定砂率(S_p)

　　合理的砂率值主要应根据混凝土拌和物的坍落度、黏聚性及保水性等特征来确定。一般应通过试验找出合理砂率,或者根据本单位对所用材料的使用经验选用合理砂率。如无使用经验,可依骨料种类规格及混凝土的水胶比按表 5-17 选用。

表 5-17　混凝土的砂率 S_p

水胶比	碎石最大粒径/mm			卵石最大粒径/mm		
	16	20	40	10	20	40
0.40	30%～35%	29%～34%	27%～32%	26%～32%	25%～31%	24%～30%
0.50	33%～38%	32%～37%	30%～35%	30%～35%	29%～34%	28%～33%
0.60	36%～41%	35%～40%	33%～38%	33%～38%	32%～37%	31%～36%
0.70	39%～44%	38%～43%	36%～41%	36%～41%	35%～40%	34%～39%

　　注:①表中数值是中砂的选用砂率,对细砂或粗砂,可相应地减少或增大砂率。

　　　　②采用人工砂配制混凝土时,砂率可适当增大。

　　　　③只用一个单粒级粗骨料配制混凝土时,砂率应适当增大。

　　砂率也可根据以砂填充石子空隙并稍有富余以拨开石子的原则来确定,根据此原则可列出砂率计算公式如下:

$$S_p = \beta \frac{S}{S+G} \qquad S = \rho'_{os} V_{os}$$

$$V_{os} = V_{og} P' \qquad G = \rho'_{og} V_{og}$$

$$S_p = \beta \frac{S}{S+G} = \beta \frac{\rho'_{os} V_{os}}{\rho'_{os} V_{os} + \rho'_{og} V_{og}} = \beta \frac{\rho'_{os} V_{og} P'}{\rho'_{os} V_{og} P' + \rho'_{og} V_{og}} = \beta \frac{\rho'_{os} P'}{\rho'_{os} P' + \rho'_{og}} \quad (5\text{-}15)$$

式中:β——砂的剩余系数,又称拨开系数,机械拌和取 1.1~1.2;人工拌和取 1.2~1.4;

$\quad\quad S,G$——分别为每 1 m^3 混凝土中砂及石子用量(kg);

$\quad\quad V_{os},V_{og}$——分别为每 1 m^3 混凝土中砂及石子的松散体积(m^3);

$\quad\quad \rho'_{os},\rho'_{og}$——分别为每 1 m^3 混凝土中砂及石子的堆积密度(kg/m^3);

$\quad\quad P'$——石子空隙率(%);

$\quad\quad S_p$——砂率(%)。

6)计算粗、细骨料的用量(G_0,S_0)

粗、细骨料的用量可用绝对体积法或假定表观密度法求得。

(1)绝对体积法。

绝对体积法假定混凝土拌和物的体积等于各组成材料绝对体积和混凝土拌和物中所含空气的体积之和。因此,可用下式联立计算:

$$\frac{C_0}{\rho_c} + \frac{F_0}{\rho_f} + \frac{G_0}{\rho_{og}} + \frac{S_0}{\rho_{os}} + \frac{W_0}{\rho_w} + 0.01\alpha = 1$$

$$S_p = \frac{S_0}{S_0 + G_0} \times 100\% \quad (5\text{-}16)$$

式中:ρ_c——水泥密度,可取 2900~3100 kg/m^3;

$\quad\quad \rho_f$——矿物掺合料密度(kg/m^3);

$\quad\quad \rho_{os},\rho_{og}$——分别为细、粗骨料的表观密度(kg/$m^3$);

$\quad\quad \rho_w$——水的密度,可取 1000 kg/m^3;

$\quad\quad \alpha$——混凝土的含气率(%),在不使用引气型外加剂时,可取 1;

$\quad\quad G_0,S_0,C_0,W_0,F_0$——混凝土各组分的单位用量;

$\quad\quad S_p$——砂率(%)。

(2)质量法(假定表观密度法)。

该法假定混凝土拌和物的表观密度为一固定值,混凝土拌和物各组成材料的单位用量之和即为其表观密度,因此可列出以下两式:

$$C_0 + G_0 + S_0 + W_0 + F_0 = \rho_{ch}$$

$$S_p = \frac{S_0}{S_0 + G_0} \times 100\% \quad (5\text{-}17)$$

式中:ρ_{ch}——1 m^3 混凝土拌和物的假定湿表观密度(kg/m^3),在 2260~2450 kg/m^3 范围内选定。

ρ_{ch} 可根据本单位积累的试验资料确定,在无资料时可根据骨料的表观密度、粒径以及混凝土强度等级,在 2400~2450 kg/m^3 的范围内选取。

通过以上步骤,可将水泥、水、砂和石子的用量全部求出,得到初步计算配合比。

必须注意的是,以上混凝土配合比计算,均以干燥状态骨料为基准(干燥状态骨料系指含水率小于 0.5% 的细骨料或含水率小于 0.2% 的粗骨料),如需以饱和面干骨料为基准进行计算,则应作相应的修正。

2. 基准配合比的确定

以上求出的各材料用量,是借助一些经验公式和数据计算出来的或利用经验资料查得的,因而不一定符合实际情况,必须经过试拌调整,直到混凝土拌和物的和易性符合要求为止,然后提出供检验混凝土强度用的基准配合比。

调整混凝土拌和物和易性的方法如下。

(1)当坍落度低于设计要求时,可保持水胶比不变,适当增加水泥浆量或调整砂率。

(2)若坍落度过大,则可在砂率不变的条件下增加砂石用量。

(3)如出现含砂不足、黏聚性和保水性不良,可适当增大砂率;反之,应减小砂率。

每次调整后再试拌,直到和易性符合要求为止。当试拌调整工作完成后,应检测混凝土拌和物的实际表观密度。

3. 试验室配合比的确定

经过和易性调整试验得出的混凝土基准配合比,其水胶比不一定恰当,其强度结果不一定符合要求,所以应检验混凝土的强度。一般采用三个不同的配合比,其中一个为基准配合比,另外两个配合比的水胶比,应较基准配合比分别增减 0.05,其用水量应该与基准配合比基本相同,但砂率可分别增加或减小 1%。每个配合比至少制作一组试件,标准养护28 d试压(在制作混凝土强度试块时,尚需检验混凝土拌和物的和易性及表观密度,并以此结果代表这一配合比的混凝土拌和物的性能)。若对混凝土还有其他技术性能要求,如抗渗等级、抗冻等级等要求,则应增加相应的试验项目进行检验。

假设已满足各项要求的每立方米混凝土拌和物各材料的用量为:水泥=$C_拌$、砂=$S_拌$、拌和料=$F_拌$、石子=$G_拌$、水=$W_拌$,则试验室配合比(1 m³ 混凝土的各项材料用量)尚应按下列步骤校正。

先计算混凝土表观密度计算值 $\rho_{c,c}$:

$$\rho_{c,c} = C_拌 + F_拌 + S_拌 + G_拌 + W_拌 \tag{5-18}$$

再按下式计算混凝土配合比校正系数 δ:

$$\delta = \frac{\rho_{c,t}}{\rho_{c,c}} \tag{5-19}$$

当混凝土表观密度实测值与计算值之差的绝对值不超过计算值的 2% 时,则按上述方法计算确定的配合比为确定的设计配合比;当两者之差超过 2% 时,应将配合比中每项材料用量均乘以校正系数,即为确定的设计配合比。

4. 施工配合比的确定

试验室得出的配合比,是以干燥材料为基准的,而工地存放的砂、石材料都含有一定的水分。所以现场材料的实际称量应按工地砂、石的含水情况进行修正,修正后的配合比,叫做施工配合比。假设工地测出砂的含水率为 a%、石子的含水率为 b%,则上述试验室配合比换算为施工配合比为(每 1 m³ 各材料用量,单位为 kg):

$$C' = C$$

$$F' = F$$
$$S' = S(1 + a\%)$$
$$G' = G(1 + b\%)$$
$$W' = W - S \cdot a\% - G \cdot b\%$$

(5-20)

5.7.5 普通混凝土配合比设计实例

某框架结构工程现浇钢筋混凝土梁,混凝土设计强度等级为 C30,施工要求混凝土坍落度为 30~50 mm,根据施工单位历史资料统计,混凝土强度标准差 $\sigma = 5$ MPa。所用原材料情况如下:42.5 级普通硅酸盐水泥,水泥密度 $\rho_c = 3.10$ g/cm³,水泥强度等级标准值的富余系数为 1.08;中砂,级配合格,砂表观密度 $\rho_{os} = 2.60$ g/cm³;粒径 5~30 mm 碎石,级配合格,石子表观密度 $\rho_{og} = 2.65$ g/cm³。

试求:混凝土计算配合比;若经试配混凝土的和易性和强度等均符合要求,无须调整。又知现场砂含水率为 3%,石子含水率为 1%,试计算混凝土施工配合比。

1. 求混凝土计算配合比

1)确定混凝土配制强度($f_{cu,o}$)

$$f_{cu,o} = f_{cu,k} + 1.645\sigma = 30 \text{ MPa} + 1.645 \times 5 \text{ MPa} = 38.2 \text{ MPa}$$

2)确定水胶比($\dfrac{W}{B}$)

$$f_{ce} = \gamma_c \times f_{cu,k} = 1.08 \times 42.5 \text{ MPa} = 45.9 \text{ MPa}$$

$$\frac{W}{B} = \frac{\alpha_a f_{ce}}{f_{cu} + \alpha_a \alpha_b f_{ce}} = \frac{0.53 \times 45.9}{38.2 + 0.53 \times 0.20 \times 45.9} = 0.56$$

3)确定用水量(W_0)

查表 5-15,对于最大粒径为 30 mm 的碎石混凝土,当所需坍落度为 30~50 mm 时,1 m³ 混凝土的用水量可选用 185 kg。

4)计算水泥用量(C_0)

$$C_0 = W_0 \times \frac{C}{W} = \frac{185}{0.56} \text{ kg} = 330 \text{ kg}$$

5)确定砂率(S_p)

查表 5-17,对于采用最大粒径为 30 mm 的碎石配制的混凝土,当水胶比为 0.56 时,其砂率值可选取 33%~38%(采用插入法选定),现取 $S_p = 35\%$。

6)计算砂、石用量(G_0,S_0)

用绝对体积法计算,将 $C_0 = 330$ kg,$W_0 = 185$ kg 代入方程组

$$\frac{C_0}{\rho_c} + \frac{G_0}{\rho_{og}} + \frac{S_0}{\rho_{os}} + \frac{W_0}{\rho_w} + 0.01\alpha = 1$$

$$\frac{C_0}{3100} + \frac{G_0}{2650} + \frac{S_0}{2600} + \frac{W_0}{1000} + 0.01 \times 1 = 1$$

$$S_p = \frac{S_0}{S_0 + G_0} \times 100\% = 35\%$$

解此联立方程,则得:

$$S_0 = 640 \text{ kg}, \quad G_0 = 1188 \text{ kg}$$

7)确定该混凝土计算配合比

1 m³ 混凝土中各材料用量为:水泥 330 kg,水 185 kg,砂 640 kg,碎石 1188 kg。以质量比表示即为:

$$水泥:水:砂:石=1:0.56:1.94:3.60$$

2.确定施工配合比

由现场砂子含水率为 3%,石子含水率为 1%,则施工配合比为:

$$C' = C = 330 \text{ kg}$$

$$S' = S(1 + a\%) = 640 \times (1 + 3\%) \text{kg} = 659 \text{ kg}$$

$$G' = G(1 + b\%) = 1188 \times (1 + 1\%) \text{kg} = 1200 \text{ kg}$$

$$W = W_0 - S \cdot a\% - G \cdot b\% = 185\text{kg} - 640\text{kg} \times 3\% - 1188\text{kg} \times 1\% = 154 \text{ kg}$$

5.8　其他品种混凝土

除普通混凝土外,还有许多特种用途的混凝土,本节摘要介绍部分品种。

5.8.1　防水混凝土

防水混凝土又称抗渗混凝土,是以调整混凝土配合比、掺加化学外加剂或采用特种水泥等方法,提高混凝土的自身密实性、憎水性和抗渗性,使其满足抗渗等级不小于 0.6 MPa(P6)要求的不透水性混凝土。

防水混凝土一般分为普通防水混凝土、外加剂防水混凝土和膨胀水泥防水混凝土三大类。

防水混凝土所用原材料应符合下列规定。

(1)粗骨料宜采用连续级配,其最大粒径不宜大于 40 mm,含泥量不得大于 1.0%,泥块含量不得大于 0.5%。

(2)细骨料的含泥量不得大于 3.0%,泥块含量不得大于 1.0%。

(3)外加剂宜采用防水剂、膨胀剂、引气剂、减水剂或引气型减水剂。

(4)抗渗混凝土宜掺用矿物掺合料。

(5)掺用引气剂的抗渗混凝土,其含气量宜控制在 3%～5%。

防水混凝土配合比的计算方法和试配步骤除应遵守普通混凝土配合比的规定外,尚应符合下列规定。

(1)每立方米混凝土中的水泥和矿物掺合料总量不宜小于 320 kg。

(2)砂率为 35%～45%。

(3)供试配用的最大水胶比应符合表 5-18 的规定。

表 5-18　抗渗混凝土最大水胶比

抗渗等级	最大水胶比	
	C20~C30 混凝土	C30 以上混凝土
P6	0.60	0.55
P8~P12	0.55	0.50
P12 以上	0.50	0.45

防水混凝土主要用于水利工程、地下基础工程和屋面防水工程。

5.8.2　高强混凝土

高强混凝土的概念并没有一个确切的定义。一般把强度等级为 C50 及其以上的混凝土称为高强混凝土。高强混凝土使用水泥、砂、石等传统原材料外加减水剂或同时外加粉煤灰、F 矿粉、矿渣、硅粉等混合料,经常规工艺生产而获得较高强度。高强混凝土作为一种新的建筑材料,以其抗压强度高、抗变形能力强、密度大、孔隙率低的优越性,在高层建筑结构、大跨度桥梁结构以及某些特种结构中得到广泛的应用。

1. 高强混凝土的特点

(1)混凝土的抗压强度高,变形小,能适应大跨度结构、重载受压构件及高层结构。

(2)同等受力条件下能减小构件体积,降低钢筋用量。

(3)混凝土致密坚硬,耐久性能好。

(4)混凝土的脆性比普通混凝土高。

(5)混凝土的抗拉、抗剪强度随抗压强度的提高而有所增长,但拉压比和剪压比都随之降低。

2. 配制高强混凝土所用原材料的规定

(1)应选用质量稳定、强度等级不低于 42.5 级的硅酸盐水泥或普通硅酸盐水泥。

(2)对强度等级为 C60 级的混凝土,其粗骨料的最大粒径不应大于 31.5 mm;对强度等级高于 C60 级的混凝土,其粗骨料的最大粒径不应大于 25 mm,针片状颗粒含量不宜大于 5.0%。

(3)细骨料的细度模数宜大于 2.6,含泥量不应大于 2.0%,泥块含量不应大于 0.5%。其他质量指标应符合现行行业标准《普通混凝土用砂、石质量及检验方法标准》(JGJ 52—2006)的规定。

(4)配制高强混凝土时应掺用高效减水剂或缓凝高效减水剂。

(5)配制高强混凝土时应掺用活性较好的矿物掺合料,且宜复合使用矿物掺合料。

3. 高强混凝土配合比的确定

高强混凝土配合比的计算方法和步骤除应按普通混凝土配合比的规定进行外,尚应符合下列规定。

(1)基准配合比中的水胶比胶凝材料用量和砂率可按表 5-19 来选择。

（2）配制高强混凝土所用砂率及所采用的外加剂和矿物掺合料的品种，掺量应通过试验确定。

（3）水泥用量不应大于 550 kg/m³。

表 5-19　水胶比、胶凝材料用量和砂率

强度等级	水胶比	胶凝材料用量/(kg/m³)	砂率/(%)
≥C60，<C80	0.28～0.34	480～560	
≥C80，<C100	0.26～0.28	520～580	35～42
C100	0.24～0.26	550～600	

5.8.3　泵送混凝土

泵送混凝土是指其拌和物的坍落度不低于 100 mm，并采用混凝土输送泵沿管道输送和浇筑的混凝土。

泵送混凝土所采用的原材料应符合下列规定。

（1）泵送混凝土应选用硅酸盐水泥、普通硅酸盐水泥、矿渣硅酸盐水泥，不宜采用火山灰质硅酸盐水泥。

（2）粗骨料宜采用连续级配，其针片状颗粒不宜大于 10%；粗骨料的最大粒径与输送管径之比宜符合表 5-20 的规定。

（3）泵送混凝土宜采用中砂，其通过 0.315 mm 筛孔的颗粒含量不应少于 15%。

（4）泵送混凝土应掺用泵送剂或减水剂，并宜掺用粉煤灰或其他活性矿物掺合料，其质量应符合国家现行有关标准的规定。

表 5-20　粗骨料的最大粒径与输送管径之比

石子品种	泵送高度/m	粗骨料最大粒径与输送管径比
碎石	<50	≤1:3.0
	50～100	≤1:4.0
	>100	≤1:5.0
卵石	<50	≤1:2.5
	50～100	≤1:3.0
	>100	≤1:4.0

泵送混凝土配合比的计算和试配步骤除满足普通混凝土配合比设计的有关规定外，尚应符合下列规定。

（1）泵送混凝土的用水量与水泥和矿物掺合料的总量之比不宜小于 0.60。

（2）泵送混凝土的水泥和矿物掺合料的总量不宜小于 300 kg/m³。

（3）泵送混凝土的砂率宜为 35%～45%。

（4）掺用引气型外加剂时，其混凝土含气量不宜大于 4%。

5.8.4 大体积混凝土

1.大体积混凝土的概念

美国混凝土协会(ACI)规定:"任何就地浇筑的大体积混凝土,其尺寸之大,必须要求采取措施解决水化热及随之引起的体积变形问题,以最大的限度减少开裂。"

日本建筑协会标准(JASS5)规定:"结构断面最小尺寸在80 cm以上,同时水化热引起混凝土内的最高温度与外界气温之差预计超过25 ℃的混凝土,称为大体积混凝土。"

目前,较新的观点指出:所谓大体积混凝土,是指其结构尺寸已经大到必须采用相应技术措施、妥善处理内外温度差值、合理解决温度应力并按裂缝开展控制的混凝土。

水利工程的混凝土大坝、高层建筑的深基础底板、反应堆体、其他重力底座结构物等,这些都是大体积混凝土。

2.大体积混凝土所用的原材料要求

(1)应选用水化热低和凝结时间长的水泥,如低热矿渣硅酸盐水泥。当选用中热硅酸盐水泥、矿渣硅酸盐水泥、粉煤灰硅酸盐水泥时,应采取相应措施延缓水化热的释放。

(2)粗骨料宜采用连续级配,细骨料宜采用中砂。

(3)大体积混凝土在保证混凝土强度及坍落度要求的前提下,应提高掺合料及骨料的含量,以降低每立方米混凝土的水泥用量。

3.大体积混凝土的配合比

大体积混凝土配合比的计算和试配步骤应按普通混凝土配合比的有关规定进行,并宜在配合比确定时进行水化热的验算或检测。

5.8.5 抗冻混凝土

1.抗冻混凝土的概念

混凝土的抗冻性用抗冻等级(F)表示。抗冻等级F50以上的混凝土简称为抗冻混凝土。抗冻等级是以28 d龄期的试件,按标准试验方法(慢冷法)进行反复冻融循环试验,以同时满足强度损失率不超过25%,重量损失率不超过5%时所能承受的最大冻融循环次数来确定的。根据混凝土所能承受的最大冻融循环次数(慢冻法),混凝土的抗冻等级划分为F10、F15、F25、F50、F100、F150、F200、F250、F300 9个等级,相应表示混凝土抗冻性试验能经受10、15、25、50、100、150、200、250、300次的冻融循环。

2.抗冻混凝土所用原材料的规定

(1)应选用硅酸盐水泥,不宜使用火山灰质硅酸盐水泥。

(2)宜选用连续级配的粗骨料,其含泥量不得大于1.0%,泥块含量不得大于1.0%。

(3)细骨料含泥量不得大于3.0%,泥块含量不得大于1.0%。

(4)抗冻等级F100及以上的混凝土所用的粗骨料和细骨料均应进行坚固性试验,并应符合现行行业标准《普通混凝土用砂、石质量及检验方法标准》(JGJ 52—2006)的规定。

(5)抗冻混凝土宜采用减水剂,对抗冻等级F100及以上的混凝土应掺引气剂,掺用后混凝土的含气量应符合表 5-21 的规定。

表 5-21　长期处于潮湿和严寒环境中混凝土的最小含气量

骨料最大粒径/mm	最小含气量/（%）
40	4.5
25	5.0
20	5.5

3. 抗冻混凝土的配合比

抗冻混凝土配合比的计算方法和试配步骤除应遵守普通混凝土配合比的有关规定外，供试配用的最大水胶比及最小胶凝材料用量应符合表 5-22 的规定。进行抗冻混凝土配合比设计时，尚应增加抗冻融性能试验。

表 5-22　抗冻混凝土的最大水胶比、最小胶凝材料用量

抗冻等级	无引气剂时	掺引气剂时	最小胶凝材料用量/（kg/m³）
F50	0.55	0.60	300
F100	0.50	0.55	320
F150 以上	—	0.50	350

5.8.6　轻混凝土

表观密度不大于 1950 kg/m³ 的水泥混凝土为轻混凝土。轻混凝土又分为轻骨料混凝土、多孔混凝土和大孔混凝土。

1. 轻骨料混凝土

凡由轻粗骨料、轻细骨料（或普通砂）、水泥和水配制而成的轻混凝土，统称为轻骨料混凝土。用轻质粗、细骨料配制的混凝土为全轻混凝土；用轻质粗骨料和普通砂配制的混凝土称为砂轻混凝土。由于轻骨料的种类繁多，故轻骨料常以轻粗骨料的种类命名，如粉煤灰陶粒混凝土、自然煤矸石混凝土、浮石混凝土等。按其用途分为结构轻骨料混凝土、结构保温轻骨料混凝土和保温轻骨料混凝土（表 5-23）。

表 5-23　轻骨料混凝土按用途分类

类别名称	混凝土强度等级的合理范围	混凝土密度等级的合理范围	用途
保温轻骨料混凝土	LC5.0	800 kg/m³	主要用于保温的围护结构或隔热式构筑物
结构保温轻骨料混凝土	LC5.0 LC7.5 LC10 LC15	800～1400 kg/m³	主要用于既承重又保温的围护结构

续表

类别名称	混凝土强度等级 的合理范围	混凝土密度等级 的合理范围	用途
结构轻骨料混凝土	LC15 LC20 LC25 LC30 LC35 LC40 LC45 LC50 LC55 LC60	1400~1900 kg/m³	主要用于承重构件或构筑物

1)轻骨料

(1)轻骨料的分类。

轻骨料按其来源可分为三类:工业废料轻骨料(如粉煤灰陶粒、膨胀矿渣珠、煤渣及其轻砂等);天然轻骨料(浮石、火山渣及轻砂等);人造轻骨料(页岩陶粒、黏土陶粒、膨胀珍珠岩等)。

按骨料粒型可分为三类:圆球型(如粉煤灰陶粒、磨细成球的页岩陶粒);普通型(如膨胀珍珠岩、页岩陶粒);碎石型(如浮石、自然煤矸石、煤渣)。

(2)轻骨料的技术性质。

轻骨料与普通混凝土骨料的不同之处在于骨料中存在大量孔隙,表观密度小,吸水率大,强度低、表面粗糙等,轻骨料的技术性质直接影响到所配制的混凝土的性质。建筑工程使用的轻骨料,除要求不含对混凝土、钢筋有害的成分,同时具有适应环境的耐久性外,对堆积密度、最大粒径、颗粒级配、强度和吸水率等技术性质也都提出了要求。

①堆积密度。轻骨料堆积密度的检测与普通砂石的检测相同,其值大小直接影响所配制的轻骨料混凝土的表观密度及性质。堆积密度越大,则混凝土的表观密度越大,强度也越高。

②最大粒径和颗粒级配。轻粗骨料累计筛余小于10%的相应筛孔尺寸,定为该轻粗骨料的最大粒径。最大粒径越大,颗粒堆积密度越小,强度和耐久性越低。所以结构轻骨料混凝土用的粗骨料,其最大粒径不宜大于20 mm;保温及结构保温轻骨料混凝土所用粗骨料,其最大粒径不宜大于40 mm。对于轻砂,比普通粗砂略粗也可以,但细度模数不宜超过4.0。用级配良好的轻骨料可获得质量好、水泥用量少的轻骨料混凝土。

③强度。轻骨料混凝土的破坏是穿过骨料本身的破坏,因此轻骨料本身的强度对混凝土强度的影响很大。轻粗骨料的强度通常用筒压强度和强度等级两种方法表示。

筒压强度是将10~20 mm粒级的轻骨料按要求装入承压筒内,通过冲压压入筒中20 mm

深,以此时的压力值除以承压面积得到的。

筒压强度直接影响轻骨料混凝土的极限抗压强度,且与轻粗骨料的堆积密度关系密切,轻粗骨料堆积密度越大,要求的筒压强度越高。

筒压强度只是间接反映轻粗骨料的强度大小,不能直接反映其在混凝土中的真实承压强度。真实的承压强度比筒压强度高得多,所以,相关技术规程中规定采用强度等级来评定轻粗骨料的强度。强度等级是指某种轻粗骨料配制混凝土的合理强度值,所配制的混凝土强度不宜超过此值。

④吸水率。轻骨料吸水时,1 h 内吸水极快,以后渐缓,24 h 后几乎达到饱和。因此,在设计轻骨料混凝土配合比时,必须根据 1 h 吸水率计算轻骨料的附加用水量。

2)轻骨料混凝土的主要技术性质

(1)和易性。

轻骨料混凝土拌和物,因轻骨料自重小,表面粗糙等因素,坍落度值较小。因此,拌和物的用水由两部分组成:一部分为使拌和物获得要求的流动性的用水量,即净用水量;一部分为轻骨料 1 h 的吸水量,即附加用水量。和易性的指标,仍用坍落度或维勃稠度表示。

(2)强度。

轻骨料混凝土根据其抗压强度可分为 LC5.0、LC7.5、LC10、LC15、LC20、LC25、LC30、LC35、LC40、LC45 和 LC50、LC55、LC60 共 13 个强度等级。结构轻骨料混凝土强度标准值见表 5-24,不同强度等级的轻骨料混凝土应满足相应抗压强度要求。

表 5-24　结构轻骨料混凝土强度标准值　　　　单位:MPa

强度种类		轴心抗压	轴心抗拉
符号		f_{ck}	f_{tk}
混凝土强度等级	LC15	10.0	1.27
	LC20	13.4	1.54
	LC25	16.7	1.78
	LC30	20.1	2.01
	LC35	23.4	2.20
	LC40	26.8	2.39
	LC45	29.6	2.51
	LC50	32.4	2.64
	LC55	35.5	2.74
	LC60	38.5	2.85

注:自然煤矸石混凝土轴心抗拉强度标准值应按表中值乘以系数 0.85;浮石或火山渣混凝土轴心抗拉强度标准值按表中值乘以系数 0.80。

(3)干表观密度。

轻骨料混凝土按干表观密度分为 600,700,800,900,1000,1100,1200,1300,1400,1500,

1600,1700,1800,1900 共 14 个密度等级(表 5-25)。某一密度等级轻骨料混凝土的密度标准值,可取该密度等级干表观密度变化范围的上限值。

表 5-25 轻骨料混凝土的密度等级

密度等级	干表观密度变化范围/(kg/m³)	密度等级	干表观密度变化范围/(kg/m³)
600	560~650	1300	1260~1350
700	660~750	1400	1360~1450
800	760~850	1500	1460~1550
900	860~950	1600	1560~1650
1000	960~1050	1700	1660~1750
1100	1060~1150	1800	1760~1850
1200	1160~1250	1900	1860~1950

(4)热工性能。

轻骨料混凝土有着良好的保温隔热性能,随着干表观密度增大,导热系数提高。它们的导热系数一般在 0.23~1.01 W/(m·K)。

3)应用范围

轻骨料混凝土在工业与民用建筑中可用于保温、结构保温和结构承重三方面。由于其具有质轻、比强度高、保温隔热性好、耐火性好、抗震性好等特点,更适用于高层建筑、大跨结构、软土地基上要求减轻结构自重的房屋建筑、耐火等级要求高的建筑、要求节能的建筑和抗震结构、漂浮式结构等。

2. 多孔混凝土

多孔混凝土是一种内部均匀分布细小气孔而无骨料的混凝土,分为加气混凝土和泡沫混凝土两种。

加气混凝土是以含钙材料(石灰、水泥)、含硅材料(石英砂、粉煤灰等)和发泡剂(铝粉)为原料,经磨细、配料、搅拌、浇注、发泡、静停、切割和压蒸养护(在 0.8~1.5 MPa,175~203 ℃下养护 6~28 h)等工序生产而成的。一般预制成条板或砌块。

加气混凝土的表观密度为 300~1200 kg/m³,抗压强度为 0.5~7.5 MPa,导热系数为 0.081~0.29 W/(m·K)。加气混凝土孔隙率大,吸水率大,强度较低,保温性能好,抗冻性能差,常用作屋面材料和墙体材料。

泡沫混凝土是将水泥浆和泡沫剂拌和后,经硬化而成的一种多孔混凝土。其表观密度为 300~500 kg/m³,抗压强度为 0.5~0.7 MPa,可以现场直接浇筑,主要用于屋面保温。泡沫混凝土在生产时,常采用蒸汽养护或蒸压养护,当采用自然条件养护时,水泥强度等级不宜低于 32.5,否则硬化后强度太低。

3. 大孔混凝土

大孔混凝土是以粒径相近的粗骨料、水泥、水,有时加入外加剂配制而成的混凝土。由于没有细骨料,在混凝土中形成许多大孔。按所用骨料的种类不同,大孔混凝土分为普通大孔混凝土和轻骨料大孔混凝土。

　　大孔混凝土的特点是水泥浆用量少,水泥浆只起包裹粗骨料的表面和黏结粗骨料的作用,而不填充粗骨料的空隙。采用轻骨料配制时,表观密度一般为 $500\sim1500$ kg/m^3,抗压强度为 $2.5\sim7.5$ MPa。

　　大孔混凝土可制成小型空心砌块和板材,用于承重或非承重墙,也可用于现浇墙体,还可制成滤水管、滤水板等用于市政工程。

【综合应用案例】

　　概况:某县东园乡美利小学 1988 年建砖混结构校舍,11 月中旬气温已达零下十几度,因人工搅拌振捣,故混凝土拌得很稀,木模板缝隙又较大,漏浆严重。至 12 月 9 日,施工者准备内粉刷,拆去支柱,在屋面上用手推车推卸白灰炉渣以铺设保温层,当时大梁突然断裂,屋面塌落,并砸死屋内两名取暖的小学生。

　　原因分析:混凝土水灰比大,混凝土离析严重。从大梁断裂截面可见,上部只剩下砂和少量水泥,下部全为卵石,且相当多水泥浆已流失。现场用回弹仪检测,混凝土强度仅达到设计强度等级的一半。这是屋面倒塌的技术原因。

　　该工程为私人挂靠施工,包工者从未从事过房屋建筑,无施工经验,在冬期施工未采取任何相应的措施,不具备施工员的素质,且工程未办理任何基建手续。校方负责人自任甲方代表,不具备现场管理资格,由包工者随心所欲施工。这是施工与管理方面的原因。

【本章小结】

　　本单元主要内容包括:混凝土的组成材料、混凝土的技术性质、混凝土的外加剂和掺合料、普通混凝土的配合比设计、混凝土的质量控制和强度评定、特种混凝土和新型混凝土以及混凝土骨料和混凝土性能的检验。学习混凝土,重点要掌握普通混凝土的配合比设计,要把混凝土的设计要求和混凝土的原材料的特性结合起来进行设计计算;要掌握混凝土主要的技术性能,学会分析影响混凝土性能的因素;同时要学会对施工现场混凝土的质量控制和强度进行评定。近几年来外加剂和掺合料在混凝土配制中已经被广泛地应用,学习这个章节时要了解外加剂的特性及其对混凝土的影响,要会根据混凝土的设计要求选用合适的外加剂;对特种混凝土和新型混凝土要有一定的认识,多了解混凝土的发展状况。

【技能训练题】

一、选择题(有一个或多个正确答案)

1.石子的最大粒径要求不大于截面最小尺寸的(　　　),不大于钢筋最小净距的(　　　)。

A. 3/4　　　　　　　　B. 2/5　　　　　　　　C. 1/4　　　　　　　　D. 1/2

2.原材料品种完全相同的 3 组混凝土试件,它们的体积密度分别为 2360 kg/m^3、2420 kg/m^3 和 2440 kg/m^3,通常(　　　)组的强度最高。

A. 2360 kg/m³   B. 2420 kg/m³

C. 2440 kg/m³   D. 2360 kg/m³ 或 2420 kg/m³

3. 影响混凝土强度的主要因素有(　　)。

A. 水泥强度等级   B. 水灰比   C. 龄期   D. 粗骨料最大粒径

4. 当采用相同配合比拌制混凝土时,用卵石代替碎石拌制混凝土,会使混凝土的和易性(　　),强度(　　)。

A. 降低   B. 提高   C. 不变   D. 不能确定

二、填空题

1. 混凝土用砂要求细度模数在_____之间。

2. 混凝土拌和物的和易性包含_____、_____和_____三方面含义。用坍落度法评定和易性主要是检测_____,辅以观察_____、_____。

3. 当混凝土的流动性太小,可保持_____不变,增加_____和_____的用量。

4. 在混凝土配合比设计中,需要确定的三个基本参数分别是_____、_____、_____。

5. 雨后现场配制混凝土时,若不考虑骨料的含水率,将会使混凝土的强度_____。

三、简答题

1. 简述颗粒级配良好的意义。

2. 普通混凝土的基本组成材料有哪几种,在混凝土中各起什么作用?

3. 普通混凝土中如何选择水泥的强度等级?

4. 影响混凝土和易性的主要因素有哪些?

5. 什么是合理砂率? 采用合理砂率有何意义?

6. 提高混凝土强度的主要措施有哪些?

7. 在拌制混凝土时掺入减水剂可起到什么作用?

四、计算题

1. 现有某砂样 500 g,经筛分试验各号筛的筛余量如下表:

筛孔尺寸/mm	4.75	2.36	1.18	0.60	0.30	0.15	<0.15
筛余量/g	15	100	70	65	90	115	45
分计筛余百分数/(%)							
累计筛余百分数/(%)							

问:(1)计算各筛的分计筛余百分数和累计筛余百分数。

(2)此砂的细度模数是多少? 试判断砂的粗细程度。

(3)判断此砂的级配是否合格。

2. 某钢筋混凝土构件,其截面最小边长为 400 mm,采用的钢筋为 φ20,钢筋中心距为 80 mm。选择哪一粒级的石子拌制混凝土较好?

3.用强度等级为 42.5 的普通水泥、河砂及卵石配制混凝土,使用的水灰比分别为 0.60 和 0.53,试估算混凝土 28 d 的抗压强度分别为多少?

4.某教学楼的钢筋混凝土柱(室内干燥环境),施工要求坍落度为 30～50 mm。混凝土设计强度等级为 C30,采用 52.5 级普通硅酸盐水泥($\rho_c=3.1$ g/cm³);砂子为中砂,表观密度为 2.65 g/cm³,堆积密度为 1450 kg/m³;石子为碎石,粒级为 5～40 mm,表观密度为 2.70 g/cm³,堆积密度为 1550 kg/m³;混凝土采用机械搅拌、振捣,施工单位无混凝土强度标准差的统计资料。

(1)根据以上条件,用绝对体积法求混凝土的初步配合比。

(2)假如用计算出的初步配合比拌和混凝土,经检验后混凝土的和易性、强度和耐久性均满足设计要求。又已知现场砂的含水率为 2%,石子的含水率为 1%,求该混凝土的施工配合比。

5.某混凝土,其试验室配合比为 $m_c:m_s:m_g=1:2.10:4.68$,$W/C=0.52$。现场砂、石子的含水率分别为 2% 和 1%,堆积密度分别为 $\rho'_{os}=1600$ kg/m³ 和 $\rho'_{og}=1500$ kg/m³。1 m³ 混凝土的用水量为 $W_0=160$ kg。

计算:(1)该混凝土的施工配合比。

(2)1 袋水泥(50 kg)拌制混凝土时,其他材料的用量。

(3)500 m³ 混凝土需要砂、石子各多少立方米,水泥多少吨?

第6章 建筑砂浆

【学习要求】

知识点	学习要求
砂浆和易性的概念及检测方法,砌筑砂浆的强度及配合比确定	掌握
抹面砂浆的技术性能和应用	熟悉
装饰砂浆的装饰方法与效果,其他砂浆的技术性能和应用	了解

建筑砂浆是由胶凝材料、细骨料、掺加料和水按一定比例配制而成的建筑材料。它与混凝土的主要区别是组成材料中没有粗骨料,因此建筑砂浆也称为细骨料混凝土。

建筑砂浆是建筑工程中用量大、用途广的建筑材料之一,主要用于以下几个方面:在结构工程中,用于把单块砖、石、砌块等胶结成砌体,砖墙的勾缝、大中型墙板及各种构件的接缝;在装饰工程中用于墙面、地面及梁、柱等结构表面的抹灰。

6.1 砂浆的分类

砂浆的种类很多,根据用途不同,分为砌筑砂浆、抹面砂浆。抹面砂浆包括普通抹面砂浆、装饰抹面砂浆及特种砂浆(如防水砂浆、耐酸砂浆、绝热砂浆、吸声砂浆等)。

根据胶凝材料的不同,又可分为水泥砂浆、石灰砂浆和混合砂浆(包括水泥石灰砂浆、水泥黏土砂浆、石灰黏土砂浆、石灰粉煤灰砂浆等)。

6.2 砂浆的组成材料

1.胶凝材料

砂浆常用的胶凝材料有水泥、石灰膏、建筑石膏等。胶凝材料的选用应根据砂浆的用途及使用环境决定,对于干燥环境中使用的砂浆,可选用气硬性胶凝材料,对于处于潮湿环境或水中用的砂浆,则必须用水硬性胶凝材料。

1)水泥

水泥是砂浆的主要胶凝材料,常用的水泥品种有普通水泥、矿渣水泥、火山灰水泥、粉煤灰水泥、复合水泥、砌筑水泥等。具体可根据设计要求、使用部位、所处环境条件选择适宜的水泥品种。水泥砂浆采用的水泥,其强度等级不宜大于 32.5 级;水泥混合砂浆采用的水泥,其强度等级不宜大于 42.5 级。通常水泥强度等级应为砂浆强度等级的 4～5 倍,水泥强度过高,应加掺加料予以调整。对于特定的环境应选用相适应的水泥品种。

2)其他胶凝材料及掺加料

为改善砂浆和易性,降低水泥用量,往往在水泥砂浆中掺入部分石灰膏、黏土膏、电石膏或粉煤灰等,这样配制的砂浆称为水泥混合砂浆。这些材料不得含有影响砂浆性能的有害物质,含有颗粒或结块时应用 3 mm 的方孔筛过滤,所用石灰膏、黏土膏、电石膏的稠度应控制在(120±5) mm。

在配制砌筑砂浆时,石灰常用作水泥砂浆的掺加料,但在非承重结构部位,也可用石灰膏或磨细生石灰粉作为拌制石灰砂浆的胶凝材料,这种砂浆具有良好的和易性,但硬化较慢。消石灰粉不得直接用于砌筑砂浆中。

常用胶凝材料及掺加料质量要求见表 6-1。

表 6-1　砂浆胶凝材料的选用及质量要求

胶凝材料种类	常用胶凝材料	质量要求
水泥	普通水泥、矿渣水泥、火山灰水泥、粉煤灰水泥、复合水泥、砌筑水泥	①水泥品种、强度等级应符合设计要求; ②出厂超过三个月的水泥应经过检验后方可使用; ③受潮结块的水泥应过筛并检验后使用
石灰	块状生石灰经熟化成石灰膏后使用	①熟化时应用孔径不大于 3 mm×3 mm 的网过滤,熟化时间不得少于 7 d,磨细生石灰粉的熟化时间不得少于 2 d; ②石灰膏应洁白细腻,已冻结风化或脱水硬化的石灰膏不得使用; ③消石灰粉不得直接用于砌筑砂浆中
石膏	建筑石膏、电石膏	凝结时间应符合有关规定,电石渣应经 20 min 加热至 70 ℃没有乙炔味方可使用
黏土	砂质黏土	①采用干法时,应将黏土烘干磨细后,直接投入搅拌机; ②采用湿法时,应将黏土加水淋浆,通过孔径不大于 3 mm×3 mm 的网过滤,沉淀后投入搅拌机
粉煤灰	粉煤灰	符合国家标准《用于水泥和混凝土中的粉煤灰》(GB/T 1596—2017)的要求

2. 细骨料

砂浆常用的细骨料为普通砂,对特殊砂浆也可选用白色或彩色砂、轻砂等。对细骨料的技术要求,基本上与混凝土相同,但对砂中的含泥量和最大粒径限制条件不同。砂的含泥量一般不应超过 5%。砌筑砂浆用砂宜选用中砂,最大粒径不大于 2.5 mm,其中毛石砌体宜选用粗砂,最大粒径以小于砂浆层厚度的 1/5 为宜,抹面、勾缝宜选用细砂,最大粒径不宜超过 1.25 mm。

燃烧完全或未燃烧煤粉及有害杂质含量较小的工业废渣(如炉渣)、铸造工业的废砂、石屑经筛选后可用作砂浆细骨料,但应经过试验后才能大量使用。

3. 水

与混凝土拌和用水要求相同,应符合现行行业标准《混凝土用水标准》(JGJ 63—2006)的规定,选用无有害杂质的洁净水拌制砂浆。

4. 外加剂

与混凝土相似,为改善或提高砂浆的某些性能,更好地满足施工条件和使用要求,可在砂浆中掺入减水剂、防水剂、微沫剂等外加剂。砌筑砂浆中掺入的砂浆外加剂,应具有法定检测机构出具的该产品砌体强度的检验报告,并经砂浆性能试验合格后,方可使用。

6.3 砂浆的主要技术性能

砂浆拌和物硬化前应具有良好的和易性,硬化后应满足设计种类和强度等级要求,具有足够的黏结力。

6.3.1 和易性

砂浆拌和物的和易性是指新拌砂浆易于在砖石等表面上铺成均匀、连续的薄层,以及与基层紧密黏结的性质,是易于施工、保证质量的综合性质。砂浆的和易性包括流动性和保水性。

1)流动性

砂浆流动性(又称稠度),即表示砂浆在自重或外力作用下的流动性能,用沉入度表示。通常用砂浆稠度仪检测,以标准圆锥体在砂浆内自由沉入 10 s。沉入度用毫米(mm)表示。沉入度越大,表示砂浆的流动性越好。

影响砂浆流动性的因素,主要有胶凝材料的种类和用量、用水量及骨料的种类、颗粒形状、粗细程度与级配,此外,还与掺加料及外加剂的种类和数量有关。

砂浆流动性的选择与砌体材料的种类、施工条件及气候条件等因素有关。对于多孔吸水的砌体材料和干热的天气,则要求砂浆的流动性大些;相反,对于密实不吸水的材料和湿冷的天气,则要求流动性小一些。根据行业标准《砌筑砂浆配合比设计规程》(JGJ/T 98—2010)的规定,用于砌体的砂浆的稠度见表 6-2。

表 6-2 砌筑砂浆的稠度(JGJ/T 98—2010)

砌体种类	施工稠度/mm
烧结普通砖砌体、粉煤灰砖砌体	70~90
混凝土砖砌体、普通混凝土小型空心砌块砌体、灰砂砖砌体	50~70

续表

砌体种类	施工稠度/mm
烧结多孔砖砌体,烧结空心砖砌体、轻骨料混凝土小型空心砌块砌体、蒸压加气混凝土砌块砌体	60~80
石砌体	30~50

2)保水性

新拌砂浆保持其内部水分不泌出流失的能力,称为保水性。保水性也指砂浆中各项组成材料不易分离的性质。新拌砂浆在存放、运输和使用过程中,必须保持其中的水分不致很快流失,才能形成均匀密实的砂浆缝,保证砌体的质量。

砂浆拌和物在运输及停放时内部组分的稳定性可用砂浆分层度仪检测,以分层度(mm)表示。将搅拌均匀的砂浆,先测其沉入度,然后将其装入分层度检测仪,静置 30 min 后,去掉上部 200 mm 厚的砂浆,剩余的 100 mm 砂浆倒出放在拌和锅内拌 2 min,再测其剩余部分砂浆的沉入度,两次沉入度的差值称为分层度,以毫米(mm)表示。分层度过大,表示砂浆易产生分层离析,不利于施工及水泥硬化。砌筑砂浆分层度不应大于 30 mm。分层度过小,容易发生干缩裂缝,故通常砂浆分层度不宜小于 10 mm。

保水性试验应按《建筑砂浆基本性能试验方法标准》(JGJ/T 70—2009)进行。砂浆保水率按下式计算:

$$W = \left[1 - \frac{m_4 - m_2}{\alpha \times (m_3 - m_1)}\right] \times 100\%$$

式中:W ——保水率(%);

m_1 ——底部不透水片与干燥试模质量(g),精确至 1 g;

m_2 ——15 片滤纸吸水前的质量(g),精确至 0.1 g;

m_3 ——试模、底部不透水片与砂浆总质量(g),精确至 1 g;

m_4 ——15 片滤纸吸水后的质量(g),精确至 0.1 g;

α ——砂浆含水率(%)。

取两次试验结果的算术平均值作为结果。

影响新拌砂浆保水性的主要因素是胶凝材料的种类和用量,砂的品种、细度和用量,以及用水量。在砂浆中掺入石灰膏、粉煤灰等掺加料,加入适量的微沫剂或塑化剂,能明显改善砂浆的保水性和流动性。

6.3.2 强度和强度等级

砂浆在砌体中主要起传递荷载的作用,并经受周围环境介质作用,因此砂浆应具有一定的黏结强度、抗压强度和耐久性。试验证明:砂浆的黏结强度、耐久性均随抗压强度的增大而提高,即它们之间存在着一定的相关性,而且抗压强度的试验方法较为成熟,检测较为简单准确,因此工程上常以抗压强度作为砂浆的主要技术指标。

砂浆的强度等级是以标准试件尺寸为边长 70.7 mm 立方体试件一组 3 块,在标准养护条件[水泥混合砂浆为温度(20±2)℃,相对湿度 60%~80%;水泥砂浆为温度(20±2)℃,相对湿度 90%以上]下养护至 28 d,用标准试验方法检测其抗压强度。水泥砂浆及预拌砌筑砂浆按抗压强度划分为 M5、M7.5、M10、M15、M20、M25、M30 七个强度等级。

水泥混合砂浆的强度等级可分为 M5、M7.5、M10、M15。

在一般建筑工程中,办公楼、教学楼及多层商店等工程宜用 M5~M10 的砂浆;平房宿舍、商店等工程多用 M5 的砂浆;食堂、仓库、地下室及工业厂房等多用 M5~M10 的砂浆;检查井、雨水井、化粪池等可用 M5 砂浆;特别重要的砌体才使用 M10 以上的砂浆。

影响砂浆强度的因素很多,除砂浆本身的组成材料及配比外,还与基层的吸水性能有关。

对于水泥砂浆,可采用下列强度公式估算。

1)不吸水基层

如致密石材。其影响砂浆强度的主要因素与混凝土基本相同,即主要取决于水泥强度和水灰比。计算公式如下:

$$f_{m} = 0.29 f_{ce}\left(\frac{C}{W} - 0.40\right) \tag{6-1}$$

式中:f_{m}——砂浆 28 d 抗压强度(MPa);

f_{ce}——水泥的实测强度(MPa);

$\dfrac{C}{W}$——灰水比。

2)吸水基层

如黏土砖及其他多孔材料。由于基层能吸水,当其吸水后,砂浆中保留水分的多少取决于其本身的保水性,而与水灰比关系不大。因而,此时砂浆强度主要取决于水泥强度及水泥用量。计算公式如下:

$$f_{m} = \alpha f_{ce} Q_{c}/1000 + \beta \tag{6-2}$$

式中:f_{m}——砂浆 28 d 抗压强度(MPa);

f_{ce}——水泥的实测强度(MPa);

Q_{c}——每立方米砂浆中水泥用量(kg);

α,β——砂浆的特征系数,$\alpha = 3.03$,$\beta = -15.09$。

各地区也可用本地区试验资料确定 α,β 值,统计用的试验组数不得少于 30 组。

6.3.3 砂浆的黏结力

砌筑砂浆必须有足够的黏结力,以便将砌体黏结成为坚固的整体。一般来说,砂浆的抗压强度越高,其黏结力越强。砌筑前,保持基层材料有一定的润湿程度(如红砖含水率在 10%~15% 为宜),也有利于黏结力的提高。此外,黏结力大小还与砖石表面清洁程度及养护条件等因素有关。粗糙的、洁净的、湿润的表面黏结力较好。

6.4 砌筑砂浆与抹面砂浆

6.4.1 砌筑砂浆

1. 砌筑砂浆的种类

将砖、石、砌块等黏结成为砌体的砂浆称为砌筑砂浆。砌筑砂浆起着胶结块材和传递荷载的作用,是砌体的重要组成部分。

建筑常用的砌筑砂浆有水泥砂浆、石灰砂浆和水泥混合砂浆。

1)水泥砂浆

水泥砂浆由水泥、砂子和水组成。水泥砂浆和易性较差,但强度较高,适用于潮湿环境、水中以及对砂浆强度等级要求较高的工程。砖柱、砖拱、钢筋砖过梁等一般采用强度等级为M5、M7.5 或 M10 的水泥砂浆,砖基础一般采用强度等级为 M5 的水泥砂浆。

2)石灰砂浆

石灰砂浆由石灰、砂子和水组成。石灰砂浆和易性较好,但强度很低,又由于石灰是气硬性胶凝材料,故石灰砂浆不宜用于潮湿环境和水中。石灰砂浆一般用于地上的、强度要求不高的低层建筑或临时性建筑。简易房屋可用石灰黏土砂浆。

3)水泥混合砂浆

水泥混合砂浆由水泥、石灰、砂子和水组成,其强度、和易性、耐水性介于水泥砂浆和石灰砂浆之间,一般用于地面以上的工程。多层房屋的墙体一般采用强度等级为 M5 的水泥混合砂浆,料石砌体多采用强度等级为 M5 的水泥砂浆或水泥混合砂浆。

2. 砌筑砂浆配合比设计

砌筑砂浆配合比设计可通过查找有关资料或手册来选取或通过计算来进行,然后再进行试拌调整。行业标准《砌筑砂浆配合比设计规程》(JGJ/T 98—2010)规定,砂浆的配合比以质量比表示。

1)砌筑砂浆配合比设计的基本要求与一般规定

(1)砌筑砂浆的配合比应满足施工和易性(稠度)的要求,且拌和物的体积密度:水泥砂浆≥1900 kg/m³;水泥混合砂浆不小于 1800 kg/m³。

(2)砌筑砂浆的强度、耐久性满足设计要求。

(3)经济上合理,水泥和掺加料的数量较少。

2)砌筑砂浆配合比设计

(1)水泥混合砂浆配合比计算。

①计算试配强度 $f_{m,o}$。

$$f_{m,o} = kf_2 \text{ 或 } f_{m,o} = f_2 + 0.645\sigma \tag{6-3}$$

式中:$f_{m,o}$——砂浆的试配强度,精确至 0.1 MPa;

f_2——砂浆设计强度等级,即砂浆抗压强度平均值(MPa),精确至 0.1 MPa;

k——系数,按表6-3取值。

砌筑砂浆现场强度标准差 σ 应按下式计算:

$$\sigma = \sqrt{\frac{\sum_{i=1}^{n} f_{m,i}^2 - n\mu_{f_m}^2}{n-1}} \tag{6-4}$$

式中:$f_{m,i}$——统计周期内同一品种砂浆第 i 组试件的强度(MPa);

μ_{f_m}——统计周期内同一品种砂浆 n 组试件强度的平均值(MPa);

n——统计周期内同一品种砂浆试件的总组数,$n \geqslant 25$。

当无近期统计资料时,砂浆现场强度标准差可参考表6-3。

表6-3 砂浆现场强度标准差 σ(MPa)及 k 值

施工水平	砂浆强度等级							
	M5	M7.5	M10	M15	M20	M25	M30	k
优良	1.00	1.50	2.00	3.00	4.00	5.00	6.00	1.15
一般	1.25	1.88	2.50	3.75	5.75	6.25	7.50	1.20
较差	1.50	2.25	3.00	4.50	6.50	7.50	9.00	1.25

②计算每立方米砂浆中的水泥用量 Q_c。

$$Q_c = \frac{1000(f_{m,o} - \beta)}{\alpha f_{ce}} \tag{6-5}$$

式中:Q_c——每立方米砂浆中水泥用量,精确至 1 kg;

$f_{m,o}$——砂浆的试配强度,精确至 0.1 MPa;

f_{ce}——水泥的实测强度,精确至 0.1 MPa;

α,β——砂浆的特征系数,$\alpha = 3.03$,$\beta = -15.09$。

当水泥砂浆中的计算用量不足 200 kg/m³时,应按 200 kg/m³采用。

③确定 1 m³ 水泥混合砂浆的掺加料用量 Q_D。

水泥混合砂浆的掺加料用量应按下式计算:

$$Q_D = Q_A - Q_c \tag{6-6}$$

式中:Q_c——每立方米砂浆的水泥用量,精确至 1 kg;

Q_A——每立方米砂浆中水泥和掺加料的总量,精确至 1 kg,可为 350 kg;

Q_D——每立方米砂浆的掺加料用量,精确至 1 kg;石灰、黏土膏使用时的稠度为(120±5) mm;对于不同稠度的石灰膏,可按表6-4进行换算。

表6-4 不同稠度的石灰膏换算系数

石灰膏稠度/mm	130	120	110	100	90	80	70	60	50
换算系数	1.05	1.00	0.99	0.97	0.95	0.93	0.92	0.9	0.88

④每立方米砂浆中的砂子用量 Q_s。

$$Q_s = 1 \times \rho_{0干} \qquad (6-7)$$

式中:$\rho_{0干}$——砂子干燥状态(含水率小于 0.5%)的堆积密度。

应以干燥状态(含水率小于 0.5%)的堆积密度值作为计算值,当含水率大于 0.5%时,应考虑砂的含水率。

⑤每立方米砂浆中的用水量 Q_w。

按砂浆稠度要求,根据经验选定。一般水泥混合砂浆为 $210 \sim 310 \text{ kg/m}^3$,水泥砂浆为 $270 \sim 330 \text{ kg/m}^3$。

【注】 水泥混合砂浆中的用水量,不包括石灰膏或黏土膏中的水;当采用细砂或粗砂时,用水量分别取上限或下限;稠度小于 70 mm 时用水量可小于下限;施工现场气候炎热或干燥季节,可酌量增加用水量。

(2)水泥砂浆配合比选用。

水泥砂浆材料用量可按表 6-5 选用。

表 6-5　每立方米水泥砂浆材料用量

强度等级	每立方米砂浆水泥用量/kg	每立方米砂子用量/kg	每立方米砂浆用水量/kg
M5	$200 \sim 230$		
M7.5	$220 \sim 260$		
M10	$260 \sim 290$		
M15	$290 \sim 330$	1 m^3 砂子的堆积密度值	$270 \sim 330$
M20	$340 \sim 400$		
M25	$360 \sim 410$		
M30	$430 \sim 480$		

(3)试配与调整。

按计算或查表所得配合比进行试拌时,应采用工程中实际使用的材料,水泥砂浆、水泥混合砂浆搅拌时间不小于 120 s,掺用粉煤灰和外加剂的砂浆搅拌时间不小于 180 s,检测其拌和物的稠度和分层度,当不能满足要求时,应调整材料用量,直到符合要求为止。然后确定为试配的砂浆基准配合比。试配时至少应采用 3 个不同的配合比,其中一个为基准配合比,两个配合比的水泥用量按基准配合比分别增加和减少 10%,在保证稠度、分层度合格的条件下,可将用水量或掺加料用量作相应调整。分别按规定成型试件,养护,检测砂浆强度,并选用符合试配强度要求且水泥用量最低的配合比作为砂浆配合比。

3)砌筑砂浆配合比实例

【例题 1】 要求设计用于砌筑砖墙的水泥混合砂浆配合比。设计强度等级为 M7.5,稠度为 70～90 mm。

原材料的主要参数如下:32.5 级矿渣水泥;中砂,堆积密度为 1450 kg/m³;稠度 120 mm 石灰膏;一般施工水平。

解:(1)计算试配强度 $f_{m,o}$。

$$f_{m,o} = f_2 + 0.645\sigma$$

$$f_2 = 7.5 \text{ MPa}$$

$$\sigma = 1.88 \text{ MPa(查表 6-3)}$$

$$f_{m,o} = (7.5 + 0.645 \times 1.88) \text{ MPa} = 8.7 \text{ MPa}$$

(2)计算水泥用量 Q_c。

$$Q_c = 1000(f_{m,o} - \beta)/(\alpha \cdot f_{ce})$$

式中:

$$f_{m,o} = 8.7 \text{ MPa}$$

$$\alpha = 3.03, \quad \beta = -15.09$$

$$f_{ce} = 32.5 \text{ MPa}$$

$$Q_c = 1000 \times (8.7 + 15.09)/(3.03 \times 32.5) \text{ kg/m}^3 = 242 \text{ kg/m}^3$$

(3)计算石灰膏用量 Q_D。

$$Q_D = Q_A - Q_c$$

式中:

$$Q_A = 330 \text{ kg/m}^3$$

$$Q_D = (330 - 242) \text{ kg/m}^3 = 88 \text{ kg/m}^3$$

(4)砂子用量 Q_s。

$$Q_s = 1450 \text{ kg/m}^3$$

(5)根据砂浆稠度要求,选择用水量为 300 kg/m³。

砂浆试配时各材料的用量比例:

水泥:石灰膏:砂 $= 242:88:1450 = 1:0.36:5.99$

【例题 2】 要求设计用于砌筑砖墙的水泥砂浆,设计强度为 M10,稠度 70～90 mm。原材料的主要参数如下:32.5 级矿渣水泥;中砂,堆积密度为 1400 kg/m³;一般施工水平。

解:(1)根据表 6-5 选取水泥用量 260 kg/m³。

(2)砂子用量 Q_s。

$$Q_s = 1400 \text{ kg/m}^3$$

(3)根据表 6-5 选取用水量为 290 kg/m³。

砂浆试配时各材料的用量比例:

水泥:砂 $= 260:1400 = 1:5.38$

6.4.2 抹面砂浆

抹面砂浆又称抹灰砂浆,是指涂抹在建筑物或建筑构件表面的砂浆。其作用是保护墙体不受风雨、潮气等侵蚀,提高墙体防潮、防风化、防腐蚀的能力,同时使墙面、地面等建筑部位平整、光滑、清洁美观。

抹面砂浆对强度要求不高,但要求砂浆具有良好的和易性,容易抹成均匀平整的薄层;与基层有足够的黏结力,长期使用不致开裂和脱落。由于抹面砂浆对强度要求不高,一般不需进行配合比设计,确定抹面砂浆组成材料及配合比的主要依据是工程使用部位及基层材料的性质,常根据施工经验来选择配合比。常用普通抹面砂浆配合比可参考表 6-6。

表 6-6　常用普通抹面砂浆配合比参考表

材料	体积配合比	应用范围
水泥:砂	(1:3)～(1:2.5)	潮湿房间的墙裙、踢脚、地面基层
水泥:砂	(1:2)～(1:1.5)	地面、墙面、天棚
水泥:砂	(1:0.5)～(1:1)	混凝土地面压光
石灰:砂	(1:2)～(1:4)	干燥环境中砖、石墙表面
石灰:水泥:砂	(1:0.5:4.5)～(1:1:5)	勒脚、檐口、女儿墙及较潮湿部位
石灰:黏土:砂	(1:1:4)～(1:1:8)	干燥环境的墙表面
石灰:石膏:砂	(1:0.4:2)～(1:1:3)	干燥环境的墙及天花
石灰:石膏:砂	(1:2:2)～(1:2:4)	干燥环境的线脚及装饰

为了保证砂浆抹灰层表面平整,避免砂浆脱落和出现裂缝,常采用分层薄涂的方法,一般分两层(中级抹灰)或三层(高级抹灰)施工。底层抹灰的作用是使砂浆与基层黏结牢固,要求砂浆具有较高的黏结力和良好的和易性;中层抹灰起抹平作用,可省去不用;面层抹灰起装饰作用,要求光洁平整,应选用细砂。

砖墙、混凝土墙、梁、柱、顶板等底层抹灰多用水泥混合砂浆。室外、潮湿环境或易碰撞等部位,如外墙、地面、踢脚、水池、墙裙、窗台等,必须采用水泥砂浆。

1. 流动性

底层砂浆主要起与基层黏结的作用,要求稠度较稀,沉入度较大(100～120 mm),其组成材料常随底层而异。中层砂浆主要起找平作用,多用水泥混合砂浆或石灰砂浆,比底层砂浆稍稠些(沉入度 70～90 mm)。面层砂浆主要起保护和装饰作用,多采用细砂配制的水泥混合砂浆、麻刀石灰砂浆或纸筋石灰砂浆(沉入度 70～80 mm)。

2. 保水性

抹面砂浆的保水性仍用分层度表示。其大小应根据施工条件选定,一般情况下要求分层度在 10～20 mm 之间。分层度接近于 0 的砂浆易产生干缩裂缝,不宜作抹面用。分层度大于 20 mm 的砂浆,容易离析,施工不便。

3. 黏结力

黏结力即砂浆与基层材料之间的黏结强度,它与砂浆的成分、水灰比、基层的温度、基层表面的洁净及粗糙程度、操作技术和养护等因素有关。有的高级抹面施工,为了提高抹面砂浆的黏结力,抹面砂浆中胶凝材料用量比砌筑砂浆多,并可在其中加入适量的有机聚合物(占水泥质量的 10%),如聚乙烯醇缩甲醛胶(俗称 107 胶)等。由于抹面砂浆的面积较大,干缩大,易开裂,常在砂浆中加入麻刀、纸筋、稻草等纤维材料来增加抗拉强度,防止砂浆层开裂。

提高砂浆的抗裂性、减少其收缩值的主要措施如下。

(1)控制砂的粒度和掺量。较粗的砂和砂掺量较多,都能减小砂浆干缩值。

(2)在满足和易性和强度要求的前提下,尽量限制胶凝材料用量,控制用水量,以减小干缩值。

(3)掺入适量的纤维材料。

(4)分层抹灰和将面积较大的抹面层分格处理,可以使砂浆相对收缩值减小。

(5)控制养护速度,使砂浆脱水缓慢、均匀。

6.5 其他建筑砂浆

6.5.1 装饰砂浆

装饰砂浆是指涂抹在建筑物室内、外表面,主要起装饰作用增加建筑物美观效果的砂浆。装饰砂浆的面层应选用具有一定颜色的胶凝材料和骨料并采用特殊的施工操作方法,使表面呈现出各种不同的色彩线条和花纹等装饰效果。

装饰砂浆的胶凝材料常采用普通水泥、矿渣水泥、火山灰水泥、白水泥、彩色水泥、石灰、石膏等,骨料可采用普通砂、石英砂、彩釉砂、彩色瓷粒、玻璃珠及大理石或花岗石破碎成的石渣等,也可根据装饰需要加入一些矿物颜料。装饰砂浆分为灰浆类装饰砂浆和石渣类装饰砂浆两种。

1. 灰浆类装饰砂浆

灰浆类装饰砂浆是通过砂浆的着色或水泥砂浆表面形态的艺术加工,获得一定线条、色彩和纹理质感,从而起到装饰作用。这种装饰砂浆的特点是材料来源广、施工操作方便,价格低廉,可通过不同的施工工艺方法,获得不同的装饰效果。

1)拉毛灰

先用水泥砂浆或水泥混合砂浆做底层,再用水泥石灰砂浆或水泥纸筋灰浆做面层,在面层灰浆尚未凝结之前用铁抹子等工具将表面轻压后顺势轻轻拉起,形成凹凸感较强的饰面层。要求表面拉毛花纹、斑点分布均匀,颜色一致,同一平面上不显接槎。拉毛灰同时具有装饰和吸声作用,多用于外墙面及影剧院等公共建筑的室内墙壁和天棚的饰面,也常用于外墙面、阳台栏板或围墙等外饰面。

2)甩毛灰

甩毛灰是用竹丝、刷等工具将罩面灰浆甩洒在墙面上,形成大小不一,但又很有规律的云朵状毛面。要求甩出的云朵大小相称,纵横相间,既不能杂乱无章,也不能像列队一样整齐,以免显得呆板。利用不同色彩的灰浆可使甩毛灰更富生气。

3)搓毛灰

搓毛灰是在罩面灰浆初凝时,用硬木抹子由上而下搓出细而直的纹路,也可沿水平方向搓出纹路。这种装饰方法工艺简单,造价低,效果朴实大方,有粗面石材的效果。

4)扫毛灰

扫毛灰是在罩面灰浆初凝时,用竹丝扫帚按设计分格的面层砂浆,扫出不同方向的条纹或做成仿岩石的装饰抹灰。扫毛灰做成假石以代替天然石材饰面,施工方便,造价低,适用于影剧院、宾馆等的内墙和外墙饰面。

5)弹涂

弹涂是在墙体表面涂刷一层聚合物水泥色浆后,用电动弹力器分几遍将各种水泥色浆弹到墙面上,形成直径 1～3 mm、颜色不同、互相交错的圆形色点,深浅色点互相衬托,构成彩色的装饰面层,最后再刷一道树脂罩面层,起防护作用。弹涂饰面主要采用白水泥和彩色水泥,常加入 107 胶改善其性能,适用于建筑物内外墙面,也可用于顶棚饰面。

6)拉条

拉条是用专用模具把面层砂浆做出竖向线条的装饰做法。拉条抹灰有细条形、粗条形、半圆形、梯形及方形等多种形式,立体感强,主要用于公共建筑门厅、会议室、影剧院等空间比较大的内墙面装饰。

7)喷涂

喷涂多用于外墙饰面,是用砂浆泵或喷斗,将掺有聚合物的水泥砂浆喷涂在墙面基层或底灰上,形成饰面层,根据涂层质感可分为波面喷涂、颗粒喷涂和花点喷涂。最后在表面再喷一层甲基硅醇钠或甲基硅树脂疏水剂,以提高饰面层的耐久性和减少墙面污染。

8)外墙滚涂

外墙滚涂是将聚合物水泥砂浆抹在墙体表面上,用辐子滚出花纹,再喷罩甲基硅醇钠或甲基硅树脂疏水剂形成饰面层。这种工艺具有施工简单、工效高、装饰效果好等特点,同时施工时不易污染其他墙面及门窗,对局部施工尤为适用。

9)假大理石

假大理石是用掺适当颜料的石膏色浆和素石膏浆按 1∶10 比例配合,通过手工操作,做成具有大理石表面特征的装饰抹灰。这种工艺对操作技术要求较高,适用于高级装饰工程中的室内墙面抹灰。

10)假面砖

假面砖是用掺氧化铁系颜料的水泥砂浆,通过手工操作达到模拟面砖装饰效果的饰面做法,主要适用于建筑物的外墙饰面抹灰。

2. 石渣类装饰砂浆

石渣类装饰砂浆是在水泥砂浆中掺入各种彩色石渣骨料,抹于墙体基层表面,然后用水磨、水洗、斧剁等手段去除表面水泥浆皮,露出石渣的颜色、质感的饰面做法。

1)水刷石

水刷石是将水泥石渣浆直接涂抹在建筑物表面上,待水泥初凝后,用毛刷蘸水刷洗或用喷枪喷水冲洗,冲刷掉石渣浆表层的水泥浆,使石渣半露出来,获得彩色石子的装饰效果。

水刷石饰面的特点是具有石料饰面的朴实的质感效果,再结合适当的艺术处理,如分格、分色、凸凹线条等,可使饰面获得自然美观、明快庄重的艺术效果。主要用于外墙饰面,另外檐口、腰线、窗套、阳台、雨篷、勒脚及花台等部位也常使用。但水刷石操作技术要求较高,费工费料,湿作业量大,劳动条件较差,已逐渐被淘汰。

2)干黏石

干黏石是在素水泥浆或水泥砂浆黏结层上,在水泥浆凝结之前将彩色石渣黏到其表面,经拍平压实、硬化后而成的。干黏石的操作方法有手工甩黏和机械甩喷两种,干黏石中的石渣要求黏结牢固,不掉渣,不露浆,石渣的 2/3 应压入水泥浆内。

干黏石的装饰效果、用途与水刷石基本相同。

3)水磨石

水磨石是用普通水泥、白水泥或彩色水泥和有色石渣或白色大理石碎粒及水按适当比例配合,需要时掺入适量颜料,经拌匀、浇筑捣实、养护、硬化、表面打磨、洒草酸冲洗、干燥后上蜡等工序制成。

水磨石分预制和现制两种。它不仅美观,而且有较好的防水、耐磨性能,广泛应用于建筑物的地面、墙面、台面、墙裙等。

现场制作水磨石饰面,可分为以下五道工序。

(1)打底子:即在基层上铺抹水泥砂浆底灰。底灰一般用 1:3 的水泥砂浆,厚度为 15~20 mm,用木抹子搓实,24 h 后洒水养护。

(2)镶分格条:先按设计要求弹分格线,再把分格条用素水泥浆固定就位。分格条有玻璃条、铜条、不锈钢条、塑料条、铝条等,其中铜分格条装饰效果最好,有豪华感。

(3)罩面层:将水泥石渣浆拌和均匀,平整地浇筑在底灰上,并高出分格条 1~2 mm。饰面层浇筑完毕后,应在面层均匀撒一层石渣,用钢抹子将石渣拍入水泥石渣浆中,再用滚筒压至表面出浆后,用钢抹子压平。

(4)水磨:当饰面层石渣浆硬化至一定强度时,用打磨机将表面的水泥浆和石渣的棱角磨去,露出大量的石渣剖面。一般地面采用机动磨,墙面、台面、楼梯等采用手工磨。

(5)洗草酸及打蜡:将水磨石用清水冲洗干净后洒上草酸,以清除水磨石面上的所有污垢。待水磨石面层干燥发白后,擦上地板蜡,打亮至产生镜面光泽,此时便清晰露出各色石子的美丽颜色。

水磨石在工厂预制,其工序基本上与现场制作相同,只是开始时要按设计规定的尺寸形状制成模框,另一不同之处是必须在底层加放钢筋。工厂预制因操作条件较好,可制得装饰效果优良的饰面板。

4)斩假石

斩假石又称剁斧石,它是以水泥石渣浆或水泥石屑浆做面层抹灰,待其硬化到一定程度时,用钝斧、凿子等工具剁斩出具有天然石材表面纹理效果的饰面方法。斩假石既有石材的质感,又有精工细作的特点,给人以朴实、自然、素雅、庄重的感觉。斩假石饰面所用的材料与水刷石基本相同,不同之处在于骨料的粒径一般较小,一般为 0.5~1.5 mm。斩假石饰面一般多用于局部小面积装饰,如勒脚、台阶、柱面、扶手等。

5)拉假石

拉假石是在罩面水泥石渣浆达到一定强度后,用废锯条或 5~6 mm 厚的铁皮加工成锯齿形,钉于木板上形成抓耙,用抓耙挠刮去除表层水泥浆皮露出石渣,形成条纹效果。拉假石实质上是斩假石工艺的演变,与斩假石相比,其施工速度快,劳动强度低,装饰效果类似于斩假石,可大面积使用。

6.5.2 特种砂浆

1. 防水砂浆

防水砂浆是指用于制作防水层的抗渗性较高的砂浆。砂浆防水层又称刚性防水层,适用于不受振动和具有一定刚度的混凝土或砖、石砌体工程,以及水塔、水池等的防水。

防水砂浆可用普通水泥砂浆制作,也可在水泥砂浆中掺入防水剂制得。

防水砂浆的施工方法有两种:一种是喷浆法,另一种是人工多层抹压。目前应用最广泛的是在水泥砂浆中掺入适量防水剂制成的防水砂浆。防水剂的掺量,一般为水泥质量的 $3\%\sim 5\%$,常用的防水剂有硅酸钠类、金属皂类、有机硅类等。

2. 保温砂浆

保温砂浆是以水泥、石灰、石膏等胶凝材料与膨胀珍珠岩、膨胀蛭石、火山渣或浮石砂、陶砂等轻质多孔骨料,按一定比例配制成的砂浆,具有轻质和良好的保温性能,其导热系数为 $0.07\sim 0.1 \text{ W/(m·K)}$。

保温砂浆可用于平屋顶保温层及顶棚、内墙抹灰及供热管道的保温防护。

3. 吸声砂浆

由轻骨料配制成的保温砂浆,一般均具有良好的吸声性能,故也可用作吸声砂浆。另外,还可用水泥、石膏、砂、锯末(体积比为 1:1:3:5)配制吸声砂浆,或者在石灰、石膏砂浆中掺入玻璃纤维、矿棉等松软纤维材料,也能获得一定的吸声效果。吸声砂浆用于室内墙壁、顶棚的吸声处理。

4. 耐酸砂浆

用水玻璃与氟硅酸钠拌制成耐酸砂浆,有时也可掺入石英岩、花岗石、铸石等粉状细骨料。水玻璃硬化后具有很好的耐酸性能。耐酸砂浆多用作衬砌材料、耐酸地面和耐酸容器的内壁防护层。

【本章小结】

本章讲述了砂浆的种类,砂浆常用原材料的品种及质量要求,砂浆的性能、应用和配合比设计。同时简要介绍了抹面砂浆及装饰砂浆的常用品种及特点。要求在混凝土知识的基础上,对比、总结砂浆的特点,联系实际,区别不同情况和条件对砂浆性质的要求和影响,以便合理选用。

【技能训练题】

一、填空题

1. 建筑砂浆按功能和用途不同,分为_____、_____和_____;按所用胶凝材料不同分为_____、_____和_____。

2.砂浆的和易性包括＿＿＿＿＿＿和＿＿＿＿＿＿两方面的含义。

3.表示砂浆保水性的指标是＿＿＿＿＿＿,表示砂浆流动性的指标是＿＿＿＿＿＿,其值越大,说明流动性越＿＿＿＿＿＿。

4.防水砂浆中防水剂的掺量一般为水泥质量的＿＿＿＿＿＿。

5.在砌筑砂浆中掺入石灰膏是为了改善砂浆的＿＿＿＿＿＿。

二、判断题

1.砌筑潮湿环境和地面以下的砌体,可采用水泥砂浆或石灰砂浆。　　　　　　(　　)

2.砂浆的分层度越大,说明保水性越好。　　　　　　　　　　　　　　　　(　　)

3.一般砂浆的抗压强度越高,黏结力越大。在粗糙的、清洁基层上的砂浆与基层的黏结力较好。　　　　　　　　　　　　　　　　　　　　　　　　　　　　　(　　)

4.石灰砂浆中的石灰必须充分熟化后才能使用。　　　　　　　　　　　　　(　　)

5.对于变形较大或可能产生不均匀沉降的建筑物,不宜采用防水砂浆作防水层。

(　　)

三、简答题

1.建筑砂浆的主要技术性质有哪些?

2.什么是砂浆的保水性? 为什么要选用保水性良好的砂浆?

3.影响用于吸水基层和不吸水基层的砌筑砂浆强度的因素是否相同,为什么?

四、计算题

某工程砌筑砖墙所用强度等级为 M5 的水泥石灰混合砂浆设计要点如下:采用强度等级为 32.5 的矿渣水泥;砂为中砂,含水率为 2‰,干燥堆积密度为 1500 kg/m³;石灰膏的稠度为 120 mm。此工程施工水平优良,试计算此砂浆的配合比。

第7章 墙体与屋面材料

【学习要求】

知识点	学习要求
烧结砖、非烧结砖的生产工艺、技术性能及检测指标和应用	掌握
墙用砌块的生产工艺、技术性能、应用特点和发展趋势	掌握
墙用板材的种类、性能、应用特点和发展趋势	掌握
各种屋面瓦材及板材的技术要求,施工工艺及技术特点	了解

7.1 墙体填充材料

墙体材料是建筑工程中用量较大的材料,在混合结构建筑中,墙体材料约占总建筑材料的 50%,因此,合理选用墙体填充材料对建筑物的功能、安全及造价等都有很重要意义。目前所用的墙体材料有砖、砌块、板材三类。按生产原料分:砖类可分为黏土砖、页岩砖、灰砂砖、煤矸石砖、粉煤灰砖、建筑渣土砖、淤泥砖、污泥砖等;砌块类可分为混凝土砌块、硅酸盐砌块、加气混凝土砌块等;板材类可分为混凝土大板、石膏板、加气混凝土板、玻纤水泥板、植物纤维板和各种复合板等。

7.1.1 砌墙砖

凡是由黏土、工业废料或其他地方资源为主要原料,以不同工艺制成的,在建筑中用于砌筑承重和非承重墙体的砖统称为砌墙砖。

砌墙砖有实心砖、多孔砖、空心砖和花格砖。实心砖是没有孔洞或孔洞率小于 15% 的砖;而孔洞率大于或等于 15% 的砖称为空心砖(孔洞率是指砖面上孔洞总面积占砖面积的百分率),其中孔的尺寸小而数量多者又称多孔砖。根据生产工艺又有烧结砖和非烧结砖之分。经焙烧制成的砖为烧结砖,如黏土砖(N)、页岩砖(Y)、煤矸石砖(M)、粉煤灰砖(F)、建筑渣土砖(Z)、淤泥砖(U)、污泥砖(W)、固体废弃物砖(G)等;经常压蒸汽养护(或高压蒸汽养护)硬化而成的蒸养砖(如粉煤灰砖、炉渣砖、灰砂砖等)属于非烧结砖。

1. 烧结砖

1)烧结普通砖

烧结普通砖是以黏土或页岩、煤矸石、粉煤灰、建筑渣土、淤泥、污泥为主要原料,经过焙烧而成的普通砖。

以黏土为主要原料,经配料、制坯、干燥、焙烧而成的烧结普通砖简称黏土砖(符号为N),有红砖和青砖两种。当砖窑中焙烧时为氧化气氛,则制得红砖。若砖坯在氧化气氛中烧成后,再在还原气氛中闷窑,促使砖内的红色高价氧化铁还原成青灰色的低价氧化铁,即得青砖。青砖较红砖结实,耐碱、耐久,但价格较红砖贵。

按焙烧方法不同,烧结黏土砖又可分为内燃砖和外燃砖。内燃砖是将煤渣、粉煤灰等可燃性工业废料,掺入制坯黏土原料中,当砖坯在窑内被烧制到一定温度后,坯体内的燃料燃烧而烧结成砖。内燃砖比外燃砖节省了大量外投煤,节约原料黏土 5%~10%,强度提高20% 左右,砖的表观密度减小,隔声保温性能增强。

焙烧砖时火候要适当,以免出现欠火砖和过火砖。欠火砖色浅、敲击声哑、强度低、吸水率大、耐久性差。过火砖色深、音甚响、强度较高、吸水率低,但弯曲变形。欠火砖和过火砖均为不合格产品。

(1)烧结普通砖的技术性能指标。

烧结普通砖的各项技术性能指标应满足国家标准《烧结普通砖》(GB/T 5101—2017)的规定。其检验方法按照《砌墙砖试验方法》(GB/T 2542—2012)进行。

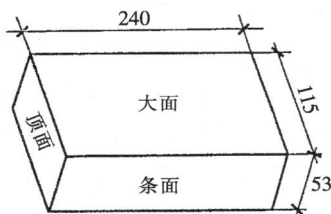

图7-1 砖的尺寸及平面名称(单位:mm)

①形状尺寸。砖的外形为矩形体,标准尺寸是240 mm×115 mm×53 mm,通常将承受压力的面称为大面(即 240 mm×115 mm 面),垂直于大面的较长侧面称为条面(即 240 mm×53 mm 面),垂直于大面的较短侧面为顶面(即 115 mm×53 mm 面),如图7-1 所示。4 个砖长、8 个砖宽、16 个砖厚,加上砂浆缝的厚度10 mm,其长度均为 1 m,1 m³ 砖砌体需用砖 512 块。

②表观密度。烧结普通砖的表观密度因原料和生产方式不同而不同,一般为 1600~1800 kg/m³。

③吸水率。砖的吸水率反映了砖的孔隙率和孔隙构造。正常焙烧的黏土砖的吸水率为8%~16%。它与砖的焙烧程度有关。欠火砖吸水率大,抗冻性、强度等严重降低。过火砖吸水率小,保温隔热性能欠佳。

④强度等级。烧结普通砖按抗压强度分为 MU30、MU25、MU20、MU15、MU10 五个强度等级。各强度等级应不小于标准中规定值,见表 7-1。

⑤质量等级。尺寸偏差和抗风化性能合格的砖,根据外观质量、泛霜和石灰爆裂三项指标分为合格品和不合格品两个质量等级。具体要求见表 7-2、表 7-3 和表 7-4。

表 7-1　烧结普通砖强度等级(GB 5101—2017)　　　　　　　　　　　　单位:MPa

强度等级	抗压强度平均值 $\overline{f}$	强度标准值 f_k
MU30	≥30.0	≥22.0
MU25	≥25.0	≥18.0
MU20	≥20.0	≥14.0

续表

强度等级	抗压强度平均值 $\overline{f}$	强度标准值 f_k
MU15	≥15.0	≥10.0
MU10	≥10.0	≥6.5

表 7-2　烧结普通砖的尺寸允许偏差（GB/T 5101—2017）　　　单位：mm

公称尺寸	指标	
	样本平均偏差	样本极差
240	±2.0	≤6
115	±1.5	≤5
53	±1.5	≤4

表 7-3　烧结普通砖的外观质量（GB/T 5101—2017）　　　单位：mm

项目		指标
两条面高度差		≤2
弯曲		≤2
杂质凸出高度		≤2
缺棱掉角的三个破坏尺寸，不得同时大于		5
裂纹长度	①大面上宽度方向及其延伸至条面的长度	≤30
	②大面上长度方向及其延伸至顶面的长度或条、顶面上水平裂纹的长度	≤50
完整面不得少于		一条面和一顶面

注：为砌筑挂浆面施加的凹凸纹、槽、压花等不算作缺陷。

凡有下列缺陷之一者，不得称为完整面：

①缺损在条面或顶面上造成的破坏面尺寸同时大于 10 mm×10 mm；

②条面或顶面上裂纹宽度大于 1 mm，其长度超过 30 mm；

③压陷、粘底、焦花在条面或顶面上的凹陷或凸出超过 2 mm，区域尺寸同时大于 10 mm×10 mm。

表 7-4　烧结普通砖对泛霜和石灰爆裂的要求

项目	样品
泛霜	不允许出现严重泛霜
石灰爆裂	砖的石灰爆裂应符合下列规定： ①破坏尺寸大于 2 mm 且小于等于 15 mm 的爆裂区域，每组砖样不得多于 15 处。其中大于 10 mm 的不得多于 7 处。 ②不允许出现最大破坏尺寸大于 15 mm 的爆裂区域。 ③试验后抗压强度损失不得大于 5 MPa。

泛霜是指新砌筑的砖墙表面有时会出现一层白色粉状物,其原因是所用黏土中含有较多可溶性盐类(如硫酸钠等),这些盐类在砌筑施工时溶解于进入砖内的水中,当水蒸发时被带到砖的表面而结晶。这些结晶的粉状物不仅有损于建筑物的外观,而且结晶膨胀也会引起砖表层的酥松甚至剥落。

石灰爆裂是指烧结砖的砂质黏土原料中夹杂着石灰石。焙烧时被烧成生石灰块,在使用过程中会吸水熟化而转变为氢氧化钙(熟石灰),此时体积严重膨胀而导致砖块产生裂缝,严重时甚至使砖砌体强度降低直至破坏。

⑥抗风化性能。抗风化性能是指在干湿变化、温度变化、冻融变化等物理因素作用下,材料不破坏并长期保持原有性质的能力。它是材料耐久性的重要内容之一。地域不同,风化作用程度就不同,严重风化区和非严重风化区见表7-5。

表7-5 风化区的划分(GB/T 5101—2017)

严重风化区		非严重风化区	
①黑龙江省	⑪河北省	①山东省	⑪福建省
②吉林省	⑫北京市	②河南省	⑫台湾省
③辽宁省	⑬天津市	③安徽省	⑬广东省
④内蒙古自治区	⑭西藏自治区	④江苏省	⑭广西壮族自治区
⑤新疆维吾尔自治区		⑤湖北省	⑮海南省
⑥宁夏回族自治区		⑥江西省	⑯云南省
⑦甘肃省		⑦浙江省	⑰上海市
⑧青海省		⑧四川省	⑱重庆市
⑨陕西省		⑨贵州省	
⑩山西省		⑩湖南省	

严重风化区中的前5个地区的砖必须进行抗融试验;其他风化区的砖抗风化性能符合表7-6的要求时可不做冻融试验,否则需要做冻融试验。淤泥砖、污泥砖、固体废弃物砖应进行冻融试验。15次冻融试验后,每块砖样不允许出现裂纹、分层、掉皮、缺棱、掉角等冻坏现象;冻后裂纹长度不得大于表7-3中第5项裂纹长度的规定。

表7-6 烧结普通砖的抗风化性能(GB/T 5101—2017)

砖种类	严重风化区				非严重风化区			
	5 h沸煮吸水率/(%),≤		饱和系数,≤		5 h沸煮吸水率/(%),≤		饱和系数,≤	
	平均值	单块最大值	平均值	单块最大值	平均值	单块最大值	平均值	单块最大值
黏土砖	18	20	0.85	0.87	19	20	0.88	0.90
粉煤灰砖	21	23			23	25		

续表

砖种类	严重风化区				非严重风化区			
	5 h 沸煮 吸水率/(%),≤		饱和系数,≤		5 h 沸煮 吸水率/(%),≤		饱和系数,≤	
	平均值	单块最大值	平均值	单块最大值	平均值	单块最大值	平均值	单块最大值
页岩砖	16	18	0.74	0.77	18	20	0.78	0.8
煤矸石砖								

（2）烧结普通砖的优缺点及应用。

烧结普通砖具有一定的强度、良好的绝热隔声性、较好的耐久性、价格低廉等优点，加之原料广泛，工艺简单，因而是应用历史最久、应用范围最广泛的建筑材料之一。在建筑工程中主要用作墙体材料，也可砌筑柱、拱、烟囱、沟道及基础等。还可与轻骨料混凝土、岩棉、加气混凝土等复合使用，砌成两面为砖、中间填以轻质材料的复合墙体。在砌体中配置适当钢筋或钢丝网，可代替钢筋混凝土柱、过梁等。

黏土砖的最大缺点是自重大、能耗高，大量毁坏良田，尺寸小，施工效率低，抗震性能差等。所以，近年来我国大力推广墙体材料改革，以粉煤灰、煤矸石等工业废料蒸压砖代替黏土制砖。目前国家已经禁止黏土砖的生产，以减少农田的损失。

2）烧结多孔砖和烧结空心砖

随着高层建筑的发展，急需减轻建筑材料的自重。用多孔砖和空心砖代替实心砖可使建筑自重减轻 1/3 左右，节约黏土 20%～30%，节约能耗 10%～20%，且烧成率高，造价降低 20%，施工效率提高 40%，并改善了墙体的热工性能。所以，推广使用多孔、空心砖有很重要的意义。

（1）烧结多孔砖。

烧结多孔砖是以黏土、页岩、煤矸石、粉煤灰、淤泥及其他固体废弃物等为主要原料，经焙烧制成，孔洞率不小于 28%，采用矩形孔或矩形条孔，如图 7-2 所示。按主要原料分为黏土砖（N）、页岩砖（Y）、煤矸石砖（M）、粉煤灰砖（F）、淤泥砖（U）、固体废弃物砖（G）等。

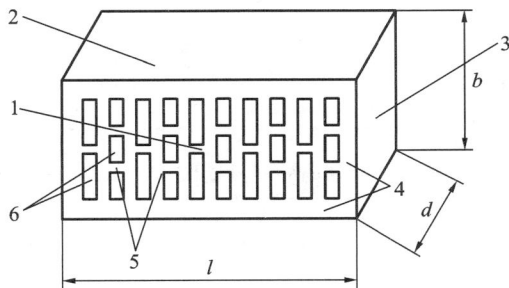

图 7-2　烧结多孔砖

1—大面；2—条面；3—顶面；4—外壁；5—肋；6—孔洞

l—长度；b—宽度；d—高度

根据抗压强度将多孔砖分为 MU30、MU25、MU20、MU15、MU10 五个强度等级。根据砖的干表观密度分为 1000 kg/m³、1100 kg/m³、1200 kg/m³、1300 kg/m³ 四个密度等级,各产品等级的强度值均应不低于国家标准的规定,见表 7-7。

表 7-7　烧结多孔砖强度等级(GB/T 13544—2011)

强度等级	抗压强度平均值 $\bar{f}$,≥	强度标准值 f_k,≥
MU30	30.0%	22.0%
MU25	25.0%	18.0%
MU20	20.0%	14.0%
MU15	15.0%	10.0%
MU10	10.0%	6.5%

多孔砖其耐久性应符合表 7-8 的规定,外观质量和尺寸偏差应符合表 7-9、表 7-10 的规定。烧结多孔砖主要用于六层以下建筑物的承重墙。

表 7-8　烧结多孔砖的耐久性指标(GB/T 13544—2011)

项目	鉴别指标	项目	鉴别指标
泛霜	每块砖不允许出现严重泛霜	石灰爆裂	①破坏尺寸大于 2 mm 且小于或等于 15 mm 的爆裂区域,每组砖样不得多于 15 处,其中大于 10 mm 的不得多于 7 处;②不允许出现破坏尺寸大于 15 mm 的爆裂区域
抗冻性	15 次冻融循环试验后,每块砖样不允许出现裂纹、分层、掉皮、缺棱、掉角等冻坏现象		

表 7-9　烧结多孔砖的尺寸偏差(GB/T 13544—2011)　　单位:mm

尺寸	样本平均偏差	样本极差≤
>400	±3.0	10.0
300～400	±2.5	9.0
200～300	±2.5	8.0
100～200	±2.0	7.0
<100	±1.5	6.0

表 7-10　烧结多孔砖的外观质量(GB/T 13544—2011)　　单位:mm

项目	指标
1.完整面不得少于	一条面和一顶面
2.缺棱掉角的三个破坏尺寸,不得同时大于	30
3.裂纹长度	
①大面上深入孔壁 15 mm 以上的宽度方向及其延伸到条面的长度	≤80

续表

项目	指标
②大面上深入孔壁 15 mm 以上的长度方向及其延伸到顶面的长度	≤100
③条、顶面上的水平裂纹	≤100
4.杂质在砖面上造成的凸出高度	≤5

注:凡有下列缺陷之一者,不能称为完整面:
　　①缺损在条面或顶面上造成的破坏面尺寸同时大于 20 mm×30 mm;
　　②条面或顶面上裂纹宽度大于 1 mm,其长度超过 70 mm;
　　③压陷、焦花、粘底在条面或顶面上的凹陷或凸出超过 2 mm,区域最大投影尺寸同时大于 20 mm×30 mm。

（2）烧结空心砖。

烧结空心砖是以黏土、页岩、煤矸石为主要原料,经焙烧而成的孔洞率不小于 35% 的空心砖。其孔洞尺寸大而数量少,平行于大面和条面,一般用于砌筑填充墙或非承重墙,如图 7-3 所示。

空心砖的长度、宽度、高度有两个系列:① 290 mm,190 mm,90 mm;② 240 mm,180 mm,115 mm。若长度、宽度、高度有一项以上分别大于 365 mm、240 mm、115 mm,则称为烧结空心砌块。砖或砌块的肋厚应大于 7 mm,壁厚应大于 10 mm。

烧结空心砖按其表观密度分为 800 kg/m³、900 kg/m³、1000 kg/m³、1100 kg/m³ 四个密度级。每个密度级根据孔洞及其排数、尺寸偏差、外观质量、强度等级和耐久性能分为优等品、一等品和合格品。根据其抗压强度分为 MU10.0、MU7.5、MU5.0、MU3.5 四个强度等级,见表 7-11。

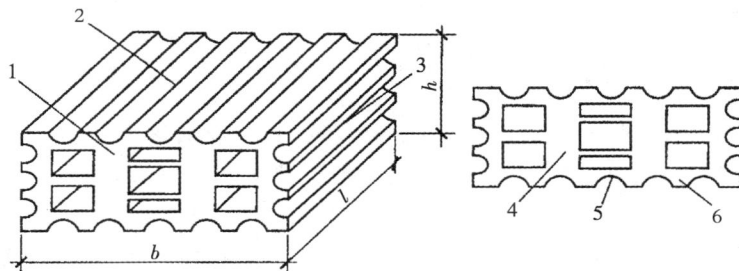

图 7-3　烧结空心砖的外形

1—顶面;2—大面;3—条面;4—肋;5—凹线槽;6—外壁

l— 长度;b— 宽度;h— 高度

表 7-11　烧结空心砖强度等级(GB/T 13545—2014)

强度等级	抗压强度/MPa		
	抗压强度平均值 f,≥	变异系数 $\delta \leq 0.21$	变异系数 $\delta > 0.21$
		强度标准值 f_k,≥	单块最小抗压强度值 f_{min},≥
MU 10.0	10.0	7.0	8.0

续表

强度等级	抗压强度/MPa		
	抗压强度平均值 f ，$\geq$	变异系数 $\delta \leq 0.21$	变异系数 $\delta > 0.21$
		强度标准值 f_k，$\geq$	单块最小抗压强度值 f_{min}，$\geq$
MU 7.5	7.5	5.0	5.8
MU 5.0	5.0	3.5	4.0
MU 3.5	3.5	2.5	2.8

3)烧结页岩砖

页岩经破碎、粉磨、配料、干燥和焙烧等工艺制成的砖称作烧结页岩砖。这种砖可不用黏土,配料时所需水分较少,使砖坯干燥。其表观密度为 1500～2750 kg/m³,比普通黏土砖大,为减轻自重,可以制成空心烧结页岩砖。此砖抗压强度为 7.5～15 MPa,吸水率为 20%左右,颜色与普通砖相似。其质量标准和应用范围与普通砖相同。

4)烧结煤矸石砖

烧结煤矸石砖的原料为煤矸石。煤矸石是开采煤时剔除出来的废石,其化学成分与黏土相似。生产时,煤矸石须粉碎,然后根据其含碳量和可塑性进行配料,焙烧时基本不需外投煤。这种砖比外燃砖节省用煤量 50%～60%,并可节省大量黏土原料,处理工艺废渣,变废为宝。

这种砖颜色较普通砖略淡,色均匀,声音清脆,表观密度一般为 1400～1650 kg/m³,比普通砖稍轻,抗压强度一般为 10～20 MPa,抗折强度为 2.3～5 MPa,吸水率为 15.5%左右,抗冻性能表现为能经受 15 次冻融循环而不破坏。煤矸石可用于生产空心砖,在一般工业与民用建筑中,煤矸石砖完全可以代替普通砖。

5)烧结粉煤灰砖

烧结粉煤灰砖的原料是粉煤灰加部分黏土,经配料、成型、焙烧而制成。粉煤灰为火电厂排出的煤粉燃料渣,其可塑性差,故成型时须掺适量黏土作为黏合料,以增加塑性。通常它们的体积比为 1∶1 或 4∶6。这类砖为半内燃砖,其表观密度为 1300～1400 kg/m³,抗压强度 10～15 MPa,抗折强度 3.0～4.0 MPa,吸水率为 20%左右,能经受 15 次冻融循环而不破坏。粉煤灰砖的生产工艺过程与普通砖基本相同,规格亦同,颜色从淡红至深红,可代替普通砖使用。

2. 非烧结砖

不经焙烧而制成的砖为非烧结砖,如蒸养蒸压砖、免烧免蒸砖、碳化砖等。其中蒸压砖目前应用较广,主要品种有灰砂砖、粉煤灰砖、炉渣砖等。

1)蒸压灰砂砖

蒸压灰砂砖是以石灰、砂子为原料,经配料、成型和蒸压养护(温度为 175～191 ℃,压力为 0.8～1.2 MPa 的饱和蒸汽)而制成的。用料中石灰占 1/10～1/5。此砖的尺寸规格与普通砖相同。其表观密度为 1800～1900 kg/m³,根据产品的尺寸偏差和外观分为优等品(A)、一级品(B)、合格品(C)三个等级。根据国家标准《蒸压灰砂实心砖和实心砌块》(GB/T 11945—2019)的规定,灰砂砖按浸水 24 h 后的抗压强度分为 MU30、MU25、MU20、MU15、MU10 五个强度等级。各强度等级指标应符合表 7-12 的规定。

表 7-12　蒸压灰砂砖强度等级指标(GB/T 11945—2019)

强度等级	抗压强度/MPa	
	平均值	单个最小值
MU30	≥30	≥25.5
MU25	≥25	≥21.2
MU20	≥20	≥17
MU15	≥15	≥12.8
MU10	≥10	≥8.5

此砖常用于建筑的墙体和基础。但不能用于有流水冲刷的部位,也不得用于长期受热温度高于 200 ℃ 及受急热、急冷交替作用部位或有酸性介质侵蚀的建筑部位。

2)蒸压粉煤灰砖

蒸压粉煤灰砖是以粉煤灰、石灰为主要原料,掺加适量石膏和炉渣经坯料制备,压制成型,经高压或常压蒸汽养护而成的实心砖。其外形尺寸同普通砖,呈深灰色,其表观密度约为 1500 kg/m³。

蒸压粉煤灰砖根据行业标准《蒸压粉煤灰砖》(JC/T 239—2014)规定的抗压强度和抗折强度分为 MU30、MU25、MU20、MU15、MU10 五个强度等级。各强度等级指标应符合表 7-13的要求。

表 7-13　粉煤灰砖强度等级指标(JC/T 239—2014)

强度等级	抗压强度/MPa		抗折强度/MPa	
	平均值 ≥	单块最小值 ≥	平均值 ≥	单块最小值 ≥
MU30	30.0	24.0	4.8	3.8
MU25	25.0	20.0	4.5	3.6
MU20	20.0	16.0	4.0	3.2
MU15	15.0	12.0	3.7	3.0
MU10	10.0	8.0	2.5	2.0

蒸压粉煤灰砖可用于一般工业与民用建筑的墙体和基础,在易受冻融和干湿交替作用的建筑部位必须使用优等品和一等品砖。长期受热高于 200 ℃、受冷热交替作用或有酸性侵蚀的建筑部位不得使用粉煤灰砖。另外,用粉煤灰砖砌筑的建筑物,应适当增设圈梁及伸缩缝,以避免或减少收缩裂缝的产生。

3)炉渣砖

炉渣砖是以煤燃烧后的残炉渣为主要原料,加入一定数量的石灰和少量石膏,经原料加工、混合料制备、砖坯成型和蒸汽养护而成的一种砖,其尺寸规格与普通砖相同,呈黑灰色,其表观密度为 $1500\sim2000$ kg/m³,吸水率为 $6\%\sim19\%$。按抗折和抗压强度分为 MU20、MU15、MU10 三个强度等级,强度指标应满足表 7-14 的要求。

表 7-14　炉渣砖强度指标

强度等级	抗压强度/MPa		抗折强度/MPa	
	样组砖的平均强度,≥	单块最小值	样组砖的平均强度,≥	单块最小值
MU20	20	15	9.1	2.0
MU15	15	11	2.3	1.3
MU10	10	7.5	1.8	1.1

炉渣砖可用于建筑的内墙和非承重外墙,对经常受干湿交替及冻融作用的建筑部位(如勒脚、窗台、落水管等),最好使用高标号炉渣砖或采取水泥砂浆抹面措施,但对于长期受高温、受急冷、急热交替作用或有酸性介质侵蚀的部位不得使用炉渣砖。

7.1.2　墙用砌块

砌块一般以混凝土或工业废料作原料制成实心或空心的块材。其尺寸比砌墙砖大,一般为直角六面体,大体可分为三种规格:小型砌块(高度大于 115 mm,小于 380 mm)、中型砌块(高度为 $380\sim980$ mm)和大型砌块(高度大于 980 mm)。砌块高度一般不大于长度或宽度的 6 倍,长度不超过高度的 3 倍。

砌块是一种新型墙体材料,具有生产工艺简单,材料来源广,可充分利用地方资源和工业废渣,并可节省黏土资源,造价低廉,制作及使用方便,还可以提高施工速度、改善墙体功能等特点,因此发展速度较快。

砌块按材质可分为轻骨料混凝土砌块、硅酸盐砌块、混凝土砌块、加气混凝土砌块等;按用途可分为承重砌块和非承重砌块;按构造可分实心砌块(无孔洞或空心率小于 25%)和空心砌块(空心率大于 25%)。

7.1.3　墙用板材

随着建筑工业化的发展、建筑结构体系的改革,各种复合墙用板材、轻质墙板也迅速兴起。以板材为围护墙体的建筑体系具有节能、质轻、开间布置灵活、使用面积大、施工方便快捷等特点,所以很有发展前景。

墙体板材目前品种很多,有预制混凝土大板、石膏板、加气硅酸盐板、纤维板及多功能复合板材等,下面介绍几种有代表性的板材。

1. 石膏类墙用板材

石膏类板材具有轻质、绝热、吸声、防火、尺寸稳定、施工方便等特点,在建筑中得到广泛应用,是一种很有发展前途的新型建筑材料。主要有纸面石膏板、无纸面的石膏纤维板、石膏空心板和石膏刨花板等。

2. 水泥类墙用板材

水泥类的墙用板材主要用于承重墙、外墙和复合墙板的外层面。其具有较好的力学性能和耐久性,但表观密度大,抗拉强度低,体型较大,板材在起吊过程中易受损。根据使用功能要求,生产时可制作成预应力空心板材以减轻自重和改善隔热隔声性能,也可加入一些纤维制成增强薄型板材,还可在水泥板材上制作成具有装饰效果的表面层(如着色装饰、花纹线条装饰、露骨料装饰等)。

1)预应力混凝土空心墙板

预应力混凝土空心墙板由结构层(预应力混凝土空心板)、保温层、外饰面层和防水层等组成。该类板的长度为 1000~1900 mm,宽度为 600~1200 mm,总厚度为 200~480 mm。一般用于承重或非承重外墙板、内墙板、楼板、屋面板和阳台板等。

2)GRC 空心板轻质墙板

该空心板是以低碱水泥为胶结料、膨胀珍珠岩为骨料(或用粉煤灰、炉渣等)、抗碱玻璃纤维为增强材料,再加入适量发泡剂和防水剂,经配料、搅拌、振动成型、脱水、养护而制成。其尺寸规格为:长度 3000 mm,宽度 600 mm,厚度 60 mm、90 mm、120 mm。

该板具有质轻、强度高、隔热、隔声、不燃、加工方便等特点。可用于工业与民用建筑的内隔墙及复合墙体的外墙面。

3)纤维增强水泥平板(TK 板)

该板是以低碱水泥、耐碱玻璃为主要原料,加水混合成浆,经制坯、压制、蒸养而成的薄型平板,其尺寸规格为:长 1200~3000 mm,宽 800~900 mm,厚 4 mm、5 mm、6 mm、8 mm。

该板质量轻、强度高,防火、防潮,不易变形,可加工性好。适用于各类建筑物的复合外墙和内隔墙及有防潮、防火要求的隔墙。

4)水泥刨花板

该板以水泥和木材加工的下脚料——刨花为主要原料,加入适量水和化学助剂,经搅拌、成型、加压、养护而成,具有自重轻、强度高、防水、防火、防蛀、保温、隔声等性能,可加工性强。主要用于建筑物的内外墙板、天花板、壁橱板等。

5)水泥木丝板

该板是以木材下脚料经机械刨切成均匀木丝,加入水泥、水玻璃,经成型、冷压、养护、干燥而成的薄型建筑平板。其性能和用途同水泥刨花板。

3. 植物纤维类板材

为了保护环境,对农作物的废弃物(如稻草、麦秸、玉米秆、甘蔗渣等)经适当处理,可制成各种板材加以利用,因而可节能利废。

1)稻草(麦秸)板

稻草(麦秸)板生产的主要原料是稻草或麦秸、板纸和脲醛树脂胶料。其生产工艺简单,生产线全长只有 80~90 m,从进料到成品只需 1 h。其生产方法就是将干燥的稻草或麦秸等热压成密实的板芯,在板芯两面及四个侧边用胶贴上一层完整的面纸,经加热固化而成。

稻草板具有质量轻、保温性能好、隔声效果强等特点;缺点是耐水性差、可燃。适用于非承重墙的内隔墙、天花板及复合外墙的内壁板。

2)稻壳板

稻壳板的主要原料是稻壳和合成树脂,经配料、混合、铺浆、热压而成的中密度平板。可用聚酯酸乙烯胶和脲醛胶粘贴,表面可涂刷清漆或用薄木贴面加以装饰。可作为内隔墙及室内各种隔断板等。

3)麻屑板

该板是以亚麻秆茎为原料,经破碎后加入合成树脂、防水剂、固化剂等经混合、铺装、热压、修边等工序而制成,具有质轻、吸声、易加工、可装饰等特点。可用于内隔墙、天花板、室内隔断、装饰板、门芯板等。

4)蔗渣板

该板是以蔗渣为原料,经加工、混合、铺装、热压成型、修边等工序而制成的平板。具有与麻屑板同样的性能和用途。

4. 复合墙板

复合墙板是由两种以上不同材料结合在一起的墙板,克服了由单一材料制成的板材因材料本身的局限性而使应用受到限制的缺点,可以根据功能的要求组合各个层次,如饰面层、保温层、结构层等,如图7-4所示。其优点是承重材料和轻质保温材料的功能都能得到合理利用。

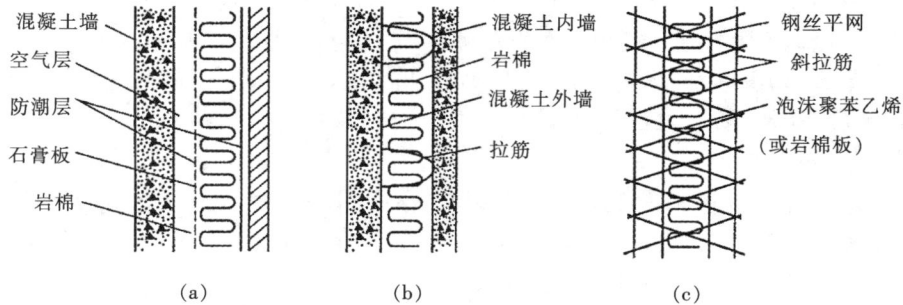

图7-4 几种复合墙板构造
(a)拼装复合墙;(b)岩棉、混凝土预制复合墙板;(c)泰柏板(GY板)

7.2 屋面材料

屋面是房屋最上层起覆盖作用的外围护构件,借以抵抗风、雨、雪的侵袭、日晒或寒气的影响。屋面材料随着建筑业的发展,已由过去的烧结类瓦材向多材质的大型水泥类瓦材和高分子复合类瓦材发展。随着大跨度建筑物的兴建,屋面承重结构也由过去的预应力钢筋混凝土大型屋面板向承重、保温、防水三合一的轻型钢板结构转移。本节主要介绍常用的瓦材和板材。

7.2.1　屋面瓦材

1. 烧结类瓦材

1）黏土瓦

黏土瓦是以黏土为主要材料,经过模压或挤出成型后焙烧而成。它按形状分平瓦和脊瓦;按颜色分红瓦和青瓦。其生产工艺过程与前面所讲普通砖相似,只是要求黏土原料含杂质少、塑性高。

平瓦有Ⅰ、Ⅱ、Ⅲ三个型号,尺寸规格分别为 400 mm×240 mm、380 mm×225 mm、360 mm×220 mm。平瓦按外观质量、尺寸偏差和物理力学性能分为优等品、一等品及合格品三个等级,单片平瓦最小抗折荷重不得小于 680 N,15 张平瓦吸水后的质量不得超过 55 kg。能经受 15 次冻融循环而不出现分层、开裂和剥落等损伤情况,抗渗性要求不得出现水滴。黏土平瓦只能用于有较大坡度的屋面,屋脊处采用断面为 120°的脊瓦,脊瓦的长度应大于或等于 300 mm,宽度应大于或等于 180 mm,分为一等品和合格品两个等级。

黏土瓦主要用于民用建筑和农村坡形屋面防水。其最大缺点是自重大、质脆、易破裂,生产和施工的生产率均不高,因此,已有许多取代产品。

2）琉璃瓦

琉璃瓦是我国陶瓷宝库中的古老珍品之一。它是用难熔黏土制坯,经干燥、上釉后焙烧而成的一种高级屋面材料。琉璃瓦表面光滑,质地坚密,色彩绚丽,造型古朴。常用的有黄、绿、黑、蓝、青、紫、翡翠等色。其品种很多,造型多样,主要有板瓦、筒瓦、滴水、勾头等,有时还制成飞禽、走兽、龙飞凤舞等形象,作为檐头和屋脊的装饰。

琉璃瓦耐久性好,但价格昂贵,自重大,一般只限于仿古建筑、纪念性建筑及园林建筑中亭、台、楼阁上使用。

2. 水泥类屋面瓦材

1）混凝土瓦

混凝土瓦是以水泥和砂为主要原料,经模压成型、养护而成。其标准尺寸有 400 mm×240 mm 和 385 mm×235 mm 两种,根据行业标准《混凝土瓦》(JC/T 746—2007)的规定,单片瓦的最小抗折荷重不得低于 800 N,其抗冻性、抗渗性均应符合规定要求。在配料中加入颜料,可制成彩色瓦。该瓦成本低、耐火,但自重大于黏土瓦,其应用范围同黏土瓦。

2）石棉水泥瓦

该瓦是以保温石棉和水泥为基本原料,经配料、打浆、成型、养护而制成的轻型建筑材料,有大波、中波、小波三种类型。该瓦具有防水、防潮、防腐、绝缘等性能。主要用于厂房、堆货棚、库房、凉棚等建筑的屋面材料,也可作为不采暖建筑骨架墙的外墙封面板。但是,石棉水泥瓦吸水后强度及冲击强度有所降低,有时产生翘曲,且因为石棉可能带有致癌物质,许多国家已开始用其他增强纤维来逐渐代替石棉。

3)钢丝网水泥大波瓦

钢丝网水泥大波瓦是由普通硅酸盐水泥和砂子,按一定配比,中间加一层低碳冷拔钢丝网加工而成。

其规格为:1700 mm×830 mm×(12 mm,14 mm),波高 68 mm、80 mm,波长 260 mm。要求瓦的初裂荷载每块 2200 N,抗渗性应满足在 100 mm 静水压力下 24 h 后瓦背无严重印水现象。该瓦适用于工厂散热车间、仓库,或者临时性的屋面及围护结构等处。

3. 高分子类复合瓦材

1)纤维增强塑料波形瓦(GRP 波形瓦)

纤维增强塑料波形瓦也称玻璃钢波形瓦,是采用玻璃纤维和不饱和聚酯树脂为原料经人工糊制而成。其尺寸为:长度 1800～3000 mm,宽度 700～800 mm,厚度 0.5～1.5 mm。该材料质量轻、强度高、耐冲击、透光率高、耐腐蚀、耐高温、制作简单,是很好的建筑材料,适用于售货亭、凉棚、遮阳、车站站台等建筑的屋面。

2)玻璃纤维沥青瓦

该瓦是以玻璃纤维薄毡为胎料,表面涂敷改性沥青而成的片状屋面瓦材。其上还可撒上各种彩色的矿物粒,形成彩色沥青瓦。该瓦质量轻,抗风化能力强,互相黏结的能力强,施工方便,适用于一般民用建筑的坡形屋面。

3)聚氯乙烯波形瓦

聚氯乙烯波形瓦也称塑料瓦楞板,是采用聚氯乙烯树脂为主体原料加入其他配合剂,经塑化、挤压或压延、压波等而制成的一种新型屋面瓦材。其长度为 2100 mm,宽度为 1100～1300 mm,厚度为 1.5～2 mm。该瓦质量轻、强度高、防水、耐化学腐蚀、色彩鲜艳、透光率高,适用于简易建筑如凉棚、果棚等的屋面。

4)木质纤维波形瓦

该瓦是以废木料制成的木纤维与适量的酚醛树脂防水剂配制后,经高温、高压成型、养护而成。该瓦成本低、弯曲强度大、不易胀缩、不易翘曲开裂,适用于活动房屋及轻结构房屋的屋面及车间、仓库、料棚等屋面。

7.2.2 屋面用轻型板材

在一些大跨度结构中,如采用钢筋混凝土大板,其自重可达 300 kg/m² 以上,且不保温,还须另设防水层。随着新型屋面材料的出现,如彩色涂层钢板、超细玻璃纤维、自熄性泡沫塑料等,使轻型保温的大跨度屋盖发展很迅速,该类材料集承重、保温、防水于一体,可直接铺于檩条之上。

1. EPS 轻型板

该板是以聚苯乙烯为芯材、0.5～0.75 mm 厚的彩色涂层钢板为表面材料,用热固化胶在连续成型机内加热、加压复合而成的超轻型建筑板材。该类板材质量轻(为混凝土屋面的 1/30～1/20),保温隔热性好,施工方便,减少湿作业,是集承重、防水、保温、装修于一体的新型屋面材料。由于彩色涂层钢板具有可塑性,因而板材可生产成平面或曲面,适合多种屋面形式。可用于体育馆、展览厅、冷库等大跨度屋面。

2. 硬质聚氨酯夹心板

该板是以硬质聚氨酯泡沫为芯材、镀锌彩色压型钢板为面层复合而成的,压型钢板厚度为 0.7~1.1 mm,彩色涂层有环氧树脂、聚丙烯酸酯、聚酯、聚氯乙烯等。这些涂层均具有极强的耐气候性和耐酸、碱、盐腐蚀能力。

该板材具有质量轻、强度高、耐腐蚀、保温、隔声效果好、色彩丰富、纹理美观、施工简便等特点,是承重、防水、保温三合一的轻型屋面板材,用于厂房、仓库、公共建筑等大跨度结构的屋面。

【本章小结】

(1)烧结砖和非烧结砖的生产工艺不同。经焙烧制成的为烧结砖,经常压蒸汽养护、硬化而成的蒸养砖为非烧结砖。

(2)烧结砖的技术性能指标应满足规定要求,欠火和过火的烧结砖属不合格产品。

(3)砌块多用工业废料和地方资源作为原材料,分硅酸盐砌块、轻骨料混凝土砌块、加气混凝土砌块、混凝土砌块,它们的技术性能指标均应满足规范要求。

(4)墙用板材分水泥类、石膏类、植物纤维类和复合墙板。它们必须满足结构、保温、隔热、隔声、防火等方面的要求。

(5)屋面材料主要有瓦材和板材。瓦材分烧结瓦、水泥类瓦、高分子类复合瓦材,它们适用于农用房、坡屋面和工业建筑等。板材主要有轻型板材、EPS 轻型板、硬质聚氨酯夹心板,它们主要用于大跨度结构中。

【技能训练题】

一、选择题(有一个或多个正确答案)

1.鉴别过火砖和欠火砖的常用方法是(　　　)。

A. 强度　　　　　　　B. 颜色及敲击声　　　C. 外形尺寸　　　　　D. 缺棱掉角情况

2.烧结普通砖的强度等级是根据(　　　)来划分的。

A. 3 块样砖的平均抗压强度　　　　　　　B. 5 块样砖的平均抗压强度

C. 8 块样砖的平均抗压强度　　　　　　　D. 10 块样砖的平均抗压强度

3.砖在砌筑之前必须浇水湿润的目的是(　　　)。

A. 提高砖的质量　　　　　　　　　　　B. 提高砂浆的强度

C. 提高砂浆的黏结力　　　　　　　　　D. 便于施工

4.下面不属于加气混凝土砌块的特点的有(　　　)。

A. 轻质　　　　　　　B. 保温隔热　　　　　C. 加工性能好　　　　D. 韧性好

二、判断题

1.烧结时窑内为氧化气氛制得青砖,窑内为还原气氛制得红砖。　　　　　　　(　　　)

2.泛霜是一种盐析现象。　　　　　　　　　　　　　　　　　　　　　　　(　　　)

3.增加加气混凝土砌块墙厚度,则该加气混凝土的导热系数减小。 （ ）

三、简答题

1.用哪些简易方法鉴别过火黏土砖和欠火黏土砖?

2.以烧结普通黏土砖为主要材料的墙体承重模式是否需要改革,为什么? 如何改革?

四、计算题

1.现有烧结普通黏土砖一批,经抽样检测其结果见下表,问该砖的强度等级是多少?(砖的受压面积为 110 mm×115 mm)

砖编号	1	2	3	4	5	6	7	8	9	10
破坏荷载/kN	254	270	225	194	242	256	189	273	228	248

2.某工程需砌筑 2 m 高、50 m 长、240 cm 厚的砖墙。试计算:

(1)需准备多少块烧结普通砖? 需准备多少立方米混合砂浆?

(2)需准备水泥多少袋? 需准备石灰膏、中砂各多少立方米?

已知:砂浆质量配合比为 1∶0.50∶6.38(水泥∶石灰膏∶砂),中砂堆积密度为 1450 kg/m³,石灰膏表观密度为 1350 kg/m³,水泥的密度为 3100 kg/m³,普通烧结砖尺寸为 240 mm×115 mm×53 mm。

第8章 建筑钢材

【学习要求】

知识点	学习要求
钢材的分类及建筑钢材的类型	了解
建筑钢材的机械性能（拉伸性能、冷弯性能、冲击韧性）；冷加工时效的原理、目的及应用	掌握
钢材的化学成分、晶体组织及与钢材性能的关系	熟悉
建筑钢材的标准及类型；建筑钢材防火、防腐的原理及方法	熟悉

钢材是以铁为主要元素，含碳量一般在 2% 以下，并含有其他元素的材料。

建筑钢材是指建筑工程中使用的各种钢材，包括钢结构用各种型材（如圆钢、角钢、工字钢、管钢）、板材，以及混凝土结构用钢筋、钢丝、钢绞线。

钢材是在严格的技术条件下生产的材料，它有如下优点：材质均匀，性能可靠，强度高，具有一定的塑性和韧性，具有承受冲击和振动荷载的能力，可焊接、铆接或螺栓连接，便于装配。其缺点是：易锈蚀，维修费用大。

钢材的这些特性决定了它是经济建设部门所需要的重要材料之一。建筑上由各种型钢组成的钢结构安全性大，自重较轻，适用于大跨和高层结构。但由于各部门都需要大量的钢材，因此钢结构的大量应用在一定程度上受到了限制。而混凝土结构尽管存在着自重大等缺点，但用钢量大为减少，同时克服了因锈蚀而维修费用高的缺点，所以钢材在混凝土结构中得到了广泛的应用。

8.1 钢材的分类

8.1.1 按冶炼方法分类

钢是由生铁冶炼而成的。钢和铁都是铁碳合金，钢的含碳量在 2% 以下，而生铁的含碳量大于 2%。另外钢中的杂质含量也少于生铁。

生铁是由铁矿石、焦炭（燃料）和石灰石（熔剂）等在高炉中经高温熔炼，从铁矿石中还原出铁而得。生铁的主要成分是铁，但含有较多的碳及硫、磷、硅、锰等杂质，使得生铁的性质硬而脆，塑性很差，抗拉强度很低，使用受到很大限制。

生铁有炼钢生铁和铸造生铁之分。炼钢生铁中铁和碳元素以 Fe_3C 化合物的形式存在，其断口为银白色，质硬而强度高，又称白口铁。铸造生铁中碳以石墨状态存在，断口呈灰色，也称灰口铁，质较软、强度低，可进行切削加工，用于铸造业。

炼钢的目的就是通过生铁在炼钢炉内的高温氧化作用，将生铁中的含碳量降至 2% 以下，使磷、硫等杂质含量降至一定范围内以显著改善其技术性能，提高质量。

1. 按炼钢设备分类

根据炼钢设备的不同，建筑钢材的冶炼方法可分为氧气转炉、平炉和电炉三种。不同的冶炼方法对钢的质量有着不同的影响。

1)氧气转炉炼钢

以熔融的铁水为原料，由转炉顶部吹入高纯度氧气，能有效地去除有害杂质，并且冶炼时间短（20~40 min），生产效率高，所以氧气转炉钢质量好，成本低，是现代炼钢的主流方法。

2)平炉炼钢

平炉是较早使用的炼钢炉种。它以熔融状或固体状生铁、铁矿石或废钢铁为原料，以煤气或重油为燃料，利用铁矿石中的氧或鼓入空气中的氧使杂质氧化。平炉的冶炼时间长，有足够的时间调整和控制其成分，去除杂质更为彻底，故炼得的钢质量高，可用于炼制优质碳素钢和合金钢等。但由于设备一次投资大，燃料热效率较低，冶炼时间较长，故其成本较高。

3)电炉炼钢

电炉炼钢是用电加热进行高温冶炼的炼钢法，其原料主要是废钢及生铁。电炉熔炼温度高，而且温度可以自由调节，清除杂质较易，因此电炉钢的质量最好，但成本也最高。主要用于冶炼优质碳素钢及特殊合金钢。电炉又分为电弧炉、感应炉和电渣炉等。

冶炼后的钢水中含有以 FeO 形式存在的氧，FeO 与碳作用生成 CO 气泡，并使某些元素产生偏析（分布不均匀），影响钢的质量。所以必须进行脱氧处理，方法是在钢水中加入锰铁、硅铁或铝等脱氧剂。由于锰、硅、铝与氧的结合能力大于氧与铁的结合能力，生成 MnO、SiO_2、Al_2O_3 等氧化物成为钢渣而被排除。

2. 按脱氧程度分类

根据脱氧程度的不同，钢可分为沸腾钢、镇静钢和半镇静钢、特殊镇静钢四种。

1)沸腾钢

炼钢时仅加入锰铁进行脱氧，则脱氧不完全。这种钢水浇入锭模时，会有大量的 CO 气体从钢水中外溢，引起钢水呈沸腾状，故称沸腾钢，代号为"F"。沸腾钢组织不够致密，成分不太均匀，硫、磷等杂质偏析较严重，故质量较差。但其成本低、产量高，故被广泛用于一般建筑工程。

2)镇静钢

炼钢时采用锰铁、硅铁和铝铁等作脱氧剂，脱氧完全，且同时能起去硫作用。

这种钢水铸锭时能平静地充满锭模并冷却凝固，故称镇静钢，代号为"Z"。镇静钢成本较高，组织致密，成分均匀，性能稳定，故质量好，适用于预应力混凝土等重要的结构工程。

3）半镇静钢

脱氧程度介于沸腾钢和镇静钢之间，为质量较好的钢，其代号为"B"。

4）特殊镇静钢

比镇静钢脱氧程度还要彻底的钢，故其质量最好，适用于特别重要的结构工程，代号为"TZ"。

8.1.2　按化学成分分类

1. 碳素钢

碳素钢的化学成分主要是铁，其次是碳，故也称铁-碳合金。其含碳量为 0.02%～2.06%。此外尚含有极少量的硅、锰和微量的硫、磷等元素。

碳素钢按含碳量又可分为低碳钢（含碳量小于 0.25%）、中碳钢（含碳量为 0.25%～0.60%）和高碳钢（含碳量大于 0.60%）三种。其中低碳钢在建筑工程中应用最多。

2. 合金钢

合金钢是指在炼钢过程中，有意识地加入一种或多种能改善钢材性能的合金元素而制得的钢种。常用合金元素有硅、锰、钛、钒、铌、铬等。按合金元素总含量的不同，合金钢可分为低合金钢（合金元素总含量小于 5%）、中合金钢（合金元素总含量为 5%～10%）和高合金钢（合金元素总含量大于 10%）。低合金钢为建筑工程中常用的主要钢种。

8.1.3　按质量等级分类

钢材按有害杂质磷、硫的含量可分为普通钢（含磷量小于或等于 0.085%、含硫量小于或等于 0.065%）、优质钢（含磷量小于或等于 0.04%、含硫量小于或等于 0.045%）、高级优质钢（含磷量小于或等于 0.035%、含硫量小于或等于 0.03%）。建筑工程主要应用的是普通质量和优质的碳素钢及低合金钢，部分热轧钢筋则是用优质合金钢轧制而成。

8.1.4　按用途不同分类

钢材按主要用途不同可分为结构钢、工具钢和特殊性能钢三大类。

（1）结构钢：又分为用作各种机器零件的钢和用作工程结构的钢。用作各种机器零件的钢包括渗碳钢、调质钢、弹簧钢及滚动轴承钢。用作工程结构的钢包括碳素钢中的甲、乙、特类钢及普通低合金钢。

（2）工具钢：用来制造各种工具的钢。根据工具用途不同又分为刃具钢、模具钢与量具钢。

（3）特殊性能钢：具有特殊物理化学性能的钢，又分为不锈钢、耐热钢、耐磨钢、磁钢等。

8.2　建筑钢材的主要技术性能

建筑钢材的主要性能包括钢材的力学性能和工艺性能，这些性能是选用钢材和检验钢材质量的主要依据。建筑钢材作为受力结构材料,不仅要求具有一定的力学性能,同时要求有一定的加工性能。

8.2.1 力学性能

力学性能又称机械性能,是钢材最重要的使用性能。建筑钢材的力学性能主要有抗拉性能、冲击韧性、耐疲劳性和硬度等。

1. 抗拉性能

拉伸是建筑钢材的主要受力形式,抗拉性能是建筑钢材最重要的技术性能。通过拉伸试验可测得的屈服点、抗拉强度和伸长率,这些均是钢材的重要技术指标。

将低碳钢(软钢)制成一定规格的试件,放在材料试验机上进行拉伸试验,可以绘出如图8-1 所示的应力-应变关系曲线。从图 8-1 中可以看出,低碳钢受拉至拉断,经历了四个阶段:弹性阶段(O—A)、屈服阶段(A—B)、强化阶段(B—C)和颈缩阶段(C—D)。

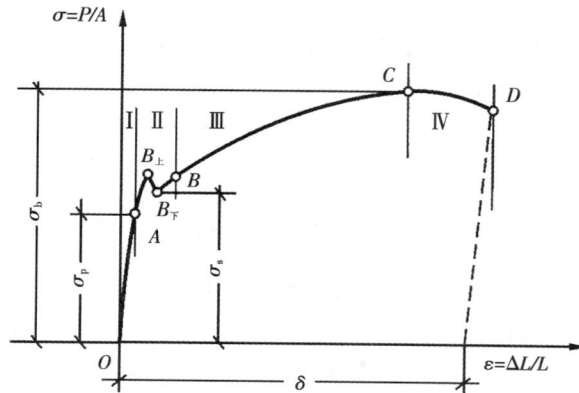

图 8-1 低碳钢受拉的应力-应变图

1)弹性阶段(O—A)

$\sigma\varepsilon$ 曲线呈直线关系,即随荷载增加,应力和应变成比例地增长。如卸去外力,试件能恢复原来的形状,这种性质即弹性,此阶段的变形为弹性变形。

弹性阶段的最高点 A 所对应的应力值称为弹性极限 σ_p。在 OA 线上应力与应变的比值为一常数,即弹性模量 $E = \sigma/\varepsilon = \tan\alpha$,单位 MPa。弹性模量反映钢材抵抗弹性变形的能力,是钢材在受力条件下计算结构变形的重要指标。建筑常用碳素结构钢 Q235 的弹性模量 $E = (2.0\sim2.1)\times10^5$ MPa。

2)屈服阶段(A—B)

应力超过 A 点后,$\sigma\varepsilon$ 曲线不再呈直线关系。即随应力增加,应变增加的速度超过了应力增加的速度,在产生弹性变形的同时也开始产生塑性变形。当达到图中的 $B_{上}$ 点时,钢材抵抗不住所加的外力,发生屈服现象。即应力在小范围内波动,而应变迅速增加,直到 B 点为止。$B_{上}$ 称为屈服上限,屈服阶段应力的最低值用 $B_{下}$ 点对应的应力表示,称为屈服强度或屈服点,用 σ_s 表示。

屈服强度在实际工作中有很重要的意义,钢材受力达到屈服强度以后,变形迅速发展,尽管尚未断裂破坏,但因变形过大已不能满足使用要求。因此,屈服强度表示钢材在工作状态允许达到的应力值,是结构设计中钢材强度取值的依据。

3)强化阶段(B—C)

在钢材屈服到一定程度后,由于内部晶格扭曲、晶粒破碎等原因,阻止了塑性变形的进一步发展,钢材抵抗外力的能力重新提高,在应力-应变图上,曲线从 B 点开始上升直至最高点 C ,这一过程称为强化阶段。

对应于最高点 C 的应力称为抗拉强度 σ_b,它是钢材所承受的最大拉应力。常用低碳钢的抗拉强度为 $375 \sim 500$ MPa。

屈服强度和抗拉强度之比(即屈强比 $= \sigma_s / \sigma_b$)能反映钢材的利用率和结构安全可靠程度。屈强比越小,钢材受力超过屈服点工作时的可靠性越大,安全性越高,但屈强比过小,又说明钢材强度的利用率偏低,造成钢材浪费。因此,需要在保证结构安全可靠性的前提下,尽可能地提高钢材的屈强比。合理的屈强比一般在 $0.60 \sim 0.75$ 范围内。

4)颈缩阶段(C—D)

过了 C 点以后,试件抵抗塑性变形的能力迅速降低,塑性变形迅速增加,试件的断面在薄弱处急剧缩小,产生颈缩现象而断裂。

将拉断后试件在断口处拼合。量出拉断后标距的长度 L_1,按式(8-1)计算钢材的伸长率 δ :

$$\delta = (L_1 - L_0)/L_0 \times 100\% \tag{8-1}$$

式中:L_0——试件的原始标距长度(mm);

L_1——断裂试件拼合后标距长度(mm)。

伸长率是衡量钢材塑性的重要指标,δ 值越大,说明钢材塑性越好。而一定的塑性变形能力,可保证应力重新分布,避免应力集中,钢材用于结构的安全性越大。伸长率有 δ_5 和 δ_{10} 之分。δ_5 表示 $L_0 = 5d_0$(d_0 为钢材直径)时的伸长率,δ_{10} 表示 $L_0 = 10d_0$ 时的伸长率。对于同一种钢材,$\delta_5 > \delta_{10}$ 。

2. 冲击韧性

冲击韧性是指钢材抵抗冲击荷载而不被破坏的能力。

影响钢材冲击韧性的因素很多,钢的化学成分、组织状态,以及冶炼、轧制质量都会影响冲击韧性。例如,钢材中磷、硫含量较高,存在偏析,非金属夹杂物和焊接中形成的微裂纹等都会使冲击韧性显著降低。

冲击韧性随温度的降低而下降,其规律是:开始下降缓和,当达到一定温度范围时(这时的温度范围称为脆性转变温度),突然下降很多而呈脆性,这种性质称为钢材的冷脆性。这个温度越低,说明钢材的低温抗冲击性能越好。所以在负温条件下使用的结构,应当选用脆性转变温度较使用温度低的钢材。

3. 耐疲劳性

钢材在交变荷载的反复作用下,往往在最大应力远小于其抗拉强度,甚至还低于屈服点的情况下突然发生破坏,这种现象称为钢材的疲劳性。疲劳破坏的危险应力用疲劳强度(或称疲劳极限)来表示,它是指疲劳试验时试件在交变应力作用下,于规定的周期基数内不发生断裂所能承受的最大应力。一般把钢材承受交变荷载 $1 \times (10^6 \sim 10^7)$ 次时不发生破坏的最大应力作为疲劳强度。设计承受反复荷载且需进行疲劳验算的结构时,应了解所用钢材的疲劳极限。

研究证明,钢材的疲劳破坏是拉应力引起的,首先在局部开始形成微细裂纹,其后由于裂纹尖端处产生应力集中而使裂纹迅速扩展直至钢材断裂。因此,钢材的内部成分的偏析、夹杂物的多少及最大应力处的表面光洁程度、加工损伤等,都是影响钢材疲劳强度的因素。疲劳破坏经常是突然发生的,因而具有很大的危险性,往往造成严重事故。

4. 硬度

硬度是指金属材料在表面局部体积内,抵抗硬物压入表面的能力,即材料表面抵抗塑性变形的能力。检测钢材硬度采用压入法,即以一定的静荷载(压力),把一定的压头压在金属表面,然后检测压痕的面积或深度来确定硬度。按压头或压力不同,有布氏法、洛氏法等,相应的硬度试验指标称布氏硬度(HB)和洛氏硬度(HR)。

各类钢材的 HB 值与抗拉强度之间有一定的相关关系。材料的强度越高,塑性变形抵抗力越强,硬度值也就越大。由试验得出,其抗拉强度与布氏硬度的经验关系式如下:

当 HB≤175 时,$\sigma_b \approx 0.36$ HB;

当 HB>175 时,$\sigma_b \approx 35$ HB。

根据这一关系,可以直接在钢结构上测出钢材的 HB 值,并估算该钢材的 σ_b。

8.2.2 工艺性能

良好的工艺性能,可以保证钢材顺利通过各种加工,而使钢材制品的质量不受影响。冷弯、冷拉、冷拔及焊接性能均是建筑钢材的重要工艺性能。

1. 冷弯性能

冷弯性能是指钢材在常温下承受弯曲变形的能力,是建筑钢材的重要工艺性能。钢材的冷弯性能指标是以试件弯曲的角度(α)和弯心直径对试件厚度(或直径)的比值(d/a)来表示的。

钢材的冷弯试验是通过厚度(或直径)为 a 的试件,采用标准规定的弯心直径 $d(d=na)$,弯曲到规定的弯曲角(180°或90°)时,试件的弯曲处不发生裂缝、裂断或起层,即认为冷弯性能合格。钢材弯曲时的弯曲角度越大,弯心直径越小,则表示其冷弯性能越好。图 8-2 为弯曲时不同弯心直径的钢材冷弯试验。

通过冷弯试验更有助于暴露钢材的某些内在缺陷。相对于伸长率而言,冷弯是对钢材塑性更严格的检验,它能揭示钢材是否存在内部组织不均匀、内应力和夹杂物等缺陷,冷弯

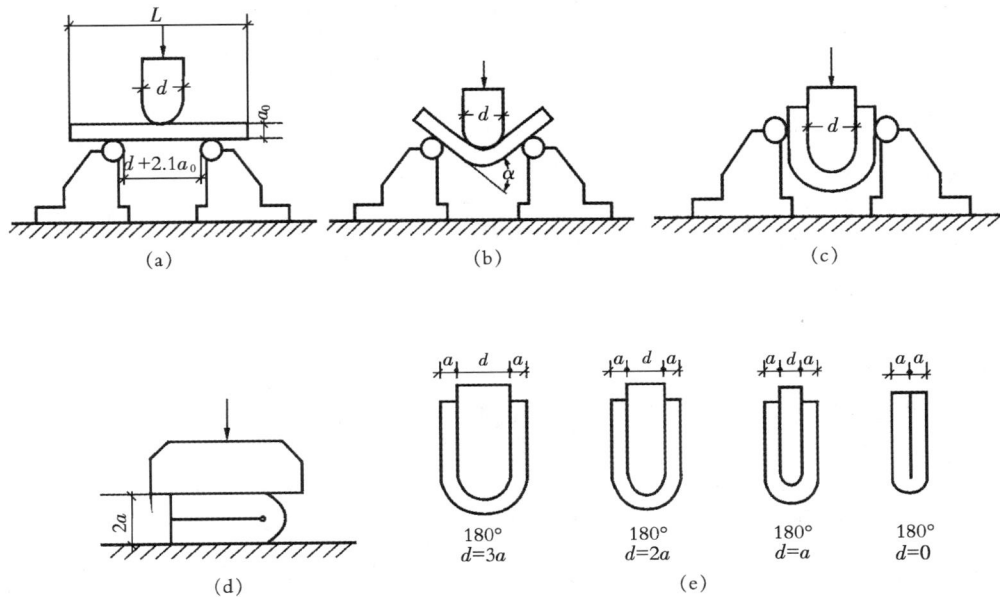

图 8-2　钢材冷弯

（a）试样安装；（b）弯曲 90°；（c）弯曲 180°；（d）弯曲至两面重合，（e）规定弯心

试验对焊接质量也是一种严格的检验，能揭示焊件在受弯表面存在未熔合、微裂纹及夹杂物等缺陷。

2. 焊接性能

在建筑工程中，各种型钢、钢板、钢筋及预埋件等需用焊接加工。钢结构有 90% 以上是焊接结构。焊接可以节约钢材，现已逐渐取代铆接，因此，可焊性也就成了重要的工艺性能之一。焊接的质量取决于焊接工艺、焊接材料及钢的焊接性能。

焊接是采用加热或加热且加压的方法使两个分离的金属件连接在一起的方法。在焊接过程中，由于高温及焊后急剧冷却，会使焊缝及其附近区域的钢材发生组织结构的变化，产生局部变形、内应力和局部变硬、变脆等，甚至在焊缝周围产生裂纹，降低了钢材质量。

钢材的可焊性是指钢材是否适应通常的焊接方法与工艺的性能。可焊性好的钢材指易于用一般焊接方法和工艺施焊，焊口处不易形成裂纹、气孔、夹渣等缺陷；焊接后钢材的力学性能，特别是强度不低于原有钢材，硬脆倾向小。

钢材的可焊性主要受化学成分及其含量的影响。含碳量小于 0.3% 的非合金钢具有良好的可焊性，含碳量超过 0.3%，焊接的硬脆倾向增加；硫含量过高会使焊接处产生热裂纹，出现热脆性；杂质含量增加，会使可焊性降低；锰、钒等化学元素也会增大焊接的硬脆倾向，降低可焊性。采用焊前预热与焊后热处理，可在一定程度上改善可焊性较差钢（高碳钢，合金钢）的焊接质量。此外，正确地选用电弧焊用的焊条，正确地操作，也是保证焊接质量的重要措施。

钢筋焊接应注意的问题是:冷拉钢筋的焊接应在冷拉之前进行;钢筋焊接之前,焊接部位应清除铁锈、熔渣、油污等;应尽量避免不同国家的进口钢筋之间或进口钢筋与国产钢筋之间的焊接。

3. 冷加工性能及时效处理

1)冷加工强化处理

将钢材在常温下进行冷加工(如冷拉、冷拔或冷轧),使之产生塑性变形,从而提高屈服强度,但钢材的塑性、韧性及弹性模量则会降低,这个过程称为冷加工强化处理。建筑工地或预制构件厂常用的方法是冷拉和冷拔。

2)时效

钢材经冷加工后,在常温下存放 15～20 d 或加热至 100～200 ℃,保持 2 h 左右,其屈服强度、抗拉强度及硬度进一步提高,而塑性及韧性继续降低,这种现象称为时效。前者称为自然时效,后者称为人工时效。

8.2.3　钢的化学成分对钢材性能的影响

冶炼后存在于钢内的合金元素(包括特意加入的元素)和杂质,对钢材性能都有显著影响。

1. 碳(C)

碳是普通碳素钢中的重要元素,通常以固溶体、化合物(Fe_3C)及机械混合物等形式存在。碳是形成钢材强度的主要成分。在含碳量小于 0.8％的碳素钢中,随着含碳量的增加,钢材的抗拉强度和硬度在增加,但塑性和韧性则降低。但含碳量大于 0.8％时(高碳钢),随着含碳量的增加,钢的抗拉强度反而下降。

2. 有益元素

1)硅(Si)

在钢冶炼过程中,为了脱氧、减少钢内气泡而加入硅铁,脱氧后多余的 Si 存留了下来。在一般碳素钢中,Si 的含量不大于 0.35％;在合金钢中,有时多加入一定量的 Si,以改善其机械性能。硅使钢的硬度、强度和耐腐蚀性提高,且对钢材的塑性、韧性、可焊性无明显影响。当 Si 含量超过 1.0％时,钢的塑性和冲击韧性显著降低,冷脆性增加,焊接性能变差。

2)锰(Mn)

在炼钢过程中,锰可形成 MnO 及 MnS,成为钢渣而排出,故 Mn 起着脱氧去硫作用,能消除钢的热脆性,改善热加工性。过剩的 Mn 固溶于钢内,形成含 Mn 的合金铁素体和合金渗碳体,能提高钢的屈服强度和抗拉强度。Mn 的有害作用是使钢的伸长率略有下降,当锰的含量较高时,还会显著降低可焊性。在普通碳素钢中 Mn 的含量在 0.8％以下,在低合金钢中 Mn 的含量在 1.4％以下。含 Mn 量高达 11％的钢,称为高锰钢,具有很高的耐磨性,可用来制造铁路道岔、坦克履带及挖掘机铲齿等构件。

3)钒（V）、铌（Nb）、钛（Ti）

它们是钢的强脱氧剂和合金元素，能改善钢的组织、细化晶粒、改善韧性，并显著提高强度。

3. 有害元素

1)磷（P）

磷能固溶于铁素体中，使钢的屈服点和抗拉强度提高，但塑性降低、韧性显著下降。磷的存在会带来钢的冷脆性，这对于承受冲击荷载或低温下使用的钢材是有害的。含磷还能使钢的冷弯性能急剧下降，可焊性变坏。故钢材对磷的含量给予严格限制，普通碳素钢中磷的含量不得超过 0.045％。但磷在钢中能提高钢材在大气作用下的耐腐蚀性，冶炼某些耐候钢时可加入较多的磷。如焊接结构耐候钢中含磷量小于或等于 0.035％，高耐候结构钢中含磷量可达 0.07％～0.15％。

2)硫（S）

硫在钢内以 FeS 形式存在于晶界上。由于 FeS 的熔点低，钢材在热加工过程中产生晶粒的分离，引起钢的断裂，即所谓热脆现象。硫的存在也降低了钢的冲击韧性、疲劳强度、可焊性和抗腐蚀性。硫为钢的有害成分，故其含量受严格控制，在普通碳素钢中最高含量不得大于 0.05‰。

3)氧（O）

氧在钢中多以氧化物形式存在，使钢材强度下降，热脆性增加，冷弯性能变坏，并使钢的热加工性能和焊接性能下降。氧也是钢中的有害杂质。

4)氮（N）

氮在钢中虽有部分溶于铁素体，可提高钢的屈服点、抗拉强度和硬度，但会使钢材的塑性和冲击韧性显著下降，也会增大冷脆性、热脆性和时效敏感性，并使钢的焊接性能和冷弯性能变坏，因此，应尽量减少钢中氮的含量。

8.3　建筑中常用的钢材

建筑工程中需要消耗大量的钢材，按用于不同的工程结构类型可分为：钢结构用钢，如各种型钢、钢板、钢管等；钢筋混凝土工程用钢，如各种钢筋和钢丝。

从材质上分主要有普通碳素结构钢和低合金结构钢，也用到优质碳素结构钢。

8.3.1　碳素结构钢

普通碳素结构钢简称碳素结构钢，化学成分主要是铁，其次是碳，故也称铁-碳合金。其含碳量为 0.02％～2.06％，此外尚含有少量的硅、锰和微量的硫、磷等元素。现行国家标准《碳素结构钢》（GB/T 700—2006）具体规定了它的牌号表示方法、技术要求、试验方法、检验规则等。

1. 碳素结构钢的牌号表示方法

碳素结构钢的牌号由代表屈服点的字母、屈服点数值、质量等级符号、脱氧程度符号四部分按顺序组成。碳素结构钢可分为 Q195、Q215、Q235 和 Q275 四个牌号。其中质量等级取决于钢内有害元素硫和磷的含量,其含量越少,钢的质量越好,其等级是随 A、B、C、D 的顺序逐级提高的。其他各符号含义见表 8-1。

表 8-1 碳素结构钢的牌号各符号含义

名称	符号	名称	符号
屈服强度	Q	半镇静钢	B
质量等级	A、B、C、D	镇静钢	Z
沸腾钢	F	特殊镇静钢	TZ

注:当为镇静钢或特殊镇静钢时,则牌号表示"Z"或"TZ"的符号可予以省略。

如 Q235—A·F,表示屈服强度为 235 MPa,质量等级为 A 级的沸腾钢;Q235—B,表示屈服强度为 235 MPa,质量等级为 B 级的镇静钢。

2. 技术要求

碳素结构钢的化学成分应符合表 8-2 的规定,力学性能应符合表 8-3、表 8-4 的规定。从表 8-3 中可见,碳素结构钢随钢号的增大,强度和硬度增大,塑性、韧性和可加工性能逐步降低;同一钢号内质量等级越高,钢的质量越好。

表 8-2 碳素结构钢的化学成分

牌号	统一数字代号	等级	厚度(直径)/mm	脱氧方法	化学成分(质量分数)/(%),不大于				
					C	Si	Mn	P	S
Q195	U11952	—	—	F、Z	0.12	0.30	0.50	0.035	0.040
Q215	U12152	A	—	F、Z	0.15	0.35	1.20	0.045	0.050
	U12155	B							0.045
Q235	U12352	A	—	F、Z	0.22	0.35	1.40	0.045	0.050
	U12355	B		F、Z	0.20				0.045
	U12358	C		Z	0.17			0.040	0.040
	U12359	D		TZ				0.035	0.035
Q275	U12752	A	—	F、Z	0.24	0.35	1.50	0.045	0.050
	U12755	B	≤40	Z	0.21			0.045	0.045
			>40		0.22				
	U12758	C		Z	0.20			0.040	0.040
	U12759	D	—	TZ				0.035	0.035

表 8-3 碳素结构钢的力学性能

牌号	等级	屈服强度 R_{eH}/(N/mm²)，≥ 钢筋厚度（直径）/mm						抗拉强度 R_m/ (N/mm²)	断后伸长率 A/(%)，≥ 钢材厚度（直径）/mm					冲击试验 （V 型缺口）	
		≤16	>16 ~40	>40 ~60	>60 ~100	>100 ~150	>150 ~200		≤40	>40 ~60	>60 ~100	>100 ~150	>150 ~200	温度 /℃	冲击功 （纵向）/J， ≥
Q195	—	195	185	—	—	—	—	315～430	33	—	—	—	—	—	—
Q215	A	215	205	195	185	175	165	335～450	31	30	29	27	26	—	—
	B													+20	27
Q235	A	235	225	215	215	195	185	370～500	26	25	24	22	21	—	—
	B													+20	27
	C													0	
	D													−20	
Q275	A	275	265	255	245	225	215	410～540	22	21	20	18	17	—	—
	B													+20	27
	C													—	
	D													−20	

表 8-4 碳素结构钢的冷弯试验

牌号	试样方向	冷弯试验180°，$B=2a$ 钢材厚度（直径）/mm	
		≤60	>60～100
		弯心直径 d	
Q195	纵	0	—
	横	0.5a	
Q215	纵	0.5a	1.5a
	横	a	2a
Q235	纵	a	2a
	横	1.5a	2.5a
Q275	纵	1.5a	2.5a
	横	2a	3a

注:1. B 为试样宽度，a 为试样厚度（或直径）。

2. 板材厚度（或直径）大于 100 mm 时，弯曲试验由双方协商确定。

3. 碳素结构钢的选用

碳素结构钢随牌号的增大,含碳量增加,其强度和硬度提高,塑性和韧性降低,冷弯性能逐渐变差。

建筑工程中常用的碳素结构钢牌号为 Q235,由于该牌号钢既具有较高的强度,又具有较好的塑性和韧性,可焊性也好,故能较好地满足一般钢结构和钢筋混凝土结构的用钢要求。相反用 Q195 和 Q215 号钢,虽塑性很好,但强度太低;而 Q275 号钢,其强度很高,但塑性较差,可焊性亦差,所以均不适用。

Q235 号钢冶炼方便,成本较低,故在建筑中应用广泛。由于塑性好,在结构中能保证在超载、冲击、焊接、温度应力等不利条件下的安全,并适于各种加工,大量被用作轧制各种型钢、钢板及钢筋。其力学性能稳定,对轧制、加热、急剧冷却时的敏感性较小。其中 Q235—A 级钢,一般仅适用于承受静荷载作用的结构,Q235—C 和 D 级钢可用于重要焊接的结构。另外,由于 Q235—D 级钢含有足够的形成细晶粒结构的元素,同时对硫、磷有害元素控制严格,故其冲击韧性很好,具有较强的抗冲击、振动荷载的能力,尤其适宜在较低温度下使用。

Q195 和 Q215 号钢常用作生产一般使用的钢钉、铆钉、螺栓及铁丝等,Q215 号钢经冷加工后可代替 Q235 号钢使用;Q275 号钢多用于生产机械零件和工具等。

8.3.2 低合金结构钢

低合金高强度结构钢是在碳素结构钢的基础上,添加少量的一种或多种合金元素(总含量小于 5%)的一种结构钢。其目的是提高钢的屈服强度、抗拉强度、耐磨性、耐蚀性与耐低温性等。因而它是综合性较为理想的建筑钢材,在大跨度、承重动荷载和冲击荷载的结构中更适用。此外,与使用碳素钢相比,可以节约钢材 20%~30%,而成本并不很高。

1. 低合金结构钢的牌号及其表示方法

根据国家标准(GB/T 1591—2018)的规定,我国低合金结构钢中,所加元素主要有锰、硅、钒、钛、铌、铬、硼及稀土元素。其牌号的表示方法由屈服点字母 Q、规定的最小上限屈服强度值、交货状态代号、质量等级四个部分组成。屈服强度值共有 355 MPa、390 MPa、420 MPa、460 MPa 四种。交货状态可分为热轧(AR 或 WAR,可忽略)、正火或正火轧制(N)和热机械轧制(TMCP)。质量等级为 B、C、D、E 和 F 五个级别。如 Q355ND 表示规定的最小上屈服强度为 355 MPa,交货状态为正火或正火轧制,质量等级为 D 级的低合金高强度结构钢。

2. 低合金结构钢的技术标准

根据国家标准《低合金高强度结构钢》(GB/T 1591—2018)的规定,表 8-5、表 8-6-1、表 8-6-2 分别列出了热轧钢材的化学成分和力学性能。

表 8-5　热轧钢材的牌号及化学成分

牌号牌号		化学成分(质量分数)/(%)												
钢级	质量等级	C^a	Si	Mn	P^c	S^c	Nb^d	V^e	Ti^e	Cr	Ni	Cu	Mo	N^f	B
		以下公称厚度或直径/mm					≤								
		≤40^b	>40												
		≤													
Q355	B	0.24		0.55	1.60	0.035	0.035	—	—	—	0.30	0.30	0.40	—	0.012	—
	C	0.2	0.22			0.030	0.030									
	D	0.2	0.22			0.025	0.025								—	
Q390	B	0.2		0.55	1.70	0.035	0.035	0.05	0.13	0.05	0.30	0.50	0.40	0.10	0.015	—
	C					0.030	0.030									
	D					0.025	0.025									
Q420^g	B	0.2		0.55	1.70	0.035	0.035	0.05	0.13	0.05	0.30	0.80	0.40	0.20	0.015	—
	C					0.030	0.030									
Q460^g	C	0.2		0.55	1.80	0.030	0.030	0.05	0.13	0.05	0.30	0.80	0.40	0.20	0.015	0.004

注：^{a}公称厚度大于 100mm 的型钢，碳含量可由供需双方协商确定。

　　^{b}公称厚度大于 30mm 的钢材，碳含量不大于 0.22%。

　　^{c}只对于型钢和棒材，其磷和硫含量上限可提高 0.005%。

　　^{d}Q390、Q420 最高可到 0.07%，Q460 最高可到 0.11%。

　　^{e}最高可到 0.2%。

　　^{f}如果钢中酸溶铝 Als 含量小于 0.015% 或全铝 Alt 含量不小于 0.020%，或添加了其他固氮合金元素，氮元素含量不做限制，固氮元素应在质量证明书中注明。

　　^{g}仅适用于型钢和棒材。

表 8-6-1　热轧钢材的拉伸性能

牌号		上屈服强度 $R_{eH}{}^a$/MPa									抗拉强度 R_m/MPa			
钢级	质量等级	公称厚度或直径/mm												
		≤16	>16~40	>40~63	>63~80	>80~100	>100~150	>150~200	>200~250	>250~400	≤100	>100~150	>150~200	>250~400
Q355	B、C	355	345	335	325	315	295	285	275	—	470~630	450~600	450~600	—
	D									265^b				450~600^b
Q390	B、C、D	390	380	360	340	340	320	—	—		490~650	470~620	—	—

续表

牌号		上屈服强度 R_{eH}^a/MPa								抗拉强度 R_m/MPa			
Q420c	B、C	420	410	390	370	370	350	—	—	—	520 ~680	500 ~650		
Q460c	C	460	450	430	410	410	390	—	—	—	550 ~720	530 ~700		

注:a 当屈服不明显时,可用规定塑性延伸强度 $R_{p0.2}$ 代替上屈服强度。
　　b 只适用于质量等级为 D 的钢板。
　　c 只适用于型钢和棒材。

表 8-6-2　热轧钢筋的伸长率

牌号		断后伸长率 A/(%),$\geqslant$					
		公称厚度或直径/mm					
钢级	质量等级	试样方向	≤40	>40~63	>63~100	>100~150	>150~250	>250~400
Q355	B、C、D	纵向	22	21	20	18	17	17a
		横向	20	19	18	18	17	17a
Q390	B、C、D	纵向	21	20	20	19	—	—
		横向	20	19	19	18		
Q420b	B、C	纵向	20	19	19	19	—	—
Q460b	C	纵向	18	17	17	17		

注:a 只适用于质量等级为 D 的钢板。
　　b 只适用于型钢和棒材。

3. 低合金结构钢的应用

低合金高强度结构钢强度高,可减轻自重,节约钢材;特别是在热处理后有较高的综合力学性能,如抗冲击性、耐腐蚀性、耐低温性好,使用寿命长;塑性、韧性和可焊性好,有利于加工和施工。主要用于轧制型钢、钢板、钢筋及钢管,在建筑工程中广泛用于钢筋混凝土结构和钢结构,特别是大跨度结构、高层结构、重型结构和桥梁工程等。

8.3.3　钢筋混凝土用钢材

钢筋混凝土用钢筋的直径通常为 8~40 mm,直径小于 8 mm 的钢筋称为钢丝。

钢筋混凝土结构用钢筋主要有热轧钢筋、冷轧带肋钢筋、冷拉热轧钢筋(简称冷拉钢筋)、预应力混凝土用热处理钢筋等。钢丝主要有不同规格的预应力混凝土用钢丝及钢绞线。

1. 热轧钢筋

钢筋按外形分为光圆钢筋和带肋钢筋。光圆钢筋的横截面为圆形,且表面光滑。带肋钢筋表面上有两条对称的纵肋和沿长度方向均匀分布的横肋。

横肋的纵横面呈月牙形且与纵肋不相交的钢筋称为月牙肋钢筋;横肋的纵横面高度相等且与纵肋相交的钢筋称为等高肋钢筋,如图 8-3 所示。

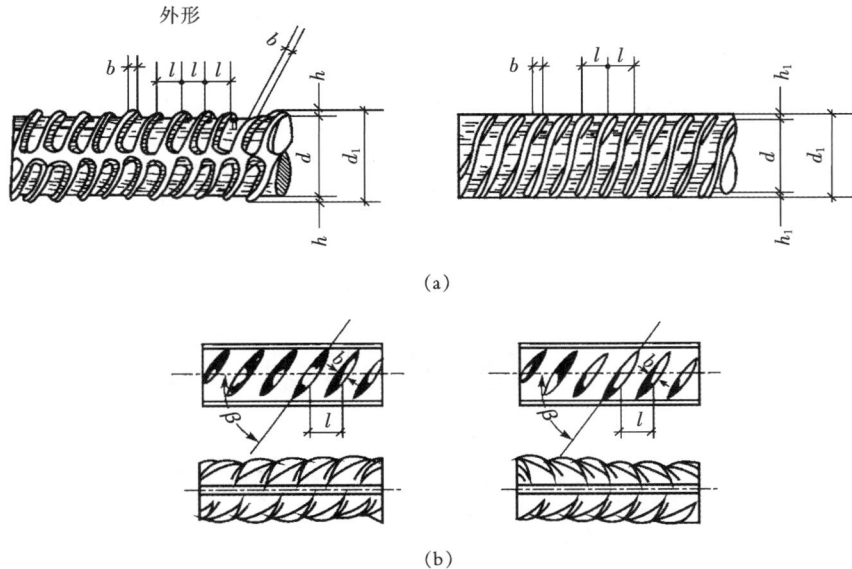

图 8-3 带肋钢筋

(a)等高肋钢筋;(b)月牙肋钢筋

1)热轧钢筋的牌号表示方法与技术要求

根据国家标准《钢筋混凝土用钢 第 1 部分:热轧光圆钢筋》(GB/T 1499.1—2017)和《钢筋混凝土用钢 第 2 部分:热轧带肋钢筋》(GB/T 1499.2—2018)的规定,热轧光圆钢筋为 HPB300(HPB 为热轧光圆钢筋的英文缩写),钢筋公称直径范围为 6～22 mm。其力学性能和工艺性能应符合表 8-7 的要求。热轧带肋钢筋分为普通热轧钢筋和细晶粒热轧钢筋两个类别,其中普通热轧钢筋分为 HRB400、HRB500、HRB600、HRB400E、HRB500E 五个牌号(其中 H 表示热轧,R 表示带肋,B 表示钢筋),细晶粒热轧钢筋分为 HRBF400、HRBF500、HRBF400E、HRBF500E 四个牌号。牌号中的数字表示热轧钢筋的屈服强度,F 表示“细”的英文首字母,E 表示“地震”的英文首字母,其力学性能和工艺性能能应符合表 8-8 的要求。

表 8-7 热轧光圆钢筋的力学性能和工艺性能

牌号	下屈服强度 R_{cL}/MPa	抗拉强度 R_m/MPa	断后伸长率 $A/(\%)$	最大力总延伸率 $A_{gt}/(\%)$	冷弯试验 180°
	$\geqslant$				
HPB300	300	420	25	10.0	$d = a$

注:d 为弯心直径,a 为钢筋公称直径。

表 8-8 热轧带肋钢筋的力学性能和工艺性能

牌号	下屈服强度 R_{eL}/MPa	抗拉强度 R_m/MPa	断后伸长率 A/(%)	最大力总延伸率 A_{gt}/(%)	$R_m°/R_{eL}°$	$R_{eL}°/R_{eL}$
			$\geqslant$			$\leqslant$
HRB400 HRBF400	400	540	16	7.5	—	—
HRB400E HRBF400E			—	9.0	1.25	1.30
HRB500 HRBF500	500	630	15	7.5	—	—
HRB500E HRBF500E			—	9.0	1.25	1.30
HRB600	600	780	14	7.5	—	—

注：$R_m°$ 为钢筋实测抗拉强度，$R_{eL}°$ 为钢筋实测下屈服强度。

2）热轧钢筋的应用

热轧光圆钢筋的强度较低，但塑性及焊接性能很好，便于各种冷加工，因而广泛用作普通钢筋混凝土构件的受力筋及各种钢筋混凝土结构的构造筋；HRB400 钢筋强度较高，塑性和焊接性能也较好，故广泛用作大、中型钢筋混凝土结构的受力钢筋；HRB500 钢筋强度高，但塑性和焊接性能较差，可用作预应力钢筋。HRB600 钢筋是一种新型建筑材料，其强度高，延性好，用于工程可以节约钢材，还可以减轻结构自重，便于施工。

2. 冷轧带肋钢筋

冷轧带肋钢筋是低碳钢热轧圆盘条经冷轧后，在其表面带有沿长度方向均匀分布的三面或两面横肋的钢筋。

1）冷轧带肋钢筋的牌号表示方法与技术要求

根据《冷轧带肋钢筋》(GB/T 13788—2017)的规定，冷轧带肋钢筋按照延性高低分为冷轧带肋钢筋(CRB)和高延性冷轧带肋钢筋(CRB＋抗拉强度特征值＋H)，钢筋分为 CRB550、CRB650、CRB800、CRB600H、CRB680H 和 CRB800H 六个牌号。

2）冷轧带肋钢筋的应用

冷轧带肋钢筋既具有冷拉钢筋强度高的特点，同时又具有很强的握裹力，混凝土对冷轧带肋钢筋的握裹力是同直径冷拔低碳钢丝的 3～6 倍，大大提高了构件的整体强度和抗震能力。CRB550、CRB600H 为普通钢筋混凝土用钢筋，CRB650、CRB800、CRB800H 为预应力混凝土用钢筋，CRB680H 既可以作为普通钢筋混凝土用钢筋，也可以作为预应力混凝土用钢筋。

3. 预应力混凝土用钢丝及钢绞线

1）预应力混凝土用钢丝

预应力混凝土用钢丝是用优质碳素结构钢热轧盘条，经淬火、回火等调质处理后，再冷拉加工制得的钢丝，简称为预应力钢丝。国家标准《预应力混凝土用钢丝》（GB/T 5223—2014）规定，按钢丝加工状态分为冷拉钢丝和消除应力钢丝两类；消除应力钢丝又分为低松弛钢丝和普通松弛钢丝。

按钢丝外形分为光圆钢丝（代号 P）、螺旋肋钢丝（代号 H）及刻痕钢丝（代号 I）三种。螺旋肋钢丝表面沿着长度方向上有规则间隔的肋条。刻痕钢丝表面沿着长度方向上有规则间隔的压痕。刻痕钢丝和螺旋肋钢丝与混凝土的黏结力好。

预应力钢丝强度高、柔性好、无接头、质量稳定、施工简便、安全可靠，主要用于大型预应力混凝土结构、压力管道、轨枕及电杆等。

2）预应力混凝土用钢绞线

预应力混凝土用钢绞线是用冷拉光圆钢丝或冷拉刻痕钢丝捻制而成的钢绞线。国家标准《预应力混凝土用钢绞线》（GB/T 5224—2014）规定，按照一根钢绞线中的钢丝数量，可以分为 2 丝钢绞线、3 丝钢绞线、7 丝钢绞线及 19 丝钢绞线。

钢绞线主要用于大型预应力混凝土结构以及山体、岩洞等岩体锚固工程等。

8.3.4 钢结构用钢材

钢结构所用钢材主要是各种型钢和钢板，连接方式有铆接、螺栓连接和焊接。型钢和钢板的成型方式有热轧和冷轧两种。钢材所用的母材主要是普通碳素结构钢及低合金高强度结构钢。

1. 型钢

1）热轧型钢

热轧型钢主要采用碳素结构钢 Q235—A，低合金高强度结构钢 Q345 和 Q390 热轧成型。

常用的热轧型钢有角钢（等边和不等边）、工字钢、槽钢、T 型钢、H 型钢、Z 型钢等。型钢由于截面形式合理，材料在截面上分布对受力最为有利，且构件间连接方便，因而是钢结构采用的主要钢材。

根据国家标准《热轧型钢》（GB/T 706—2016），等边角钢的型号用符号"∟"和边宽度值（mm）×边宽度值（mm）×边厚度值（mm）表示，如 ∟ 200×200×24（简记为 ∟ 200×24）。不等边角钢的型号用符号"∟"和长边宽度值（mm）×短边宽度值（mm）×边厚度值（mm）表示，如 ∟ 160×100×16。

碳素结构钢 Q235—A 制成的热轧型钢，强度适中，塑性和可焊性较好，冶炼容易，成本低，适用于土木工程中的各种钢结构。

低合金高强度结构钢 Q355 和 Q390 制成的热轧型钢，性能较前者好，适用于大跨度、承受动荷载的钢结构。

2)冷弯薄壁型钢

冷弯薄壁型钢通常是用2~6 mm薄钢板冷弯或模压而成,板壁都很薄,截面尺寸较小。有角钢、槽钢等开口薄壁型钢及方形、矩形等空心薄壁型钢。主要用于轻型钢结构,在梁跨较小、承受荷载不大的情况下采用比较经济,例如屋面檩条和墙梁。

冷弯薄壁型钢的表示方法与热轧型钢相同。

2. 钢板和压型钢板

用光面轧辊轧制而成的扁平钢材,以平板状态供货的称钢板,以卷状供货的称钢带。按轧制温度不同,又可分为热轧和冷轧两种。

钢板规格表示方法为:宽度×厚度×长度(mm)。

建筑用钢板及钢带的钢种主要是碳素结构钢,一些重型结构、大跨度桥梁、高压容器等也采用低合金钢钢板。

按厚度来分,热轧钢板分为厚板(厚度大于4 mm)和薄板(厚度为0.35~4 mm)两种;冷轧钢板只有薄板(厚度为0.2~4 mm)一种。厚板可用于焊接结构;薄板可用作屋面或墙面等围护结构,或者作为涂层钢板的原料,如制作压型钢板等。薄钢板经冷压或冷轧成波形、双曲形、V形等形状,称为压型钢板。制作压型钢板的板材采用有机涂层薄钢板(或称彩色钢板)、镀锌薄钢板、防腐薄钢板或其他薄钢板。

压型钢板具有单位质量轻、强度高、抗震性能好、施工快、外形美观等特点。主要用于围护结构、楼板、屋面等。

3. 钢管

钢结构中常用做热压无缝钢管和焊接钢管。钢管在相同截面积下,刚度较大,因而是中心受压构件的理想截面;流线形的表面使其承受风压小,用于高耸结构非常有利。

在建筑结构上钢管常用做桁架和制作钢管混凝土。

钢管混凝土构件承载力大大提高,且具有良好的塑性和韧性,经济效果显著,施工简单、工期短。可用于厂房柱、构架柱、地铁站台柱和高层建筑等。

无缝钢管多采用热轧、冷拔联合工艺生产,也可采用冷轧方式生产,但成本较高。热轧无缝钢管具有良好的力学性能与工艺性能,主要用于压力管道等。

焊接钢管由优质或普通碳素钢钢板卷焊而成,分为直缝电焊钢管和螺旋焊钢管。焊接钢管焊接成本低,易加工,但抗压性能较差。一般用于输送水、煤气及采暖系统的管道,也可用作建筑构件,如扶手、栏杆、施工脚手架等。

8.4 钢材的锈蚀及预防

8.4.1 钢材的锈蚀

钢材的锈蚀是指钢的表面与周围介质发生化学作用或电化学作用而遭到的破坏。锈蚀不仅使钢材截面减小,降低承载力,而且由于局部腐蚀造成应力集中,易导致结构破坏。若受到冲击荷载或反复荷载的作用,将产生锈蚀疲劳,使钢材的疲劳强度大大降低,甚至出现脆性断裂。

1. 化学锈蚀

化学锈蚀是钢与周围介质(如氧气、二氧化碳、二氧化硫和水等)直接发生化学作用,生成疏松的氧化物而引起的锈蚀。在干燥环境中化学锈蚀的速度缓慢,但在干湿交替的情况下,锈蚀速度大大加快。

2. 电化学锈蚀

电化学锈蚀是建筑钢材在存放和使用中发生锈蚀的主要形式。它是指钢材与电解质溶液接触而产生电流,形成微电池而引起的锈蚀。潮湿环境中的钢材表面会被一层电解质水膜所覆盖,而钢材含有铁、碳等多种成分,由于这些成分的电极电位不同,从而钢的表面层在电解质溶液中构成以铁素体为阳极,以渗碳体为阴极的微电池。在阳极,铁失去电子成为 Fe^{2+} 进入水膜;在阴极,溶于水膜中的氧被还原生成 OH^-,随后两者结合生成不溶于水的 $Fe(OH)_2$,并进一步氧化成为疏松易剥落的红棕色铁锈 $Fe(OH)_3$。由于铁素体基体的逐渐锈蚀,钢组织中的渗碳体等暴露出来的越来越多,于是形成的微电池数目也越来越多,钢材的锈蚀速度也就越来越快。

影响钢材锈蚀的主要因素是水、氧及介质中所含的酸、碱、盐等,同时钢材本身的组织成分对锈蚀影响也很大。埋于混凝土中的钢筋,由于普通混凝土的 pH 值为 12 左右,处于碱性环境,使之表面形成一层碱性保护膜,它有较强的阻止锈蚀继续发展的能力,故混凝土中的钢筋一般不易锈蚀。

8.4.2 锈蚀的预防

钢材的锈蚀既有内因(材质),又有外因(环境介质的作用),因此要防止或减少钢材的锈蚀可以从改变钢材本身的易腐蚀性、隔离环境中的侵蚀性介质或改变钢材表面状况三方面入手。

1. 采用耐候钢

耐候钢即耐大气腐蚀钢,是在钢中加入少量的铜、铬、镍、钼等合金元素而制成的。这种钢在大气作用下,能在表面形成保护层,起到耐腐蚀作用,同时保持钢材具有良好的焊接性能。

2. 非金属覆盖

非金属覆盖是在钢材表面用非金属材料作为保护膜,如涂敷涂料、塑料和搪瓷等,与环境介质隔离,从而起到保护作用。

涂料通常分为底漆、中间漆和面漆。底漆要求有比较好的附着力和防锈能力;中间漆为防锈漆;面漆要求有较好的牢固度和耐候性以保护底漆不受损伤或风化。一般应为两道底漆(或一道底漆和一道中间漆)与两道面漆,要求高时可增加一道中间漆或面漆。使用防锈涂料时,应注意钢构件表面的防锈以及底漆、中间漆和面漆的匹配。

常用底漆有红丹底漆、环氧富锌漆、云母氧化铁底漆、铁红环氧底漆等。中间漆有红丹防锈漆、铁红防锈漆等。面漆有灰铅漆、醇酸磁漆和酚醛磁漆等。

3. 金属覆盖

金属覆盖是用耐腐蚀性好的金属,以电镀或喷涂的方法覆盖在钢材的表面,提高钢材的耐腐蚀能力。常用方法为镀锌、镀锡、镀铜和镀铬等。

4. 钢筋混凝土用钢筋的防锈

在钢筋混凝土中的钢筋,由于水泥水化会产生大量的氢氧化钙,使混凝土的碱度较高(pH值一般为12以上),这可在钢材表面形成碱性氧化膜(钝化膜),对钢筋起保护作用。但随着碳化的进行,混凝土的pH值降低,钢筋表面的钝化膜破坏,失去对钢筋的保护作用。此外,混凝土中氯离子达到一定浓度,也会严重破坏钢筋表面的钝化膜。

为防止钢筋锈蚀,应保证混凝土的密实度及钢筋外侧混凝土保护层的厚度,在二氧化碳浓度高的工业区采用硅酸盐水泥或普通硅酸盐水泥,限制含氯盐外加剂的掺量并使用防锈剂。预应力混凝土应禁止使用含氯盐的骨料和外加剂。钢筋涂敷环氧树脂或镀锌也是一种有效的防锈措施。

8.4.3 钢材的防火

1. 钢在火炉中的表现

钢结构具有良好的力学性能,但在高温时,却会发生很大的变化。裸露的、未做表面防火处理的钢结构,耐火极限仅15 min左右。温度在200 ℃以内,可以认为钢材的性能基本不变,超过300 ℃以后,弹性模量、屈服点和极限强度均开始下降,应变急剧增大;到达600 ℃时已失去承载能力。所以,没有防火保护层的钢结构是不耐火的。

2. 钢材的防火保护

钢结构防火保护的基本原理是采用绝热或吸热材料,阻隔火焰和热量,推迟钢结构的升温速率。防火方法以包覆法为主,即以防火涂料、不燃性板材或混凝土、砂浆将钢构件包裹起来。

1)防火涂料

防火涂料按受热时的变化分为膨胀型(薄型)和非膨胀型(厚型)两种。膨胀型防火涂料层厚度一般为2～7 mm,由于其内含膨胀组分,遇火后会膨胀增厚5～10倍,形成多孔结构,从而起到良好的隔热、防火作用,根据涂层厚度可使构件的耐火极限达到0.5～1.5 h。非膨胀型防火涂料的涂层厚度一般为8～50 mm,呈粒状面,密度小,强度低,喷涂后需要用装饰面层隔护,耐火极限可达0.5～3 h。为使防火涂料牢固地包裹钢构件,可在涂层内埋设钢丝网,并使钢丝网与钢构件表面的净距离保持在6 mm左右。

2)不燃性板材

常用的不燃性板材有石膏板、硅酸钙板、蛭石岩板、珍珠岩板、矿棉板、岩棉板等,可通过黏结剂或钢钉、钢箍等固定在钢构件上。

【本章小结】

钢材是建筑工程中最重要的金属材料。在工程中应用的钢材主要是碳素结构钢和低合金高强度结构钢。钢材具有强度高,塑性及韧性好,可焊可铆,易于加工、装配等优点,已被广泛地应用于各工业领域中。在建筑工程中,钢材用来制作钢结构构件及做混凝土结构中的增强材料,已成为常用的重要的结构材料。尤其在当代迅速发展的大跨度、大荷载、高层的建筑中,钢材已是不可或缺的材料。

近年迅速发展的低合金高强度结构钢,是在碳素结构钢的基本成分中加入5%以下的合金元素的新型材料。其强度得到显著提高,同时具有良好的塑性、冲击韧性、耐蚀性、耐低温冲击等优良性能,所以在预应力钢筋混凝土结构的应用中取得良好的技术经济效果,因而是大力推广的钢种。

为了更好地利用钢材,在本章学习中,应掌握钢材的成分、组织结构、制作对技术性能的影响,了解各品种钢材的特性及其正确合理的应用方法,如何防止锈蚀,使结构物经久耐用。

钢材也是工程中耗量较大而价格昂贵的建筑材料,所以如何经济合理地利用钢材,以及设法用其他较廉价的材料来代替钢材,以节约金属材料资源,降低成本,也是非常重要的课题。

【技能训练题】

一、选择题(有一个或多个正确答案)

1. 低碳钢拉伸处于(　　)时,其应力与应变成正比。

A. 弹性阶段　　　　　B. 屈服阶段　　　　　C. 强化阶段　　　　　D. 颈缩阶段

2. 在弹性阶段,可得到钢材的(　　)这一指标。

A. 弹性模量　　　　　B. 屈服强度　　　　　C. 抗拉强度　　　　　D. 伸长率

3. 钢材的伸长率越大,表示其(　　)越好。

A. 抗压强度　　　　　B. 塑性　　　　　C. 硬度　　　　　D. 抗拉强度

4. 结构设计时,钢材的取值依据是钢材的(　　)。

A. 屈服强度　　　　　B. 抗压强度　　　　　C. 抗拉强度　　　　　D. 抗折强度

5. 钢材的屈强比越大,则结构的可靠性(　　)。

A. 越低　　　　　B. 越高　　　　　C. 不一定　　　　　D. 没有变化

6. 热轧光圆钢筋的牌号是(　　)。

A. HPB300　　　　　B. HPB335　　　　　C. HRB400　　　　　D. HRB500

二、填空题

1. 钢按冶炼时的脱氧程度划分为_____、_____、_____、_____。

2. _____和_____是衡量钢材强度的两个重要指标。

3. 低碳钢从受拉开始依次经历的四个阶段:_____、_____、_____和_____。

4. Q235—C 表示_____。

三、判断题

1. 含碳量越高,钢材的质量越好。　　　　　　　　　　　　　　　　　　　　　　　(　　)

2.伸长率 δ 是衡量钢材塑性的指标, δ 越大,钢材塑性越好。 （ ）

3.钢结构设计计算时,钢材的强度是按其抗拉强度的大小作为取值依据的。 （ ）

4.Q215AF 表示屈服强度为 215 MPa 的 A 级沸腾钢。 （ ）

5.钢材的腐蚀与材质无关,完全受环境介质的影响。 （ ）

四、简答题

1.为什么用材料的屈服点而不是其抗拉强度作为结构设计时钢材强度的取值依据?

2.普通碳素结构钢的牌号如何表示?

3.钢为什么不耐火? 钢材的防火措施有哪些?

第9章 木 材

【学习要求】

知识点	学习要求
木材的分类和构造	了解
木材的物理力学性质,特别是平衡含水率和纤维饱和点的概念及其工程意义	掌握
木材综合应用的特点和意义	了解

　　树木的躯干称为木材,它是一种天然生长的有机高分子建筑材料。木材是传统的三大建筑材料(水泥、钢材、木材)之一,它很早就被人们用在建筑的承重部位,古代木构建筑在历史上曾经创建出很多不朽的业绩,比如众所周知的北京故宫、山西应县佛宫寺的木塔和山西五台县的佛光寺大殿等至今仍保持完好,堪称一绝。由于木材各向异性、易吸湿变形、易燃易腐、生长周期长、天然瑕疵较多等原因,木材在现代建筑中更多地充当装饰材料,现主要用于装饰装修工程和家具制作中,仍然大放异彩。

　　木材轻质高强,导电导热性能低,有较好的弹性和韧性,能承受冲击和振动,加上木质较软,易于加工且具有美丽的天然纹理,有很大的应用空间。

　　为了禁止滥砍、滥伐,保持生态平衡,应该合理使用木材,特别应重视木材综合应用的环保问题。

9.1 木材的分类、构造及主要性质

9.1.1 木材的分类

　　木材的品种繁多,从其树叶外观形状可分为阔叶树和针叶树两类。

　　顾名思义,阔叶树树叶宽大,多为落叶树,常见的有水曲柳、榆木、杨木、桦木、槐木等。由于其树干通直部分较短,材质坚硬,较难加工,故又称为硬木材。阔叶树的表观密度较大,易开裂,易变形。但阔叶树纹理美观,特别适于做室内装修和家具及胶合板等。

　　针叶树树叶呈针状,多为常绿树,常见的针叶树有松木、柏木、杉木等。由于其树干通直高大,纹理平顺,材质均匀,木质较软且易于加工,故又称为软木材。针叶树的表观密度和胀缩变形较小,耐腐朽性强,强度较高,一般作为承重结构构件和门窗、地面用材及装饰用材等。

9.1.2 木材的构造

木材的构造是决定木材性能的主要因素。木材品种不同,生长环境不同,构造也有差别。下面我们来了解木材的宏观构造和微观构造。

1.宏观构造

木材的宏观构造是指用肉眼或低倍放大镜能观察到的组织。由于木材是各向异性的,在不同的方向和切面上,木材的构造和性质不同,故需从横切面(垂直于树轴的横向切面)、径切面(通过树轴的纵切面)和弦切面(平行于树轴的纵切面)三个切面来观察木材的构造,如图 9-1 所示。

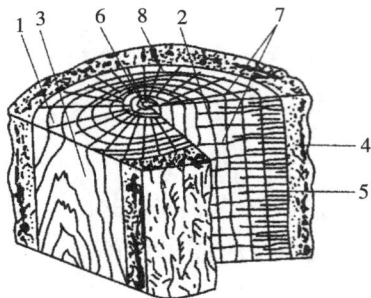

图 9-1　木材的宏观构造

1—横切面;2—径切面;3—弦切面;4—树皮;5—木质部;6—髓心;7—髓线;8—年轮

1)从横切面观察

从横切面上可以看到树木的树皮、木质部、髓心、年轮和髓线等。

(1)树皮。

树皮是木材外表面的组织,起保护树木的作用,在建筑上使用价值较小。

(2)木质部。

木质部位于树皮和髓心之间,是木材的主体,建筑用木材主要使用这一部分。在木质部中,靠近树皮的部分,色浅水分较多,称为边材;靠近髓心的部分,色深水分较少,称为心材。心材不易变形,耐久性和耐腐蚀性都比边材好,故心材利用率较大。

(3)髓心。

髓心是木材最早形成的木质部分,管状,纵贯整个树木的干和枝的中心,质地松软,强度低,易腐朽开裂,故一般在建筑中不利用。

(4)年轮。

从横切面上可以看到深浅相同的同心圆环,树木一般一年生长一圈,称为年轮。在同一年轮内,春天生长的木质,质地较软,颜色较浅,称为春材或早材;夏天、秋天生长的木质,质地密实,颜色较深,称为夏材或晚材。同一树种,年轮越密且均匀,材质越好;夏材部分越多,木材强度越高。

（5）髓线。

髓线是以髓心为中心，呈放射状的组织。髓线质地较软，与周围细胞的结合力较小，木材干燥时易沿此开裂。

年轮和髓线共同组成了木材的天然纹理。

2）从径切面观察

从径切面上可以看到细胞的长和宽及髓线的长和高，还可以看到年轮呈现平行的带状。

3）从弦切面观察

从弦切面上可以看到年轮成"V"形花纹，自然美观，在实际应用中，大多用此面来制造家具和其他装饰部位。

2. 微观构造

木材的微观构造是在显微镜下观察的木材细胞组织，可以看到木材是由无数管状细胞紧密结合而成的，它们大部分为纵向排列，少数横向排列（如髓线）。每个细胞由细胞壁和细胞腔两部分组成，细胞壁又由细纤维组成，所以木材的细胞壁越厚，细胞腔越小，组织越均匀，木材越密实，其表观密度和强度也越大，但胀缩变形也大。

阔叶树与针叶树的微观构造差别较大，阔叶树微观构造较复杂，主要由木纤维、导管和髓线组成，它的最大特点是髓线发达、粗大且明显，这是区别于针叶树的主要差别。针叶树微观构造简单而有规则，主要由管胞、髓线和树脂道组成，它的特点是髓线较细、不明显。

9.1.3　木材的物理力学性质

木材的物理力学性能主要包括密度、含水率、湿胀干缩和强度等。其中，含水率对木材的物理力学性能的影响很大。

1. 密度和表观密度

品种不同的木材密度差别不大，平均为 1.55 g/cm³，但不同木材表观密度的差别较大，且表观密度随着含水率的增加而增加。通常以含水率为 15%（标准含水率）时的表观密度为标准表观密度，其值越大，强度越高，湿胀干缩性也越大，木材表观密度平均为 0.50 g/cm³。

2. 木材的含水率

木材的含水率是指木材中所含水的质量占干燥木材质量的百分率。一般新砍伐的木材含水率在 35% 以上，风干木材含水率为 15%～25%，室内干燥木材含水率为 8%～15%。

1）木材中的水分

木材中的水分，分为自由水、吸附水和结合水三种。自由水是存在于木材细胞腔和细胞间隙中的水分；吸附水是被吸附在细胞壁内细纤维之间的水分；结合水是木材化学成分中的结合水。其中，自由水与木材的表观密度、保水性、抗腐蚀性、传导性、燃烧性等有关，吸附水则与强度和胀缩变形有关，而结合水对木材的性质无影响。

2）木材的纤维饱和点

木材含水率随着环境的湿度不同而变化。当木材晾干时，自由水先蒸发，待自由水蒸发完毕后,吸附水才蒸发;当木材吸水时,先吸收成为吸附水,达饱和后,才吸收成为自由水。当木材中无自由水,而细胞壁内吸附水达到饱和时,这时的木材含水率称为纤维饱和点。木材的纤维饱和点随着树种的不同而异,一般介于25%~35%之间,通常取其平均值,约为30%。纤维饱和点是木材物理力学性能发生变化的转折点。

3)木材的平衡含水率

木材中所含的水分是随着环境的温度和湿度的变化而改变的,当木材长时间处于一定温度和湿度的环境中时,木材中的含水量最后会达到与周围环境湿度相平衡,这时木材的含水率称为平衡含水率。平衡含水率也是一个变量,随着大气的湿度的改变而改变。木材的平衡含水率是对木材进行干燥时的重要指标。木材的平衡含水率还随其所在地区的不同而异,我国北方为12%,南方约为18%,长江流域一般为15%。

3. 湿胀干缩

木材湿胀干缩是指木材细胞壁内吸附水含量的变化会引起木材的变形,木材具有很显著的湿胀干缩性。当木材的含水率降到纤维饱和点以下时,表明木材中的水全部为吸附水,它的增加或减少能够引起体积的变化,即随着含水率的增加,体积随之膨胀。反之,体积减小。而当木材的含水率在纤维饱和点以上时,表明木材中吸附水已饱和,自由水的增减变化,不会引起体积的变化。

由此可见,纤维饱和点是木材发生湿胀干缩的转折点。

由于木材的各向异性,其各方向的收缩程度也不同。其中以弦向最大,径向次之,纵向最小。当木材干燥时,弦向干缩为6%~12%,径向干缩为3%~6%,纵向干缩为0.1%~0.35%。此外木材的湿胀干缩还与树种有关,一般木材表观密度越大、夏材含量越多,则其湿胀干缩产生的变形就越大。

湿胀干缩将严重影响木材的使用。干缩会使木材翘曲、开裂、接榫松动与拼缝不严,湿胀会使木材表面凸起变形。为了避免这些不良影响,在木材加工或使用前应预先干燥木材,使其含水率达到与将制成的木构件使用时所处环境的湿度相适应的平衡含水率。

4. 木材的强度

在建筑结构中,通常利用木材的抗压、抗拉、抗剪和抗弯等强度。木材是一种非匀质的材料,具有各向异性,故其抗压、抗拉和抗剪强度还有顺纹和横纹之分。当作用力的方向与木材纤维方向平行时,称为顺纹;当作用力的方向与木材纤维方向垂直时,称为横纹。

木材的顺纹强度比横纹强度大很多,故工程上多利用木材的顺纹强度。

当设木材的顺纹抗压强度为1个单位时,木材理论上各强度的关系见表9-1。

表 9-1　木材各种强度的关系

抗压		抗拉		抗弯	抗剪	
顺纹	横纹	顺纹	横纹		顺纹	横纹
1	1/10~1/3	2~3	1/20~1/3	3/2~2	1/7~1/3	1/2~1

由此可见,木材的强度也表现为各向异性,其顺纹抗拉强度为最大,抗弯、顺纹抗压、顺纹抗剪强度依此递减,横纹抗拉强度最小。在实际使用中往往是木材的顺纹抗压强度最高,其原因有二:木材的顺纹抗拉强度虽然最高,但因受拉杆件连接处应力较复杂,木材可能在顺纹受拉的同时,还存在横纹受剪,而这些强度远远低于顺纹抗拉强度,故在顺纹抗拉强度尚未达到极限之前,其他应力早已导致木材的破坏;另外,木材在生长过程中或多或少地会受到环境不利因素的影响而造成一些缺陷,如木节、斜纹、夹皮、虫蛀、腐朽等,而这些缺陷对木材的顺纹抗拉强度影响极为显著,从而造成实际抗拉强度反而比抗压强度低,木材的顺纹抗拉强度不能得到充分利用。

5. 影响木材强度的主要因素

1)含水率的影响

木材的强度受含水率的影响很大,其规律是:当木材的含水率在纤维饱和点以下时,随含水率降低,即吸附水减少,细胞壁趋于紧密,木材强度增大,反之,则强度减小。当木材含水率在纤维饱和点以上变化时,只是自由水变化,木材强度不改变。

木材含水率对其各种强度的影响程度是不同的。受影响最大的是顺纹抗压强度,其次是抗弯强度,对顺纹抗剪强度影响小,影响最小的是顺纹抗拉强度。

2)负荷时间

木材对长期荷载的抵抗能力与对暂时荷载的不同。木材在外力长期作用下不致引起破坏的最大强度,称为持久强度。木材的持久强度比其极限强度小得多,一般为极限强度的50%～60%。故只有当木材所受应力低于持久强度时,才可避免木材因长期负荷而破坏。这是由于木材在外力作用下产生等速蠕滑,经过长时间负荷,最后达到急剧产生大量连续变形所致。

一切木结构都处于某一种负荷的长期作用下,因此在设计木结构时,应考虑负荷时间对木材强度的影响,一般以持久强度为依据。

3)温度的影响

木材的强度随环境温度升高而降低。当温度由 25 ℃升到 50 ℃时,将因木纤维和其间的胶体软化等一些原因,针叶树抗拉强度降低 10%～15%,抗压强度降低 20%～24%。当木材长期处于 60～100 ℃温度下时,会引起水分和所含挥发物的蒸发,而呈暗褐色,强度明显下降,变形增大。温度超过 140 ℃时,木材中的纤维素发生热裂解,色渐变黑,强度显著下降。因此,长期处于高温的建筑物,不宜采用木结构。

4)疵病的影响

木材在生长、采伐、保存过程中,所产生的内部和外部的缺陷,统称为疵病。木材的疵病主要有木节、斜纹、裂纹、腐朽和虫害等。一般木材或多或少都存在一些疵病,致使木材材质不连续和不均匀,其物理力学性能也受到影响,从而使木材强度明显下降,严重的可失去使用价值。

5)表观密度的影响

木材的强度与构成木材物质的数量及构造有关,而木材表观密度是单位体积内木材物质数量的标志。一般来说,表观密度越大,强度越高。

9.2　木材的防腐、防蛀与防火

9.2.1　木材的防腐

1.木材腐朽的原因

木材的腐朽为真菌侵害所致。引起木材腐朽的真菌分为霉菌、变色菌和腐朽菌三种,前两种真菌对木材影响较小,但腐朽菌的影响很大。腐朽菌寄生在木材的细胞壁中,它能分泌出一种酵素,把细胞壁物质分解成简单的养分,供自身摄取生存,从而致使木材产生腐朽,并遭到彻底破坏。真菌在木材中生存和繁殖必须具备三个条件,即适量的水分、空气(氧气)和适宜的温度。当温度低于 5 ℃时,真菌停止繁殖,而高于 60 ℃时,真菌则死亡。

2.木材防腐措施

根据木材产生腐朽的原因,通常防止木材腐朽的措施有以下两种。

1)破坏真菌生存的条件

破坏真菌生存条件最常用的办法是,使木结构、木制品和储存的木材处于经常保持通风干燥的状态,并对木结构和木制品表面进行油漆处理,油漆涂层既使木材隔绝了空气,又隔绝了水分。

2)把木材变成有毒的物质

将化学防腐剂注入木材中,使真菌无法寄生。木材防腐剂种类很多,一般分为水溶性防腐剂、油质防腐剂和膏状防腐剂三类。水溶性防腐剂常用品种有氯化锌、氟化钠、硅氟酸钠、硼铬合剂、硼氟酚合剂、铜铬合剂、氟砷铬合剂等。水溶性防腐剂多用于室内木结构的防腐处理。油质防腐剂常用的有煤焦油、混合防腐油、强化防腐油等。油质防腐剂色深、有恶臭味,常用于室外木构件的防腐处理。膏状防腐剂由粉状防腐剂、油质防腐剂、填料和胶结料(煤沥青、水玻璃等)按一定比例混合配制而成,用于室外木材防腐处理。

注入防腐剂的方法有表面喷涂法、表面涂刷法、浸渍法、压力渗透法和冷热槽浸透法等,其中压力渗透法和冷热槽浸透法效果最佳。

9.2.2　木材的防蛀

1.木材虫蛀的原因

木材除因真菌侵蚀而腐朽外,还会遭受昆虫的蛀蚀。昆虫在树皮内或木材细胞中产卵,孵化成幼虫,幼虫蛀蚀木材,形成大大小小的虫孔,破坏木质结构的完整性而使木材强度严重降低。常见的蛀虫有蠹虫、天牛和白蚁等,其中白蚁是木材的大敌,白蚁常将木材内部蛀空,而外表依然完好。还有一些海生钻木动物,例如船蛆等,它们危及许多种木材,尤其是在暖热海域内,使木船和港口工程用的木材遭到破坏。

2. 木材防蛀措施

木材虫蛀的防护有效方法是向木材内注入化学药剂,一般来说,木材防腐剂也能防止昆虫产生的危害。

9.2.3　木材的防火

1. 木材的可燃性

木材是国家建设和人民生活中重要物质资源之一。木材属木质纤维材料,易燃烧,它是具有火灾危险性的有机可燃物。

2. 木材燃烧及燃烧机理

木材在热的作用下要发生热分解反应,随着温度升高,热分解加快。当温度高至 220 ℃以上达木材燃点时,木材燃烧放出大量可燃气体,这些可燃气体中有着大量高能量的活化基,活化基氧化燃烧后继续放出新的活化基,如此形成一种燃烧链反应,于是火焰在链状反应中得到迅速传播,使火越烧越旺,称为气相燃烧。在实际火灾中,木材燃烧温度可高达800～1300 ℃。

3. 木材防火的机理和措施

所谓木材的防火,就是将木材经过具有阻燃性能的化学物质处理后,变成难燃的材料,以达到遇小火能自熄,遇大火能延缓或阻滞燃烧蔓延的目的,从而赢得扑救的时间。根据燃烧机理,阻止和延缓木材燃烧的机理通常可有以下几种。

(1)抑制木材在高温下的热分解。实践证明,某些含磷化合物能降低木材的热稳定性,使其在较低温度下即发生分解,从而减少可燃气体的生成,抑制气相燃烧。

(2)阻滞热传递。通过实践发现,一些盐类、特别是含有结晶水的盐类,具有阻燃作用。例如含结晶水的硼化物、含水氧化铝和氢氧化镁等,遇热后则吸收热量而放出水蒸气,从而减少了热量传递。磷酸盐遇热缩聚成强酸,使木材迅速脱水炭化,而木炭的导热系数仅为木材的 1/3～1/2,从而有效地抑制了热的传递。同时,磷酸盐在高温下形成的玻璃状液体物质覆盖在木材表面,也起到了隔热层作用。

(3)稀释木材燃烧面周围空气中的氧气和热分解产生的可燃气体,增加隔氧作用。如采用含结晶水的硼化物和含水氧化铝等,遇热放出的水蒸气,能稀释氧气及可燃气体的浓度,从而抑制了木材的气相燃烧,而磷酸盐和硼化物等在高温下形成玻璃状覆盖层,则阻滞了木材的固相燃烧。

木材防火的措施可采用防火剂浸注木材和在木材表面涂刷或覆盖难燃材料的方法。

9.3　木材的综合应用

由于树木生长较缓慢,我国森林资源有限,这与工程中所需大量木材形成一个鲜明的对比,木材的综合应用就显得格外重要了。所谓木材的综合应用就是将木材加工过程中的大量边角、碎料、刨花、木屑等,经过再加工处理,制成各种人造板材,有效提高木材利用率,这对弥补木材资源严重不足有着十分重要的意义。

9.3.1 木材产品

木材按其加工程度和用途不同,常分为原条、原木、板枋材、枕木等,这也是木材的商品分类。

1.原条

原条是指去根、去梢、去皮,未经加工成固定尺寸、规格的木材,常用作脚手杆、屋架材等。

2.原木

原木是指由原条按一定尺寸加工成规定直径和长度的木材。原木可分为直接使用原木和加工用原木两种。直接使用原木用于屋架、檩、椽、木桩、电杆等,加工用原木用于锯制板、枋材及胶合板等。

3.板枋材

板枋材是指由加工用原木加工而成一定尺寸的木料。凡宽度为厚度 3 倍以上的,称为板材,不足 3 倍的为枋材。

9.3.2 人造板材

它是利用木材或含有一定量纤维的其他植物作原料,采用一般物理和化学方法加工制成的。这类板材与天然木材相比,板面宽、表面平整光洁,没有节子、虫眼和各向异性等缺点,不翘曲、不开裂,经加工处理后还具有防火、防水、防腐、防酸等性能。常用的人造板材有胶合板、胶合夹心板、纤维板、刨花板等。

1.胶合板

胶合板是用原木旋切成木片薄片,经干燥后用胶黏剂以各层纤维互相垂直的方向黏合、热压制成,构造木片层数为奇数,一般为 3～15 层。装饰中常用的是三合板、五合板。我国胶合板主要采用水曲柳、椴木、桦木、马尾松及部分进口原木。

胶合板具有以下特点:板材幅面大,易于加工;板材纵、横向强度均匀,适用性强;板面平整、收缩小,避免了木材开裂、翘曲等缺陷;板材厚度可按需要选择,木材利用率较高。

胶合板广泛用做建筑室内隔墙板、护壁板、天花板、门面板及各种家具和装修。

胶合板的缺点是稳定性差,这是其心材材料的一致性差异造成的,这使得胶合板的变形可能增大,所以,胶合板不宜用于单面性的部位,例如柜门等。

2.胶合夹心板

胶合夹心板分实心板和空心板两种,适用于家具制作、室内装修及预制装配式房屋。

3.纤维板

纤维板是将树皮、刨花、树枝等废料经破碎、浸泡、研磨成木浆,再经加压成型、干燥处理而成的板材。因成型时的温度和压力不同,纤维板分为硬质、半硬质、软质三种。

纤维板构造均匀,而且完全克服了木材的各种疵病,不易胀缩、翘曲和开裂,各个方向强度一致并有一定的吸声、绝缘效果。

4. 刨花板

刨花板是利用木材加工时产生的碎木、刨花,经干燥、拌胶,再压制而成的薄型板材。因其剖面类似蜂窝状,所以称为刨花板。按压制方法可分为挤压刨花板、平压刨花板两类。

刨花板有良好的吸声和隔声性能,可用作保温、隔声或室内装饰材料。

5. 木丝板

木丝板中常见的有水泥木丝板,它是以木材下脚料经机械刨切成均匀木丝,加入水泥、水玻璃等经成型、铺模、冷压、干燥、养护而成的一种吸声、保温、隔热材料。

水泥木丝板如木材般质轻,如水泥般坚固,具有吸声、阻燃、抗冲击、防火、防潮、防霉、环保、易施工、寿命长等多种特点,可广泛应用于体育场馆、剧场、影院、会议室、教室、工厂、学校、图书馆、游泳馆等处,在国内外有较广泛的发展空间和应用市场,并形成了不少水泥木丝板专业设备的制造厂家。

6. 大芯板

大芯板又称细工木板,它是用木板条拼接成芯条,两个表面为胶贴木质单板的实心板材。细木工板按面板材质和加工工艺质量分为三个等级,即一、二、三级,两面胶贴单板厚度不得小于 3 mm。

大芯板握螺钉力好,强度高,具有质坚、吸声、绝热等特点,而且含水率不高,在 10%～13% 之间,加工简便,适用于制作家具、门窗及套、隔断、假墙、暖气罩、窗帘盒等。但因其由多种杂木组合在一起,密度差别较大,易产生变形,含水率较高,甲醛含量较高,不能直接使用,必须做后期处理。

家庭装饰装修只能使用 E1 级的大芯板。如果产品是 E2 级的大芯板,即使是合格产品,其甲醛含量也可能要超过 E1 级大芯板 3 倍多,所以绝对不能用于家庭装饰装修。要对不能进行饰面处理的大芯板进行净化和封闭处理,特别是装修的背板、各种柜内板和暖气罩等,目前专家研究出甲醛封闭剂、甲醛封闭蜡及消除和封闭甲醛的气雾剂,在装修的同时使用效果最好。但是 E1 级大芯板如果用量过大,也可能造成室内总体甲醛含量超标,因此即使是符合标准的大芯板也并不一定就绝对对人体无害。一般 100 m² 左右的居室使用大芯板不要超过 20 张,同时还要考虑室内其他装修,如果使用过多会造成室内环境中甲醛超标。特别是不要在地板下面用大芯板做衬板,以免造成室内空气中甲醛严重超标。

根据《室内装饰装修材料　人造板及其制品中甲醛释放限量》(GB 18580—2017)的要求,大芯板的甲醛释放量见表 9-2。

表 9-2　甲醛释放量

级别标志	限量值/(mg/L)	备注
E0	≤0.5	可直接用于室内
E1	≤1.5	可直接用于室内
E2	≤5.0	必须经过饰面处理后方可允许用于室内

9.3.3 木地板

1.条木地板

条木地板由龙骨、水平支撑、装饰地板三部分组成,多选用水曲柳、柞木、榆木等材质。条木地板宽度一般不大于 120 mm,板厚为 20～30 mm。条木地板自重轻、弹性好、脚感舒适、美观大方、易于清洁,且导热系数小、冬暖夏凉,适用于办公室、会议室、体育馆、卧室等场所。

2.拼花木地板

拼花木地板多选用水曲柳、槐木、榆木等材质,经干燥处理后加工成条状小板条,铺设时,通过板条不同方向的组合,可拼出多种美丽大方的图案,常见的有清水砖墙纹、斜芦席纹、人字纹和正芦席纹等。

【本章小结】

(1)木材根据树叶外观形状可分为阔叶树和针叶树两类。

(2)木材的构造包括宏观构造和微观构造。

(3)木材的物理力学性质主要包括密度、含水率、湿胀干缩和强度等。其中,含水率对木材的物理力学性质的影响很大。

木材中自由水与木材的表观密度、保水性、抗腐蚀性、传导性、燃烧性等有关,吸附水则与强度和胀缩变形有关,而结合水对木材的性质无影响。

当木材中无自由水,而细胞壁内吸附水达到饱和时,这时的木材含水率称为纤维饱和点。纤维饱和点是木材物理力学性质发生变化的转折点。

当木材长时间处于一定温度和湿度的环境中时,木材中的含水量最后会达到与周围环境湿度相平衡,这时木材的含水率称为平衡含水率。平衡含水率也是一个变量,随着大气湿度的改变而改变。

影响木材强度的主要因素有含水率、负荷时间、温度、疵病和表观密度等。

(4)通常防止木材腐朽的措施有以下两种:破坏真菌生存的条件和把木材变成有毒的物质。

木材虫蛀的防护有效方法是向木材内注入化学药剂,一般来说,木材防腐剂也能防止昆虫产生的危害。

木材易燃烧,实际应用中应做好木材的防火处理。

(5)为了提高木材的利用率,弥补木材资源严重不足的弊端,应充分发挥木材的综合应用效益,对木材加工过程中的大量碎料和废屑进行再加工处理,制成各种人造板材。

【技能训练题】

一、判断题

1.木材细胞构造越紧密,强度越高,越坚硬,则抗腐蚀性能越好。   (   )

2.木材的强度以顺纹抗拉强度最高,所以木材最适宜作受拉杆件。 （　　）

二、简答题

1.处于水面以下和水位变化部位的木材哪一个易腐蚀,为什么?

2.为避免木材在使用过程中的变形和开裂,在加工前应采取什么措施?

第 10 章　防 水 材 料

【学习要求】

知识点	学习要求
沥青防水材料工程性能、主要类型及选用	掌握
防水卷材工程性能、主要类型及选用	掌握
防水涂料工程性能、主要类型及选用	熟悉
建筑密封材料工程性能、主要类型及选用	了解

　　建筑物的防水、防潮是极为重要的问题,解决不好则会影响建筑物的使用,甚至损害建筑物,使之不能使用。因此,本章主要学习为解决防水、防潮问题而在工程上采用的一些常用防水材料,主要是指能防止雨水、雪水、地下水等对建筑物和各种构筑物的渗透、渗漏和侵蚀的材料,如沥青防水材料、防水卷材、防水涂料、建筑密封材料。

10.1　沥青防水材料

　　沥青是一种有机的胶凝材料,是多种碳氢化合物与氧、硫、氮等非金属衍生物的混合物,在常温下呈黑色或褐色的固体、半固体或黏性液体状态。沥青能溶于二硫化碳、苯、四氯化碳等多种有机溶液中。沥青具有耐酸、耐碱、不吸水、不导电和耐腐蚀等性能,与矿物质材料有较强的黏结力。沥青主要作为防水、防潮、防腐蚀材料,用于地下和屋面防水工程,以及桥梁、水工构筑物的防潮层。因此,它已成为屋面工程、地下防水工程、防腐蚀工程及道路与桥梁等工程中不可缺少的重要材料。

10.1.1　石油沥青

　　石油沥青是石油原油经蒸馏等提炼出各种轻质油(如汽油、柴油等)及润滑油以后的残留物,再经过加工而得到的产品。建筑上主要使用建筑石油沥青经过改性后制成各种防水材料。

　　1.石油沥青的组成

　　石油沥青的组成十分复杂,含有各类有机高分子化合物和衍生物,且出现大量的有机物同分异构现象,使得很多元素分析结果相近的沥青,性质相差很大。为此,从工程角度出发,通常根据沥青成分及性质相近,并且物理力学性能有一定关系的沥青成分,划分为若干组,称为"组分",用组分来表征沥青各组成的含量多少。沥青主要组分简述如下。

1)油分

油分呈淡黄色或红褐色的透明黏性液体,含量占 45%～60%,密度为 0.7～1.0 g/cm³,能溶于大多数有机溶剂,但不溶于酒精。在 170 ℃较长时间加热,油分可以挥发,油分可使沥青具有流动性,降低稠度,便于施工。

2)树脂

树脂呈红褐色至黑褐色的黏稠状流体。熔点低于 100 ℃,含水量为 15%～30%,密度1.0～1.1 g/cm³。沥青中的树脂绝大部分属于中性,且其含量高,沥青品质就好。树脂使沥青具有良好的塑性和黏结力。

3)地沥青质

地沥青质呈深褐色至黑色的固态无定型物质,密度大于 1.0 g/cm。地沥青质是决定石油沥青温度敏感性和黏性的重要组成部分。其含量越多,则软化点越高,黏性越大,沥青也就越硬、越脆。

4)蜡

石油沥青中还有蜡,它会降低石油沥青的黏性和塑性,同时对温度特别敏感,使沥青的温度稳定性差,所以蜡是石油沥青的有害成分。

2. 石油沥青的主要技术性能

1)黏滞性(黏性)

黏滞性是指沥青在外力作用下抵抗变形的能力,它反映了沥青材料内部阻碍其相对流动的一种特性,是沥青的主要技术性能之一。各种沥青的黏滞性变化范围很大,与沥青的组分和所处温度有关。当地沥青质含量较高,有适量树脂,且油分含量少时,黏滞性较大。在一定温度范围,温度升高时,黏滞性下降,反之则升高。

工程上常用相对黏度表示黏滞性,检测方法是用针入度仪和标准黏度计。对于黏稠石油沥青的相对黏度用针入度来表示,它反映了石油沥青抵抗剪切变形的能力,针入度值越小,表明沥青的相对黏度越大。

黏稠石油沥青的针入度是在规定温度25 ℃条件下,以规定质量100 g 的标准针,经历规定时间(5 s)贯入试样中的深度。对于液体石油沥青或较稀石油沥青的相对黏度用标准黏度表示。黏度是液体沥青在一定温度(25 ℃或 60 ℃)条件下,经规定直径(3.5 mm 或 10 ram)的孔,漏下 50 mL 所需的秒数。黏度大时,表示沥青的稠度大。针入度值大,说明沥青流动性大,黏性差。针入度范围在 5～200 度之间。

按针入度可将石油沥青划分为以下几个牌号:道路石油沥青牌号有 200、180、140、100、60 等;建筑石油沥青牌号有 40、30、10 等。

2)塑性

塑性是指石油沥青在外力作用下产生变形而不破坏的能力,是沥青性能的重要指标之一。石油沥青的塑性与组分有关,当沥青中树脂含量较多,且其他组分含量适当时,塑性较大。塑性的影响因素还有所处的温度和沥青膜层的厚度等。

石油沥青的塑性用延度表示,延度越大,塑性越好。沥青的延度是把沥青试样制成"8"字形标准试模(中间最小截面积 1 cm²),在规定速度(5 cm/min)和规定温度(25 ℃)下拉断时的长度,以"cm"为单位表示。

3)温度稳定性

温度稳定性是指沥青的黏滞性和塑性随着温度升降而变化的性能。在相同的温度变化间隔里,各种沥青黏滞性和塑性变化幅度不会相同。工程要求沥青随温度变化而产生的黏滞性及塑性变化幅度应较小,即温度敏感性要小。建筑工程宜选用温度稳定性较好的沥青。

沥青的温度稳定性用软化点表示,其检测方法是将沥青试样装入规定尺寸(直径 16 mm,高 6 mm)的铜环内,试样上放置一个标准钢球(直径 9.5 mm,质量 3.5 g)浸入水或甘油中,以规定的升温速度(5 ℃/min)加热使沥青软化下垂,当下垂到规定距离 25.4 mm 时,此时的温度称为软化点,以"℃"为单位表示。

4)大气稳定性

它是指石油沥青在热、空气、阳光等外界因素的长期作用下,性能不显著变劣的性能。大气稳定性说明沥青在大气作用下抵抗老化的性能。由于沥青化学组成复杂且不稳定,在光照、氧化和加热等作用下,会发生氧化、缩合和聚合反应,使各组分逐渐转变,由分子量低的化合物转变为分子量高的化合物,因而油分和树脂逐渐减少,使石油沥青的塑性降低,脆性增加,直至发生脆裂,这个过程就是沥青的"老化"。此外,为了评价沥青的品质和保证施工安全,还要了解沥青的溶解度、闪点和燃点。

沥青的溶解度是指石油沥青在三氯乙烯、四氯化碳或苯中溶解的百分率,用以表示石油沥青中有效物质的含量,即纯净程度。

沥青的闪点是指沥青加热至发出可燃气体和空气的混合物,在规定条件下与火焰接触,初次闪火(蓝色闪光)时的沥青温度,以"℃"为单位表示。

沥青的燃点是指沥青加热产生的气体与空气的混合物与火焰接触能持续燃烧 5 s 以上时的温度为燃点,以"℃"为单位表示。

闪点和燃点的高低表明沥青引起火灾或爆炸的可能性大小,它关系到沥青的运输、储存和加热使用等方面的安全。

3. 石油沥青的技术标准

石油沥青的主要技术质量标准以针入度、延伸度、软化点等指标表示,见表 10-1。

表 10-1　石油沥青质量指标

项目	道路石油沥青					建筑石油沥青		
	200 号	180 号	140 号	100 号	60 号	10 号	30 号	40 号
针入度(25 ℃,100 g,5 s),/1/10 mm	200~300	150~200	110~150	80~110	50~80	10~25	26~35	36~50

续表

项目	道路石油沥青					建筑石油沥青		
	200 号	180 号	140 号	100 号	60 号	10 号	30 号	40 号
延伸度(25 ℃)/cm,≥	20	100	100	90	70	1.5	2.5	3.5
软化点(环球法)/℃,≥	30～48	35～48	38～51	42～55	45～58	95	75	60
溶解度/(%),≥	99					99		
蒸发后 25 ℃针入度比/(%)	报告					≥65		
闪点(开口)/℃,≥	180	200	230			260		
蒸发损失(163℃,5h)/(%),≤	1.3	1.3	1.3	1.2	1.0	1.0		

注:①报告应为实测值。
②测定蒸发缺失后样品的 25 ℃针入度与原 25 ℃针入度之比乘以 100%后所得的百分比,称为蒸发后针入度比。

4. 石油沥青的分类

通常石油沥青又分为建筑石油沥青、道路石油沥青和普通石油沥青三类。建筑上使用的石油沥青经改性后制成各种防水材料。石油沥青有多种分类方法,详见表 10-2。

表 10-2　石油沥青分类表

序号	分类	品种
1	按原油成分	石蜡基沥青、沥青基沥青和混合基沥青
2	按石油加工方法	残留沥青、蒸馏沥青、氧化沥青、裂化沥青、酸洗沥青、溶剂沥青和调配沥青
3	按常温下稠度	液体沥青、黏稠沥青(指固体、半固体沥青)
4	按工程用途	道路石油沥青、建筑石油沥青和普通石油沥青、特种沥青等

石蜡基沥青也称普通石油沥青,是由含大量烷属烃成分的石蜡基石油提炼而得的。按其含蜡量又可分为低蜡沥青(含蜡量 6%～7%)、中蜡沥青(含蜡量介于低蜡沥青与高蜡沥青之间)、高蜡沥青(含蜡量大于 20%)。这类沥青的耐热稳定性不好,易流淌,黏结性差,但抗老化性能较好。

沥青基沥青(又称无蜡沥青)含蜡分较少(小于 2%),是由沥青基石油提炼而制得的,主要成分为脂环烃和芳香烃。这类沥青含较多的脂环烃,含蜡成分少,所以,具有黏滞度高、延伸性能好等优点。

混合基沥青(又称少蜡沥青)是由蜡质含量介于石蜡基石油和沥青基石油之间的原油提炼而制得的。蜡分含量在 2%～5% 之间。

石油经过常压和减压蒸馏将其不同沸点的馏分(如汽油、煤油和柴油等)提出之后,最后残留产品,符合沥青技术质量要求的称为直馏沥青,不符合标准的即为重油(俗称渣油)。直馏沥青的温度稳定性和大气稳定性较差。

氧化沥青(又称吹制沥青)是将各种低标号沥青或渣油在 250～300 ℃ 的高温下吹入空气,通过氧化改善其技术性能而得到的产品。它与直馏沥青相比,具有较高的热稳定性、大气稳定性等。

裂化沥青是指在炼油过程中为增加出油率,对蒸馏后的重油在高温高压下进行热裂化所得到的裂化残渣。它具有硬度大、温度稳定性好、塑性好等优点,但其黏度及对大气的稳定性较直馏沥青和氧化沥青差。

溶剂沥青是指由常压和减压蒸馏得到的重油(渣油),通过采用各种溶剂(如丙烷)或混合溶剂(如丙-丁烷)等,直接或经过多段法工艺脱出的沥青,称为溶剂脱沥青,简称溶剂沥青。由于此种沥青可人为地调节沥青的化学组成比例,因此溶剂沥青又称为"人造沥青"。

调配沥青是指经过调配方法得到的沥青,是由不同稠度的直馏沥青、氧化沥青或溶剂沥青相互配合,必要时可加入某些高沸点、低稠度精制油以达到所要求的技术指标的沥青。

5.石油沥青的应用

在选用沥青材料时,应根据工程类别、当地气候条件、所处工作部位及环境温度等条件来综合考虑选用不同牌号的沥青。

道路石油沥青主要用于道路路面或车间地面等工程,一般选用黏性较大和软化点较高的石油沥青。

建筑石油沥青主要用来制造防水材料、防水涂料和沥青嵌缝膏。它们绝大部分用于屋面及地下防水、沟槽防水、防腐蚀及管道防腐等工程。

普通石油沥青由于含有较多的蜡,故温度敏感性较高,在建筑工程上不宜直接使用,可以采用吹气氧化法改善其性能。

10.1.2 煤沥青

煤沥青是由煤干馏得到的煤焦油再经蒸馏加工制成的沥青,是炼焦或生产煤气的副产品。煤沥青可分为低温煤沥青、中温煤沥青和高温煤沥青三种。煤沥青与石油沥青具有一些共同点,但由于组分不同,与石油沥青相比,煤沥青在技术性能上有下列特点。

(1)温度稳定性差,夏天易软,冬天易脆。

(2)塑性差,用于工程上常因微量变形导致破裂而失去防水功效。

(3)大气稳定性差,因其组分中含易挥发物较多,所以用在工程中老化快。

(4)煤沥青中含有酚、蒽等有毒物质,防腐性能强,尤其用于木材防腐效果最好。

(5)与矿物质材料黏结性能好,可与石油沥青掺配使用,以提高石油沥青的黏结性能。

总之,煤沥青的性能与石油沥青的性能相差较大,工程上不准将两种沥青混合使用(掺入少量煤沥青于石油沥青除外),否则易出现分层、成团、沉淀变质等现象而影响工程质量。煤沥青主要技术性质都比石油沥青差,所以建筑工程上较少使用。但它抗腐性能好,故用于地下防水层或做防腐材料等。煤沥青与石油沥青的简易鉴别方法见表 10-3。

表 10-3 煤沥青与石油沥青简易鉴别方法

鉴别方法	煤沥青	石油沥青
密度法	大于 1.10 g/cm³	密度近似于 1.0 g/cm³
锤击法	声脆,韧性差	声哑,有弹性、韧性感
燃烧法	烟呈黄色,有刺激性臭味	烟无色,基本无刺激性臭味
溶液比色法	溶解方法同右,斑点有两圈,内黑外棕	用 30~50 倍汽油或煤油溶解后,将溶液滴于滤纸上,斑点呈棕色

10.1.3 改性沥青

凡对沥青进行氧化、乳化、催化,或者掺入树脂或橡胶,使沥青的性质发生不同程度的改善而得到的沥青产品称为改性沥青。改性沥青的优良性能来源于它所添加的改性剂,这种改性剂在温度和动能的作用下不仅可以互相合并,而且还可以与沥青发生反应,从而极大地改善了沥青的力学性能,犹如在混凝土中加了钢筋。为了阻止一般改性沥青可能发生的离析现象,沥青的改性过程是在一种特殊的移动设备中完成的,让液态的包含沥青和改性剂的混合料通过布满沟槽的胶体磨,在高速旋转的胶体磨的作用下,改性剂的分子被裂解,形成了新的结构,然后被激射到磨壁上再反弹回来,均匀地混合到沥青当中,如此循环往复,不仅使沥青与改性剂得到了均化处理,而且使改性剂的分子链相互牵拉,呈网状分布,提高了混合料的强度,增强了抗疲劳能力。

工程中使用的沥青材料必须具有其特定的性能,而通常石油加工厂制备的沥青不一定能全面满足这些要求,因此常常需要对沥青进行掺配和改性。

1. 沥青的掺配

施工中,若采用一种沥青不能满足配制沥青胶所要求的软化点,可用两种或三种沥青进行掺配。掺配要注意遵循同源原则,即同属石油沥青或同属煤沥青(或煤焦油)的才可掺配。两种沥青掺配的比例可用下式估算:

$$Q_1 = \frac{T_2 - T}{T_2 - T_1} \times 100\% \tag{10-1}$$

$$Q_2 = 100\% - Q_1 \tag{10-2}$$

式中:Q_1——较软沥青用量(%);

Q_2——较硬沥青用量(%);

T——要求配置沥青的软化点(℃);

T_1——较软沥青的软化点(℃);

T_2——较硬沥青的软化点(℃)。

2. 氧化改性

氧化也称吹制,是在 250～300 ℃高温下向残留沥青或渣油吹入空气,通过氧化作用和聚合作用,使沥青分子变大,提高沥青的黏度和软化点,从而改善沥青的性能。工程使用的道路石油沥青、建筑石油沥青和普通石油沥青均为氧化沥青。

3. 矿物填充料改性

为提高沥青的黏结力和耐热性,降低沥青的温度敏感性,经常在石油沥青中加入一定数量的矿物填充料进行改性。常用的改性矿物填充料大多是粉状和纤维状的,主要有滑石粉、石灰石粉和石棉等。

4. 聚合物改性

聚合物(包括橡胶和树脂)同石油沥青具有较好的相溶性,可赋予石油沥青某些橡胶的特性,从而改善石油沥青的性能。聚合物的掺量达到一定的限度,便形成聚合物的网络结构,将沥青胶团包裹。用于沥青改性的聚合物很多,目前使用最普遍的是 SBS 改性沥青和 APP 改性沥青。

1)SBS 改性沥青

SBS 是热塑性的弹性体的简称,是丁苯橡胶的一种,具有橡胶和塑料的优点,常温下具有橡胶的弹性,高温下又能像橡胶那样熔融流动,成为可塑性材料。SBS 对沥青的改性十分明显。它在沥青内部形成一个高分子量的凝胶网络,大大提高了沥青的性能。与沥青相比,SBS 改性沥青具有以下特点:弹性好、延伸率大,延度可达 2000%;低温柔性大大改善,冷脆点降至—40 ℃;热稳定性提高,耐热度达 90～100 ℃。

SBS 改性沥青是目前应用最成功和用量最大的一种改性沥青,在国内外已得到普遍使用,主要用途是制作 SBS 改性沥青防水卷材。

2)APP 改性沥青

APP 是聚丙烯的一种,根据甲基的不同排列,聚丙烯分为无规聚丙烯、有规聚丙烯和间规聚丙烯三种。

无规聚丙烯为黄白色塑料,无明显熔点,加热到 150 ℃后才开始变软。它在 250 ℃左右熔化,并可以与石油沥青均匀混合。研究表明,改性沥青中,APP 也形成了网络结构。

APP 改性沥青与石油沥青相比,其软化点高,延度大,冷脆点降低,黏度增大,具有优异的耐热性和抗老化性,尤其适用于气温较高的地区,主要用于制造防水卷材。

10.2　防水卷材

10.2.1　高聚物改性沥青防水卷材

高聚物改性沥青防水卷材是在沥青中添加高分子聚合物进行改性,以提高防水卷材的使用性能,延长防水层的寿命。

1. 塑性体改性沥青防水卷材

它是以聚酯毡或玻纤毡为胎基,用无规聚丙烯(APP)或聚烯烷类聚合物(APAO,APO)作改性剂,两面覆以隔离材料所制成的建筑防水卷材(统称 APP 卷材)。目前生产的主要为 APP 改性沥青防水卷材。

APP 改性沥青防水卷材是塑性体沥青系列防水卷材中的典型产品,是经过多道工艺加工而成的一种中高档防水卷材。其主要特点是:抗拉强度高,延伸率大;具有良好的温度稳定性和耐热性,适应温度范围−15～130 ℃,尤其是抗紫外线的能力较强,适用于炎热地区;APP 防水卷材分子结构稳定,受高温、阳光照射后,分子结构不重新排列,抗老化性能好;APP 材料具有良好的憎水性和黏结性,可冷黏施工、热熔施工,干净,无污染。

2. 弹性体沥青防水卷材

弹性体沥青防水卷材是以聚酯毡或玻纤毡为胎基,用热塑性弹性体苯乙烯-丁二烯-苯乙烯共聚物(SBS)作改性剂,两面覆以隔离材料所制成的建筑防水卷材(简称 SBS 卷材)。

SBS 改性沥青柔性油毡是以聚酯纤维无纺布为胎体,以 SBS 橡胶改性石油沥青为浸渍涂盖层(面层),以塑料薄膜为防黏隔离层或油毡表面带有砂粒的防水卷材。它具有良好的弹性、耐疲劳、耐高温、耐低温等性能,价格较低,施工方便,可以冷作粘贴,也可热熔铺贴,具有较好的温度适应性和耐老化性能,适用于屋面及地下室的防水工程。

3. 改性沥青聚乙烯胎防水卷材

改性沥青聚乙烯胎防水卷材是以改性沥青为基料,以高密度聚乙烯膜为胎基,以聚乙烯膜或铝箔为上表面覆面材料,经滚压、水冷、成型制成的防水卷材。

聚乙烯防水卷材拉伸强度和不透水性好,耐老化,断裂伸长率高,低温柔性好,与基层的黏结力强,使用寿命为 15 年以上,属中高档防水卷材,可冷施工,无污染。该防水卷材主要用于屋面单层外露防水,也用于有保护层的屋面、地下室等防水工程。尤其适用于地下、隧道、水池、水坝等工程的防水,注意避免直接暴露在阳光下。

10.2.2　高分子防水卷材

1. 聚氯乙烯防水卷材

聚氯乙烯防水卷材是以聚氯乙烯为主要原料制成的防水卷材,包括无复合层、纤维单面复合及织物内增强的聚氯乙烯防水卷材。这类防水卷材的特点突出,优势明显。

(1)防水效果好,抗拉强度高。聚氯乙烯防水卷材的拉伸强度是氯化聚乙烯防水卷材拉伸强度的 2 倍,抗裂性能强,防水、防渗效果好。

(2)该卷材可使用 20 年,寿命长。

(3)断裂伸长率高。断裂伸长率为纸胎油毡的 300 倍,对基层伸缩和开裂变形的适应性强。

(4)耐高温、耐低温性能好。聚氯乙烯防水卷材可在−40～90 ℃使用,寒冷及炎热地区均可使用。

(5)可采用冷黏法或热风焊接法施工,施工方便、无污染。

2. 氯化聚乙烯(CPE)防水卷材

氯化聚乙烯防水卷材是以氯化聚乙烯树脂为主要原料制成的防水卷材,包括无复合层、纤维单面复合及织物内增强的氯化聚乙烯防水卷材。它具有强度高、伸长率大、弹性好、耐撕裂、耐日光、耐臭氧老化、耐寒、耐高温、耐酸碱、使用寿命长等特点。适用于屋面作单层外露防水,也适用于有保护层的屋面、地下室、水池等防水工程。

3. 氯化聚乙烯-橡胶共混防水卷材

氯化聚乙烯-橡胶共混防水卷材是以氯化聚乙烯树脂和合成橡胶为主体,加入适量的软化剂、稳定剂、促进剂、填充剂等经塑炼、混炼、压延或挤出成型、硫化、冷却、检验、分卷、包装等工序,加工而成的一种防水卷材。主要特性如下。

(1)综合防水性能好。氯化聚乙烯树脂和橡胶两种原材料经过共混改性处理后,兼有塑料和橡胶的双重性,即不但具备了氯化聚乙烯的高强度和耐老化性,而且具备了橡胶类材料的高弹性和高延伸性,提高了卷材的综合防水性能。

(2)具有良好的高温、低温性能。其使用温度在−40∼80 ℃之间,高温、低温性能良好。

(3)具有良好的黏结性和阻燃性。

(4)稳定性好,使用寿命长。

(5)采用冷黏结施工,简单方便,工效高。

4. 三元丁橡胶防水卷材

三元丁橡胶防水卷材是以废旧丁基橡胶为主,加入丁酯作改性剂、丁醇作促进剂加工制成的无胎卷材。三元丁橡胶防水卷材的弹塑性好、抗老化性好、热稳定性好,尤其是低温条件的柔性好,适用于工业与民用建筑及构筑物的防水,尤其适用于寒冷及温差变化较大地区的防水工程。

5. 高分子防水片材

高分子防水片材是以高分子材料为主体,以压延法或挤压法生产的均匀片材及高分子材料复合片材。主要特性如下。

(1)抗老化性能高,使用寿命长。如三元乙丙橡胶防水片材使用寿命长达 40 年。

(2)拉伸强度高,延伸率大。如三元乙丙橡胶防水片材的拉伸强度、断裂伸长率相当于石油沥青纸胎油毡的 300 倍,因此能够满足防水基层伸缩或局部开裂变形的需要。

(3)耐高温、低温性能好。如三元乙丙橡胶防水片材在低温−40 ℃时仍不脆裂,在高温 80 ℃时仍无裂纹。

(4)施工简单方便。高分子防水片材可以采用单层冷黏结施工,改变了传统的多层"二毡三油一砂"热施工的沥青油毡防水做法,简化了施工程序,提高了劳动效率。

10.3 防水涂料

防水涂料是一种流态或半流态物质,涂布在基层表面,经溶剂、水分挥发或各组分之间的化学反应形成有一定弹性和一定厚度的连续薄膜,使基层表面与水隔绝,起到防水、防潮作用。防水涂料按成膜物质的主要成分可以分为沥青类和合成高分子类。

10.3.1 水性沥青基防水涂料

水性沥青基防水涂料是以乳化沥青为基料,在其中掺入各种改性材料的水乳型防水涂料。常见的水性沥青基防水涂料的主要特性和应用如下。

1. 石棉乳化沥青防水涂料

石棉乳化沥青防水涂料是将熔化的沥青加到石棉与水组成的悬浮液中,经强烈搅拌后制成的厚质防水涂料。基本特性如下。

(1)可形成较厚的防水涂膜,单位面积内涂料用量大,几次涂刮后,涂层厚度可达 4～8 mm。

(2)因含有石棉纤维,涂料的耐水性、耐裂性、稳定性等比一般乳化沥青强。但石棉纤维粉尘对人体有害。

(3)对结构缝等部位需配合密封材料使用,要先用密封材料进行嵌缝处理。

(4)施工温度要适宜。气温在 15 ℃以上为宜,但过高会黏脚,影响施工,气温低于 10 ℃时,涂料成膜性差,不宜施工。

(5)冷施工,无毒、无味,可在潮湿基层上施工。

2. 膨润土乳化沥青防水涂料

膨润土乳化沥青防水涂料是以优质石油沥青为基料,膨润土为分散剂,经机械搅拌而成的水乳型厚质防水涂料。性能特点如下。

(1)防水性能好,黏结性强,耐热度高,耐久性好。

(2)冷施工,可在潮湿基层上涂布,操作简单,无污染。

3. 石灰乳化沥青防水涂料

石灰乳化沥青防水涂料是以石油沥青为基料,以石灰膏为分散剂,以石棉绒为填充料加工而成的一种灰褐色膏体厚质防水涂料。特点如下。

(1)涂层较厚,单位面积内涂料用量大。

(2)结构缝处配合密封材料使用。

(3)施工适宜温度为 5～30 ℃。

(4)原材料来源充足,成本较低。

(5)沥青未经改性,低温时易脆裂,影响防水质量。

(6)冷施工,可在潮湿基层上施工,施工简单、方便、无污染。

10.3.2 合成高分子防水涂料

合成高分子防水涂料是以合成橡胶或合成树脂为主要成膜物质,加入其他辅助材料配制而成的一种防水涂料。合成高分子防水涂料具有强度高,延伸率大,柔韧性好,耐高、低温性能好,耐紫外线和酸、碱、盐老化能力强,使用寿命长等特点。合成高分子防水涂料正逐渐成为防水涂料的主流产品。它的品种有聚氨酯防水涂料、聚氯乙烯弹性防水涂料、丙烯酸酯防水涂料、聚合物水泥涂料和有机硅防水涂料等。

合成高分子防水涂料适用于Ⅰ、Ⅱ级屋面防水设防中的一道防水或单独用于Ⅲ级屋面防水设防,也适用于地下防水工程中的Ⅰ、Ⅱ级防水设防中的一道防水或在Ⅲ级防水设防中单独使用。

10.4　建筑密封材料

建筑密封材料(又称嵌缝材料)是指能够承受位移以达到气密、水密目的而嵌入建筑接缝中的材料。密封材料具有良好的黏结性、耐老化性和温度适应性,并具有一定的强度、弹塑性,能够长期经受被黏构件的收缩与振动而不破坏。密封材料能连接和填充建筑上的各种接缝、裂缝和变形缝。

密封材料按产品形式可分为两大类:不定形密封材料(密封膏)和定形密封材料(止水带、密封圈、密封件、密封带、遇水膨胀止水条等)。

10.4.1　不定形密封材料

不定形密封材料包括:非溶剂型,如硅酮系、改性硅酮系、聚硫化物系、聚氨酯系;溶剂型,如丙烯酸系、丁基橡胶系;乳液型,如丁苯橡胶系。以上均属于弹性型。非弹性型包括油灰、油性嵌缝材料(有膜型、无膜型)。

1. 建筑防水沥青嵌缝油膏

建筑防水沥青嵌缝油膏是以石油沥青为基础,加入改性材料、稀释剂、填料等配制而成的一种黑色膏块嵌缝材料。该产品属于冷施工型嵌缝油膏。

建筑防水沥青嵌缝油膏按耐热性和低温柔性分为 702 和 801 两个标号。

油膏按材料的不同组成,分为沥青废橡胶防水嵌缝油膏和沥青桐油废橡胶防水嵌缝油膏两类。

1)沥青废橡胶防水嵌缝油膏

它是以石油沥青为基料,以废橡胶粉为主要改性材料,加入松焦油、重松节油、机械油和填充料(如石棉绒、滑石粉等)配制而成的。

特性:具有酷热不流淌、寒冬不干脆、黏结性好、延伸率大、耐性好、弹塑性强及常温下冷施工的特点。

应用:适用于预制混凝土屋面板、墙板等构件及各种轻型板材的板缝嵌填,桥梁、涵洞、地下工程等建筑的防水密闭处理。

2)沥青桐油废橡胶防水嵌缝油膏

它是以石油沥青为基料,用桐油废橡胶粉作改性材料,加机油经高温熔炼后,掺入滑石粉、石棉绒等填充材料而制成的一种嵌缝防水材料。

特性:具有酷热不流淌、寒冬不龟裂、与基层黏结性好、抗老化性强、耐久性好、延伸率大、弹塑性好,以及原材料来源广、价格低廉、可在常温下冷施工等特点。

应用:适用于各种混凝土屋面板、墙板、大板等构件及地下工程的防水密封、补漏等。

2. 聚氯乙烯建筑防水接缝材料

聚氯乙烯建筑防水接缝材料是以聚氯乙烯为基料,加入改性材料及其他助剂配制而成的一种建筑防水接缝材料(以下简称 PVC 接缝材料)。

PVC 接缝材料按施工工艺分为两种类型:J 型——用热塑法施工的产品,俗称聚氯乙烯胶泥;G 型——用热熔法施工的产品,俗称塑料油膏。按耐热性和低温柔性分为 801 和 802 两个型号:801 型号——耐热性为 80 ℃,低温柔性为－10 ℃;802 型号——耐热性为 80 ℃,低温柔性为－20 ℃。

1)聚氯乙烯胶泥

聚氯乙烯胶泥(PVC 胶泥)是以聚氯乙烯树脂和煤焦油为基料,掺入适量改性材料及其他添加剂,经热塑加工而成的一种热塑性防水接缝材料。

特性:具有良好的黏结性、弹塑性、延伸性、防水性、耐高温性、耐低温性(能在－20～80 ℃的温度范围内正常使用)、抗腐蚀和抗老化性(不与酸、碱、盐等化学介质起反应),并能适应结构的局部变形,如因振动引起的屋面板位移、伸缩、沉降等。

应用:适用于各种坡度和有各种酸(如硫酸、盐酸、硝酸等)、碱(氢氧化钠)等腐蚀性介质作用的屋面防水工程,不但可灌缝密封,还可满涂屋面,也可用于地下管道和厕浴间的密封防水。

2)塑料油膏

塑料油膏是以聚氯乙烯为基料,掺入适量改性材料及其他添加剂配制而成的一种热熔型防水接缝材料。

特性:塑料油膏具有黏结力强、酷热不流淌、严寒不硬化、弹性好、耐酸碱、抗老化,适宜热熔施工并冷用等特点。

应用:广泛应用于混凝土屋面、外墙板、楼地面等构件的接缝防水、补漏;也可作为涂料用于结构构件的防潮、防渗;还可当作黏结剂,粘贴油毡、麻布等。

3. 丙烯酸酯建筑密封膏

丙烯酸酯建筑密封膏是以丙烯酸酯乳液为基料的一种不定形密封材料(标记为 AC)。

特性:具有良好的黏结性、延伸性、施工性、耐高温性、耐低温性及抗老化性;以水为稀释剂,无溶剂污染,无毒,不燃,贮运安全、可靠;可在潮湿基层上施工,施工方便,便于机具清洗;可提供不同色彩与密封基层配色。

应用:适用于钢筋混凝土墙板、屋面板、楼板接缝处,穿楼板的管道连接处,门窗框与墙体节点处,卫生间的陶瓷器皿与墙体连接处等密封和裂缝的修补。

4. 聚氨酯建筑密封膏

聚氨酯建筑密封膏是以聚氨基甲酸聚合物为主要成分的一种双组分反应固化型的建筑密封材料(标记为 CPU)。

聚氨酯建筑密封膏按流变性分为两种类型:N 型——非下垂型;L 型——自流平型。

特性:具有弹性高、延伸率大、耐低温、耐水、耐油、耐腐蚀、耐疲劳、抗老化、使用寿命长等特点;黏结性强,能与水泥、玻璃、金属、木材、塑料等多种建筑材料黏合;固化速度快,对工期紧的工程可选此类密封材料;施工简便,安全、可靠。

应用:适用于装配建筑的屋面板、外墙板、楼板、阳台、窗框、卫生间等部位的接缝密封;混凝土建筑物变形缝的密封防水;给排水管道、贮水池、游泳池、水塔等工程的接缝和混凝土裂缝的修补。

5. 聚硫建筑密封膏

聚硫建筑密封膏是以液态聚硫橡胶为基料的一种常温硫化双组分建筑密封膏(标记为PS)。

特性:具有高弹性,可承受循环位移;具有良好的耐气候、耐燃油、耐湿热、耐水、耐低温等特点,在使用温度-40~90 ℃的范围内,具有良好的水密性和气密性;抗撕裂性强,对钢、铝等金属和混凝土、玻璃、木材等非金属均有良好的黏结力,可在常温或加温条件下固化;配方成熟,无毒,使用安全、可靠。

应用:适用于混凝土屋面板、墙板、楼板、金属幕墙、金属门窗框四周、游泳池、贮水池、上下水管道、冷藏库、地道、地下室等部位的接缝密封。

6. 硅酮建筑密封胶

硅酮建筑密封胶是以聚硅氧烷为主要成分的一种单位组分室温固化型建筑密封材料。

特性:具有优异的耐热、耐寒、抗老化、耐紫外线等性能;具有很强的黏结性能,可与铝合金、不锈钢等金属材料和水泥、玻璃、木材、陶瓷等非金属材料牢固地黏结在一起;具有良好的拉伸—压缩和膨胀—收缩的循环性能;具有良好的防潮、防水性能。

10.4.2　定形密封材料(防水嵌缝材料)

定形密封材料(防水嵌缝材料)是制成一定形状(条状、环状等),且具有水密和气密性能的一种高分子密封材料。定形防水嵌缝材料分为遇水非膨胀型和遇水膨胀型两种。它们的共同特点是:具有良好的弹性和强度,不会因构件的变形、振动、移位而发生脆裂和脱落;具有良好的防水、耐热、耐低温性能;具有良好的拉伸、压缩和膨胀、收缩及恢复性能;具有优异的水密、气密及耐久性能;定型尺寸精度应符合要求,否则影响密封性能。

1. 遇水非膨胀型定形密封材料——止水带

橡胶止水带是以天然橡胶与各种合成橡胶为主要原料,掺入各种助剂及填料,经塑化、混炼、模压成型,尺寸精细,品种规格齐全。

橡胶止水带具有良好的弹性,耐磨、耐老化和抗撕裂性能突出,适应结构变形能力强,防水性好;橡胶止水带的使用温度与使用环境对其物理性能有较大影响,在-40~40 ℃条件下有较好的耐老化性能,当作用于止水带的温度超过50 ℃,以及受强烈的氧化作用或受油类等有机溶剂腐蚀时,均不得采用。

橡胶止水带一般用于地下工程、小型水坝、贮水池、地下通道、河底隧道、游泳池等工程变形缝部位的隔离防水;用于水库及输水洞等处的闸门密封止水。

2. 遇水膨胀型定形密封材料——遇水膨胀橡胶

遇水膨胀橡胶是以水溶性聚氨酯预聚体、丙烯酸钠高分子吸水性树脂等吸水材料与天然橡胶、氯丁橡胶等合成橡胶制得的一种膨胀型防水橡胶。

10.4.3　密封材料的贮运和保管

密封材料的贮运、保管应遵循下列规定。

(1)密封材料的贮运、保管应避开火源、热源,避免日晒、雨淋,防止碰撞,保持包装完好无损。

(2)密封材料的外包装应贴有明显的标记,标明产品名称、生产厂家、生产日期和使用有效期。

(3)密封材料应分类贮放在通风、阴凉的室内,环境温度不应超过 50 ℃。

【本章小结】

本章重点学习建筑工程防水材料的种类、性能、技术特点和工程应用。本章分四个部分,沥青防水材料部分重点讲述了石油沥青的基本组成、技术性能、技术指标和工程中的选用及两种以上牌号石油沥青的选择与掺配方法;介绍了煤沥青的特性、主要用途及煤沥青与石油沥青的区别;介绍了改性沥青的定义、品种及特点。防水卷材部分介绍了沥青防水卷材的特点、技术性能、品种和应用场合;介绍了高聚物改性沥青防水卷材的特点、技术性能、品种和工程应用;介绍了合成高分子防水卷材的特点、技术性能、品种。防水涂料部分介绍了沥青类防水涂料和高聚物改性沥青防水涂料的特点,几种常用防水涂料的各自优点、技术性能。建筑密封材料部分介绍了建筑密封材料应具备的特性,几种常用建筑密封材料的组成、特点和适用场合。

【技能训练题】

一、选择题(有一个或多个正确答案)

1.当沥青中油分含量多时,沥青的(　　)。

A.针入度降低　　　B.温度稳定性差　　　C.大气稳定性差　　　D.延伸度降低

2.与沥青防水卷材相比,合成高分子防水卷材具有(　　)等优点。

A.寿命长　　　B.强度高　　　C.冷施工　　　D.污染小

二、简答题

试分析石油沥青的"老化"与组分的关系。"老化"过程中沥青性质将发生哪些变化? 对工程有何影响?

第11章　建筑装饰材料

【学习要求】

知识点	学习要求
建筑装饰材料的基本要求与选用	掌握
常用装饰材料特性及应用	掌握
绿色建筑装饰材料的概念、特征	了解

现代建筑不仅要满足人们物质生活的需要，还应作为艺术品给人们创造舒适的环境。在建筑上将依附于建筑物体表面起装饰和美化作用的材料，称为建筑装饰材料。建筑装饰的总体效果和建筑装饰功能的实现，都是通过建筑装饰材料及其室内配套产品的质感、形体、图案、功能等体现出来的。

建筑装饰材料是集材料、工艺、造型设计、美学于一体的材料，建筑装饰性的体现，很大程度上仍受到建筑装饰材料的制约，尤其受到材料的光泽、质地、质感、图案、花纹等装饰特性的影响。合理选用装饰材料，才能做到材尽其能、物尽其用，更好地表达建筑设计意图。

11.1　建筑装饰材料的基本要求与选用

11.1.1　建筑装饰材料的分类

建筑装饰材料的品种繁多，可从各种角度进行分类。如按化学成分的不同分为金属材料、非金属材料、复合材料；按建筑装饰材料的装饰部位分为外墙装饰材料、内墙装饰材料、地面装饰材料、顶棚装饰材料、吊顶与屋面装饰材料等。建筑装饰材料按化学成分分类见表11-1，建筑装饰材料按装饰部位分类见表11-2。

表 11-1　建筑装饰材料按化学成分分类

类别		常用装饰材料
金属材料	黑色金属材料	普通钢材、不锈钢、彩色不锈钢
	有色金属材料	铝及铝合金、铜及铜合金、金、银

续表

类别			常用装饰材料
非金属材料	无机材料	天然饰面石材	天然大理石、天然花岗石
		陶瓷装饰制品	釉面砖、彩釉砖、陶瓷锦砖
		玻璃装饰制品	吸热玻璃、中空玻璃、镭射玻璃、压花玻璃、彩色玻璃、空心玻璃砖、玻璃锦砖、镀膜玻璃、镜面玻璃
		石膏装饰制品	装饰石膏板、纸面石膏、嵌装式装饰石膏板、装饰石膏吸声板、石膏艺术制品
		装饰混凝土	白水泥、彩色水泥
			彩色混凝土路面砖、水泥混凝土花砖
			装饰砂浆
			矿棉、珍珠岩装饰制品
	有机材料	木材装饰制品	胶合板、纤维板、细木工板、旋切微薄木、木地板
			竹材、藤材装饰制品
		装饰织物	地毯、墙布、窗帘类材料
		塑料装饰制品	塑料壁纸、塑料地板、塑料装饰板
		装饰涂料	地面涂料、外墙涂料、内墙涂料
复合材料	有机与无机复合材料		钙塑泡沫装饰吸声板、人造大理石、人造花岗石
	金属与非金属复合材料		彩色涂层铜板

表 11-2　建筑装饰材料按装饰部位分类

类别	装饰部位	常用装饰材料
外墙装饰材料	包括外墙、阳台、台阶、雨篷等建筑物所有外露部位装饰所用材料	天然花岗石、陶瓷装饰制品、玻璃制品、外墙涂料、金属制品、装饰混凝土、装饰砂浆
内墙装饰材料	包括内墙墙面、墙裙、踢脚线、隔断、花架等内部构造所用的装饰材料	壁纸、墙布、内墙涂料、织物饰品、塑料饰面板、大理石、人造石材、内墙釉面砖、人造板材、玻璃制品、隔热吸声装饰板
地面装饰材料	指地面、楼面、楼梯等结构的全部装饰材料	地毯、地面涂料、天然石材、人造石材、陶瓷地砖、木地板、塑料地板
顶棚装饰材料	指室内及顶棚装饰材料	石膏板、矿棉装饰吸声板、珍珠岩装饰吸声板、玻璃棉、装饰吸声板、钙塑泡沫装饰吸声板、聚苯乙烯泡沫塑料装饰吸声板、纤维板、涂料

11.1.2　建筑装饰材料的功能要求及选用

1.建筑装饰材料的功能

对建筑物进行室内外装饰,目的是使建筑物的外表美观,具有一定的建筑艺术风格;创造具有各种使用功能的优雅的室内环境;有效地提高建筑物的耐久性。这些目标,多数都是通过装饰于表面的建筑装饰材料来实现的。建筑功能主要表现在以下几个方面。

建筑是一种造型艺术,其外观效果主要是通过材料的色彩及整体建筑的体型、比例、虚实对比来体现的。外墙装饰材料的质感、线型和色彩,会不同程度地影响建筑的外观效果。

1)质感

质感是材料的表面组织结构、花纹图案、颜色、光泽、透明性等给人的一种综合感觉,各种材料在人的感官中有软硬、轻重、粗犷、细腻、冷暖等感觉,相同组分的材料表面可以有不同的质感,如普通玻璃与压花玻璃、镜面花岗石与剁斧石。相同的表面处理形式往往具有相同或类似的质感,但有时也不尽相同,如人造大理石、仿木纹制品,一般均没有天然的花岗石和木材亲切、真实,虽然仿制的制品不真实,但有时也能达到以假乱真的效果。

2)材料的颜色、光泽、透明性

颜色是材料对光谱选择吸收的结果。不同的颜色给人以不同的感觉,如红色、粉红色给人一种温暖、热烈的感觉,绿色、蓝色给人一种宁静、清凉、寂静的感觉。光泽是材料表面方向性反射光线的性质,用光泽度表示。材料表面越光滑,则光泽度越高。透明性也是与光线有关的一种性质。既能透光又能透视的物体称为透明体,能透光而不能透视的物体称为半透明体,既不能透光又不能透视的物体称为不透明体。利用不同的透明度可隔断或调整光线的明暗,根据需要,形成不同的光学效果,也可使物像清晰或朦胧。

3)形状和尺寸

对于砖块、板材和卷材等装饰材料的形状和尺寸,以及表面的天然花纹、纹理及人造花纹或图案都有特定的要求和规格。利用装饰材料的形状和尺寸,并配合花纹、颜色、光泽等可拼镶出各种线型和图案,从而获得不同的装饰效果,以满足不同建筑形体和线型的需要。

4)耐沾污性、易洁性与耐擦性

材料表面抵抗污物作用并能保持其原有颜色和光泽的性质称为材料的耐沾污性。材料表面易于清洗洁净的性质称为材料的易洁性,它包括在风、雨等作用下的易洁性及在人工清洗作用下的易洁性。良好的耐沾污性和易洁性是建筑装饰材料经久常新、长期保持其装饰效果的重要保证。用于地面、台面、外墙及卫生间、厨房等的装饰材料需考虑材料的耐沾污性和易洁性。材料的耐擦性实质是材料的耐磨性,分为干擦(称耐干擦性)和湿擦(称耐洗刷性)。耐擦性越高,则材料的使用寿命越长。

2.建筑装饰材料的选用

建筑装饰材料的种类很多,性能和特点各异,用途也不尽相同。选用装饰材料需要考虑以下几方面内容。

1）要考虑所装饰建筑的类型和档次

公共建筑与民用住宅所用的装饰材料有所不同。住宅是满足人们生活需求的主要场所，除了工作时间，人的大部分时间是在住宅里度过的。因此，住宅的室内装饰，应围绕着为人提供一个舒适的环境而进行。办公室、教室、图书馆、高级宾馆和大型商场等其他建筑，根据建筑等级及装饰的耐久性选择不同档次的材料。

2）要考虑装饰效果

材料的质感、线型、尺度和纹理在人们心理和视觉上产生的装饰效果是非常明显的，从而赋予材料以生命。就纹理而言，要充分利用材料本身固有的天然纹样、图样及底色，或者利用人工仿制天然材料的各种纹路与图样，以求在装饰中获得朴素、淡雅、高贵、凝重的装饰气氛；就尺度而言，材料的大小尺寸应符合一定比例。

3）要考虑装饰部位的使用环境和施工功能

如浴室、厨房的水汽、油烟较大，其墙面可选用表面光滑的内墙釉面砖贴面，以便清洗。塑料壁纸是广泛用于室内墙面的装饰材料，但因不透气，较少用于住宅的内墙面。居室墙面选择用织物制作的壁纸比较合适。南方住宅的客厅常用陶瓷地砖铺设，清洁、美观、凉爽；北方寒冷地区宜选用有一定隔热、保温性能的木地板。在有水的地面还应考虑防滑。在人流集中的商店、候车厅的地面，应选择耐磨性能好的彩色水磨石和陶瓷地砖或花岗石贴面。

4）要考虑装饰材料的经济性

装饰材料经济指标，主要是用来估算装饰工程的造价及费用开支，可从以下三方面考虑。

（1）参考价格。可从生产厂家的产品介绍及有关手册上了解其价格。

（2）市场价格。

（3）施工附加费。

装饰材料的价格直接关系到建筑装饰造价问题。所以，选择材料必须考虑装饰工程一次投资和日后的维护费用。随着人们生活水平的提高，适当加大一次性投资，延长材料的使用年限，保证装饰工程的经济性更符合多数人的心理。

11.2 常用装饰材料

11.2.1 石材

具有一定物理、化学性能，可用作建筑材料的岩石称为建筑石材。具有装饰性能的建筑石材，加工后可供建筑装饰用的称装饰石材。装饰石材分天然装饰石材和人造装饰石材。天然装饰石材不仅具有较高的强度、硬度、耐磨性、耐久性等性能，而且经过表面加工处理后可获得优良的装饰性。天然装饰石材来源广泛，是人类自古以来广泛采用的建筑装饰材料，也是目前公认最优良的建筑装饰材料。人造装饰石材是一种人工合成的新型装饰材料，无论在材料加工生产、使用方面，还是在装饰效果、性能价格方面，都显示出极大的优越性，成为一种具有良好发展前途的装饰材料。

1. 石材的性质

1)石材的物理力学性质

(1)表观密度。

花岗石、大理石均是较致密的天然石材,其表观密度接近其密度,为 2500～3100 kg/m³;孔隙率较大的石材,如火山凝灰岩、浮石等。天然石材按表观密度的大小分为重石和轻石两类。表观密度大于 1800 kg/m³ 的为重石,主要用于建筑的基础、贴面、地面、路面、房屋外墙、挡土墙等;表观密度小于 1800 kg/m³ 的为轻石,主要用作墙体材料,如采暖房屋外墙等。

(2)抗压强度。

天然岩石采用边长 70 mm 的正方体试件,用标准试验方法测得的抗压强度值作为评定石材强度等级标准。根据国家标准《砌体结构设计规范》(GB 50003—2011)的规定,天然石材的强度分为 MU100、MU80、MU60、MU50、MU40、MU30、MU20 七个等级。

(3)吸水性和耐水性。

石材吸水性的大小与石材的化学成分、孔隙率大小、孔隙特征等因素有关。石材吸水后,降低了矿物的黏结力,导致石材的结构强度降低。石材的耐水性用软化系数 K 表示。K 大于 0.90 的石材为高耐水性石材,K 为 0.70～0.90 的石材为中耐水性石材,K 为 0.60～0.70 的石材为低耐水性石材。一般 K 小于 0.80 的石材,不允许用在重要建筑中。

(4)抗冻性。

石材的抗冻性用冻融循环次数表示,石材在吸水饱和状态下,经规定的冻融循环次数后,若无贯穿裂缝且质量损失不超过 5%,强度降低不大于 25%,则认为抗冻性合格。

(5)耐磨性。

耐磨性是指石材在使用条件下抵抗摩擦、边缘剪切及冲击等综合外力作用的能力。耐磨性以单位面积磨耗量表示,对经常遭受磨损的部位如道路、地面、踏步等,均应选用耐磨性好的石材。

2)石材的装饰性

装饰石材的主要目的是美化建筑物的外貌,石材的装饰性与其结构、纹理、颜色和表面形态四个方面的因素有关。石材的结构是指在岩石形成过程中,构成石材的不同矿物质的特殊结晶状态。纹理是指晶向排列的形态,它不仅决定石材的外部形态,同时影响石材的各向异性和各向同性等性能。颜色和表面形态应根据装饰的质感、色彩等要求来选择。此外,饰面石材尺寸的选择也非常重要。从美学、直观和视觉效果看,在装饰面几何图形对称、美观的前提下,单体板材的面积偏大好看。但是单体面积增大,必须会增加板材厚度,造成板材自重和造价增加,所以合理选择尺寸非常重要。

3)石材的耐久性

用于室外的饰面石材,要有良好的稳定性和抗风化、抗老化性能,以便使建筑物得到长期持久的保护。花岗石以其优良物理性能成为室外装饰石材的最佳选择;结晶好、结构致密的大理石也可用于室外装饰,但像化石碎屑岩、角砾岩等结构不均匀的大理石,很容易受到水或含硫气体的腐蚀,不宜用于室外。对抗冻性过于敏感的石材也不能用于室外。

4）石材的放射性

石材的放射性是应引起关注的问题。石材产品的放射性来源于地壳岩石中所含的天然放射性核素。自然界的岩石中广泛存在的天然放射性核素主要有铀系、钍系的衰变产物和钾-40等。这些放射性核素在衰变过程中将生成天然放射性气体氡。人如果长期生活在氡浓度过高的环境中，氡经过人的呼吸道沉积在肺部，并大量放出射线，会危害人体健康。

放射性核素在不同种类的岩石中的含量有很大差异，大多数天然石材中所含放射性物质的剂量很小，一般不会危及人体健康。但有部分花岗石产品放射性物质指标超标，在长期使用过程中会对环境造成污染，因此必须加以控制。国家标准《建筑材料放射性核素限量》（GB 6566—2010）中，按放射性比活度把建筑装饰石材分为 A、B、C 三类：A 类石材适用范围不受限制；B 类石材不可用于Ⅰ类民用建筑的内饰面，但可用于Ⅰ类民用建筑的外饰面及其他建筑物的内、外饰面；C 类石材只可用于建筑物的外饰面。

2. 建筑装饰天然石材

1）天然大理石

石材行业通常将具有与大理石相似性能的各类碳酸盐岩或镁质碳酸盐岩，以及有关的变质岩统称为大理石，并非单指大理石。大理石是石灰岩、方解石、白云岩、蛇纹岩等在高温、高压作用下变质而成的变质岩。其主要成分为碳酸钙（$CaCO_3$ 占 50％左右），酸性氧化物 SiO_2 很少，属碱性的结晶岩石。

（1）天然大理石的性能、特点。

天然大理石结构较均匀，质地较细腻，抗压强度较高；构造致密，但硬度不高，属中硬性石材，易于锯解、雕琢等加工；抗风化性差，不耐酸，由于大理石中的 $CaCO_3$ 容易受到环境中或空气中的酸性物质（CO_2，SO_2 等）的侵蚀作用，使得大理石表面失去光泽，变得粗糙多孔，除个别品种（如汉白玉、艾叶青等）外，一般不宜用于室外；装饰性好，加工性好，大理石纹理斑斓，磨光后美丽典雅，是理想的饰面材料之一，浅色大理石的装饰效果庄重而清雅，深色大理石的装饰效果华丽而高贵；耐磨性好，吸水率低，耐久性好。

（2）天然大理石板材的分类和等级。

①天然大理石板材的分类。按照形状，天然大理石板材分为普型板材（N）和异型板材（S）两大类。普型板材是指长方形或正方形板材；异型板材指其他形状的板材。

②天然大理石板材的等级。天然大理石板材根据规格尺寸偏差、平面度允许公差、角度允许极限公差、外观质量及镜面光泽度等标准，分为优等品（A）、一等品（B）和合格品（C）三个等级。

（3）天然大理石的命名与标记。

天然大理石的命名顺序为：荒料产地名称、花纹色调特征名称、大理石代号（M）。

标记顺序为：命名、分类、规格尺寸、等级、标准号。例如：北京房山白色大理石荒料生产的普通型板，规格尺寸为 600 mm×400 mm×20 mm 的一等品板材的命名和标记如下。

命名：房山汉白玉大理石

标记：房山汉白玉（M）N　600×400×200　B　JC 79

(4)天然大理石的贮存与选用。

天然大理石板材表面光亮、细腻、易受污染和划伤,所以板材应在室内贮存,室外贮存时应加遮盖。板材应按品种、规格、等级或工程料部位分别码放。板材直立码放时,应光面相对,倾斜度不大于 15°,层间加垫,垛高不得超过 1.5 m;板材平放时,地面必须平整,垛高不得超过 1.2 m。包装箱码放高度不得超过 2 m。

天然大理石属于高级装饰材料,大理石镜面板材主要用于大型建筑或装饰等级高的建筑,如用于商场、展览馆、宾馆、饭店、影剧院、图书馆、写字楼等公共建筑物的室内墙面、柱面、台面和地面的装饰。天然大理石板材还可以制作成壁画、座屏、挂屏、壁挂等工艺品,也可用来拼接花盆和镶嵌高级硬木雕花家具等。

2)天然花岗石

石材行业通常将具有与花岗石相似性能的各种岩浆岩和以硅酸盐矿物为主的变质岩统称为花岗石。从岩石形成的地质条件看,花岗石属火成岩中的深成岩。构成花岗石的主要造岩矿物是长石(结晶铝硅酸盐)、石英(结晶 SiO_2)和少量云母(片状含水铝硅酸盐)。从化学成分看,花岗石主要含有 SiO_2(约 70%)和 Al_2O_3,CaO 和 MgO 含量很少,属酸性结晶岩石。花岗石的颜色由长石颜色和少量云母及其他深色矿物颜色而定,一般呈灰色、黄色、蔷薇色、淡红色、黑色或灰黑相间的颜色。以深色品种较为名贵。

(1)天然花岗石的性能、特点及品种。

①天然花岗石的性能、特点。构造致密,质地坚硬,抗压强度较高,耐磨性好;化学稳定性好,抗风化能力强,耐腐蚀性能强;装饰性好,质感强,板材磨光后色泽质地庄重大方,形成色泽深浅不同的美丽斑点状花纹,花纹的特点是晶粒细小均匀,并分布着繁星般的云母亮点与闪闪发光的石英结晶;耐热性差,石英在高热下受热膨胀强度会急速下降。

②天然花岗石的品种。我国花岗石资源极为丰富,经探明,储量约 1000 亿立方米,分布地域广阔,花色品种达 150 种以上,山东、广东、福建、四川、广西、山西、北京、河南、湖南、新疆、浙江、江苏、黑龙江等省市都有生产。我国花岗石主要有北京的白虎涧,济南的济南青,青岛的黑色花岗石,四川石棉的石棉红,湖北的将军红,山西灵丘的贵纪红等品种;山东荣成的石岛红、新疆的天山蓝、四川雅安的中国红、山西浑源青磁窑的太白青、河北阜平的阜平黑、内蒙古丰镇的丰镇黑、河北易县的易县黑等名贵品种可以与世界的名牌(卡拉拉白、印度红、巴西蓝)相媲美。

(2)天然花岗石的贮存与选用。

天然花岗石属于高级建筑装饰材料,主要应用于大型公共建筑或装饰等级要求较高的室内外装饰工程。一般镜面花岗石板材和细面花岗石板材表面光洁光滑,质感细腻,多用于室内墙面和地面、部分建筑的外墙面装饰(镜面板材铺贴后形影倒映,有富丽堂皇之感),也可用于室内外柱面、墙裙、楼梯、台阶及造型等部位,还可用于酒吧台、服务台、收款台、展示台及家具等装饰。粗面花岗石板材表面质感粗糙、粗犷,主要用于室外墙基础和墙面装饰,有一种古朴、回归自然的亲切感。

天然石材的放射性是人们普遍关注的问题。经检验表明,绝大多数天然石材中所含放射物质的剂量很小,一般不会危及人体健康。但有部分花岗石产品放射性物质指标超标,在长期使用过程中会对环境造成污染,因此有必要加以控制。家居装饰时应选用 A 类产品,而不能用 B 类和 C 类产品。此外,在购买石材产品时,千万不要忘记索要产品的放射性检测合格证,只有认真对待这个问题,装修所使用的石材才不会成为美丽的杀手。

11.2.2 建筑装饰陶瓷

凡以黏土、长石、石英为基本原料,经配料、制坯、干燥、焙烧而制成的成品,统称为陶瓷制品。用于建筑工程中的陶瓷制品,则称为建筑陶瓷。我国建筑陶瓷源远流长,自古以来就是一种良好的建筑装饰材料。随着科学技术的发展和人民生活水平的不断提高,陶瓷的花色、品种、性能都发生了极大变化。在现代建筑装饰工程中应用的陶瓷制品,主要包括陶瓷墙地砖、卫生陶瓷、园林陶瓷、琉璃陶瓷制品等,其中以陶瓷墙地砖生产量最大。

1. 陶瓷的分类

从产品的种类来说,陶瓷制品可分为陶质、瓷质和炻质三大类。

陶质制品烧结程度相对较低,为多孔结构,通常吸水率较大(10%～22%)、强度较低、抗冻性较差、断面粗糙无光、不透明、敲击声粗哑,分无釉和施釉两种制品,适用于室内。根据其原料土杂质含量的不同,陶质制品可分为粗陶和精陶两种。粗陶不施釉,建筑上常用的烧结黏土砖、瓦及日常用的瓦罐、瓦缸等就是最普通的粗陶制品;精陶一般要经素烧、施釉和釉烧工艺,根据施釉状况呈白、乳白、浅绿等颜色,建筑上常用的釉面砖及卫生陶瓷、彩陶等均属此类。

瓷质制品烧结程度高,结构致密、断面细致并有光泽、强度高、坚硬耐磨、基本上不吸水(吸水率小于 1%)、有一定的半透明性,通常施有釉层。根据原料中所含化学成分及制作工艺的不同,分为粗瓷和细瓷两种制品。建筑装饰中所用的墙地砖多为粗瓷制品;日用餐茶具、工艺美术品及电瓷产品多为细瓷制品。

炻质制品介于上述两者之间,也称半瓷。其构造比陶质致密,吸水率较小(1%～10%),但又不如瓷质洁白,其坯体多带有颜色,且无半透明性。根据坯体细密程度的不同,可分为粗炻器和细炻器两种制品。建筑装饰中用的外墙面砖、地面砖和陶瓷锦砖等均属粗炻器制品,其吸水率一般在 4%～8%。日用器皿、化工及电器工业用陶瓷等均属于细炻器制品,其吸水率小于 2%。炻质制品的机械强度和热稳定性均优于瓷质制品,并且炻质制品原料可采用质量较差的黏土,成本也较低。

2. 釉面内墙砖

釉面内墙砖简称釉面砖、内墙砖或瓷砖,是以烧结后呈白色的耐火黏土、叶蜡石或高岭土等为原材料制成坯体,面层为釉料,经高温烧结而成。釉面砖是用于建筑物内墙面装饰的薄片状精陶建筑材料,其结构由坯体和表面釉彩层两部分组成。它具有色泽柔和而典雅、美观耐用、表面光滑洁净、耐火、防水、抗腐蚀、热稳定性能良好等特点,是一种高级内墙装饰材料。用釉面砖装饰建筑物内墙,可使建筑物具有独特的卫生、易清洗和装饰美观的建筑效果。

3. 陶瓷墙地砖

墙地砖是指建筑物外墙装饰用砖和室内外地面装饰用砖,此类陶瓷砖通常可以墙地两用,所以称为墙地砖。

墙地砖是以优质陶土为主要原料,再加入其他材料配成生料,经半干压成型后在1100 ℃左右焙烧而成,分为无釉和有釉两种。墙地砖具有强度高、耐磨、化学性质稳定、不燃、不受光照影响,抗风化、耐候性能和耐酸碱性能好,吸水率低、易清洗、经久不裂,能长期保持表面图案颜色新鲜光彩等特点。

墙地砖按饰面状况分为有釉、无釉两种;按着色方法可分为自然着色、人工着色和色釉着色等品种;按表面质感分为平面、麻面、毛面、磨光面、抛光面、纹点面、仿花岗石面、压花浮雕面等制品。

4.新型陶瓷墙地砖

1)劈离砖

劈离砖是将一定配比的原料经粉碎、炼泥、真空挤压成型,再经干燥、高温烧结而成。因为成型时为双砖背联坯体,烧成后再劈离成两块砖,所以称劈离砖。

劈离砖种类很多,其特点是色彩丰富、颜色自然柔和,有表面上釉、无釉之分,上釉的光泽晶莹,无釉的质朴、典雅、大方,无反射眩光。由于劈离砖坯体密实,其制品具有强度高、吸水率小、耐磨防滑、耐急冷急热、稳定性好等优点。劈离砖背面的凹槽纹与黏结砂浆形成楔形结合,可以保证铺贴砖时黏结牢固。

劈离砖适用于各类建筑物的外墙装饰,也适合用作楼堂馆所、车站、候车室、餐厅等室内地面的铺设。厚型劈离砖适于广场公园、停车场、走廊、人行道等露天地面的铺设,也可用于游泳池底及池岸的饰面材料。

2)彩胎砖

彩胎砖是一种无釉瓷质饰面砖,采用彩色颗粒土原料混合配料,压制成多彩坯体后统一烧成。其表面呈多彩细花纹,富有天然花岗石的纹点,有黄、红、绿、蓝、灰、棕等多种基色的浅色调。它具有强度高、吸水率小、耐磨性好等优点。特别适用于人流量大的商厦、剧场、宾馆、酒楼等公共场所地面的铺贴,也可用于住宅地面的装修,既美观又耐用。

3)麻面砖

麻面砖是采用仿天然岩石色彩的原料作为配料,压制成表面凹凸不平的麻面坯体,经一次烧结而成的炻质面砖。砖的表面极像人工修凿过的天然岩石面,纹理自然,粗犷古朴,有白、黄、灰、黑等多种颜色。麻面砖具有吸水率小(小于 1%)、强度高、抗折强度不小于20 MPa、防滑耐磨等优点。根据厚度分为薄型砖和厚型砖。薄型砖用于建筑物外墙装饰;厚型砖适用于广场、停车场、码头、人行道等地面铺设。其作为广场砖,外形还有梯形和三角形的制品,用以拼成各种图案,可增添广场地坪的艺术感。

4)陶瓷艺术砖

陶瓷艺术砖是指砖的表面具有各种图案浮雕的陶瓷制品,它是采用优质黏土及其他矿物质经成型、干燥、高温熔烧而成的。陶瓷艺术砖可根据点、线、面等几何组合原理组合成各种抽象的和具体形象的图案壁画,从而具有强烈的艺术感。该砖具有吸水率小、强度高、抗风化、耐腐蚀、装饰效果好等优点,适用于会议厅、展览馆、公园及公共场所的墙面装饰。

5)大型陶瓷饰面板

大型陶瓷饰面板单块面积大,并具有绘画艺术、书法、壁画等多种功效,其砖面可以做成各种浮雕花纹图案,再施以各种彩色釉,极富装饰性。大型陶瓷饰面板具有厚度薄、平整度好、吸水率小、抗冻性好、耐腐蚀性能好、耐急冷急热、施工方便等优点,适用于外墙、内墙、廊厅立柱等处的装饰,更适合宾馆、机场、车站、码头等公共设施的装饰。

6)陶瓷壁画

陶瓷壁画是现代建筑装饰艺术中建筑师和艺术家二者相结合的共创产品。陶瓷壁画是以陶瓷面砖、陶板等建筑块材,经镶拼制作出的具有较高艺术价值的建筑装饰,属于新型高档装饰。陶瓷壁画通过艺术的再创造巧妙地融绘画与装饰艺术于一体。它是将相关材料经过放样、样板制作、刻画、配釉、施釉、焙烧等一系列工艺,采用浸、点、涂、喷、填等多种施釉技术创造出的神形兼备、巧夺天工的艺术珍品。

陶瓷壁画具有单块砖面积大、厚度薄、强度高、平整度好、吸水率小、抗冻、耐腐蚀、耐急冷急热、施工方便等优点,适用于宾馆、酒楼、机场、火车站候车室、会客厅、会议室、地铁、隧道等公共设施的装饰。它给人以美的艺术享受。

5. 陶瓷马赛克

陶瓷马赛克也称陶瓷锦砖,是用于装饰和保护建筑物地面及墙面的,由多块小砖(表面面积不大于 55 cm^2)铺贴成联的陶瓷砖。

陶瓷马赛克质地坚硬、色泽艳丽、图案优美,具有抗腐蚀、耐磨、耐火、易清洗、不褪色等特点,主要作建筑物内外墙饰面及铺地之用。如可用于车间、化验室、门厅、走廊、厨房、盥洗室等处,还可用于镶拼壁画、文字及花边等。陶瓷马赛克按表面性质分为有釉、无釉两种。

11.2.3　建筑装饰玻璃

1. 彩色平板玻璃

彩色平板玻璃有透明和不透明两种。透明的彩色玻璃是在玻璃原料中加入一定量的金属氧化物而制成的。不透明彩色玻璃是经过退火处理的一种饰面玻璃,可以切割,但经过钢化处理的不能再进行切割加工。彩色平板玻璃的颜色有茶色、海洋蓝色、宝石蓝色、翡翠绿等,彩色玻璃可以拼成各种图案,并有耐腐蚀、抗冲刷、易清洗特点,主要用于建筑物的内外墙、门窗装饰及对光线有特殊要求的部位。

2. 磨砂玻璃

磨砂玻璃又称毛玻璃,它是将平板玻璃的表面经机械喷砂、手工研磨或用氢氟酸溶蚀等方法处理成均匀毛面而成。由于磨砂玻璃表面粗糙,只能透光而不能透视,多用于需要隐秘或不受干扰的房间,如浴室、卫生间和办公室的门窗等,也可用来做黑板。

3. 花纹玻璃

1)压花玻璃

压花玻璃是将熔融的玻璃液在冷却过程中通过带图案的花纹辊轴连续对辊压延而成。压花玻璃的表面压有深浅不同的各种花纹图案,由于表面凹凸不平,光线透过时即产生漫射,因此从玻璃的一面看另一面的物体时,物像就模糊不清,形成了这种玻璃透光不透视的特点。另外,压花玻璃由于表面具有各种花纹图案,可透光,但却能遮挡视线,即具有透光、不透明的特点,具有良好的艺术装饰效果,是各种公共设施室内装饰和分隔的理想材料,适用于门窗、室内间隔、浴厕等处,也可用于居室的门窗装配,起着采光但又阻隔视线的作用。

2)喷花玻璃

喷花玻璃又称为胶花玻璃,是在平板玻璃表面贴以图案,抹以保护层,经喷砂处理形成透明与不透明相间的图案而成。喷花玻璃给人以高雅、美观的感觉,适用于室内门窗、隔断和采光。喷花玻璃的厚度一般为 6 mm,最大加工尺寸为 2200 mm×1000 mm。

3)乳花玻璃

乳花玻璃是新近出现的装饰玻璃,它的外观与喷花玻璃相近。乳花玻璃是在平板玻璃的一面贴上图案,抹以保护层,经化学处理蚀刻而成。它的花纹清新、美丽,富有装饰性。乳花玻璃一般厚度为 3~5 mm,最大加工尺寸为 2000 mm×1500 mm。其用途与喷花玻璃相同。

4)冰花玻璃

冰花玻璃是一种利用平板玻璃经特殊处理形成具备自然冰花纹理的玻璃。冰花玻璃对通过的光线有漫射作用,如做门窗玻璃,犹如蒙上一层纱帘,看不清室内的景物,却有着良好的透光性能,具有良好的装饰效果。冰花玻璃可用无色平板玻璃制造,也可用茶色、蓝色、绿色等彩色玻璃制造。其装饰效果优于压花玻璃,给人以清新之感,是一种新型的室内装饰玻璃。可用于宾馆、酒楼等场所的门窗、隔断、屏风和家庭装饰。目前最大规格尺寸为2400 mm×1800 mm。

4. 镜面玻璃

镜面玻璃也叫涂层玻璃或镀膜玻璃。它是以金、银、铜、铁、锡、钛、铬或锰等的有机或无机化合物为原料,采用喷射、溅射、真空沉积、气相沉积等方法,在玻璃表面形成氧化物涂层。镜面玻璃的涂层色彩有多种,常用的有金色、银色、灰色、古铜色。这种带涂层的玻璃,具有视线的单向穿透性,即视线只能从有镀层的一侧观向无镀层的一侧。同时,它还能扩大建筑物室内空间和视野,或者反映建筑物周围四季景物的变化,给人以赏心悦目的感觉。

镜面玻璃反射能力强。其对光线有较强的反射能力,是普通平板玻璃的 4~5 倍,可增加室内的明亮度,使室内光线柔和、舒适、夏凉冬暖,在装有空调的建筑中有明显的节能效益。镜面玻璃适用于公共建筑室内的墙面或柱面及门厅、走廊、玻璃栏河等部位,以及宾馆、饭店、酒家、酒吧间的外墙装潢(玻璃幕墙)。

5. 镭射玻璃

镭射玻璃又称激光玻璃、波光玻璃,是以玻璃为基材,经激光表面微刻处理形成的最新一代激光装饰材料,应用现代高新技术激光全息变光原理,将摄影美术与雕塑的特点融为一体,通过布拉格条件,使普通玻璃在白光条件下出现五光十色的三维立体图像,美不胜收。

镭射玻璃耐冲击和防滑性能良好,耐腐蚀性能均优于大理石、马赛克、真空镀膜玻璃等。其使用寿命、全息光栅处于高稳定状态。镭射玻璃适用于公共设施、酒店、宾馆及各种商业、文化娱乐厅、办公楼、写字间、大堂(大厅)的装饰装修及家庭居室的美化,如内外墙面、商业、门面、招牌、广告牌、装饰牌、门楼、柱面、天顶、雕塑贴面、电梯门、艺术屏风、高级喷水池、发廊、变光观赏鱼缸、变色灯具、钟表及其他电子产品外观装饰材料。

6. 釉面玻璃

釉面玻璃是指在按一定尺寸切裁好的玻璃表面上涂敷一层彩色易熔的釉料,经过烧结、退火或钢化等处理,使釉层与玻璃牢固结合,制成具有美丽的色彩或图案的玻璃。它一般以平板玻璃为基材。特点是:图案精美,不褪色,不掉色,易于清洗,可按用户的要求或艺术设计图案制作。釉面玻璃具有良好的化学稳定性和装饰性,广泛用于室内饰面层、一般建筑物门厅和楼梯间的饰面层及建筑物外饰面层。

11.2.4　建筑装饰涂料

涂料是指借助于刷涂、辐涂、喷涂、抹涂、弹涂等多种作业方法涂覆于建筑构件的表面,并能与建筑构件表面材料很好地黏结,形成完整保护膜的材料。它可以延长建筑物的使用寿命并具有色彩丰富、质感逼真、施工方便、便于维护更新等优点。因此,采用涂料来装饰和保护建筑,是最简便、最经济的方法。

1. 涂料的命名

国家标准《涂料产品分类和命名》(GB/T 2705—2003)对涂料的命名作了如下规定。涂料的命名原则为:

涂料全名＝颜色或颜料名称＋主要成膜物质＋基本名称

基本名称仍采用已广泛使用的名称,如红醇酸磁漆、铁红酚醛防锈漆等。表 11-3 给出了部分涂料的基本名称和代号。

表 11-3　部分涂料的基本名称和代号

代号	基本名称	代号	基本名称	代号	基本名称
00	清油	14	透明漆	61	耐热漆
01	清漆	15	斑纹漆、裂纹漆、桔纹漆	62	示温漆
02	厚漆	19	闪光漆	66	光固化涂料
03	调和漆	23	罐头漆	77	内墙涂料
04	磁漆	24	家电用漆	78	外墙涂料
05	粉末涂料	26	自行车漆	79	屋面防水涂料
06	底漆	50	耐酸漆、耐碱漆	80	地板漆、地坪漆
07	腻子	52	防腐漆	86	标志漆、路标漆、马路画线漆
08	大漆	53	防锈漆	98	胶液
11	电泳漆	54	耐油漆	99	其他
12	乳胶漆	55	耐水漆		
13	水溶性漆	60	防火漆		

注:编号的基本原则为:采用 00～99 二位数表示,00～09 代表基本名称,10～19 代表美术漆,20～29 代表轻工漆,30～39 代表绝缘漆,40～49 代表船舶漆,50～59 代表防腐蚀漆,60～69 代表其他。

2. 涂料的分类

建筑涂料按在建筑物使用部位的不同,可分为外墙涂料、内墙涂料、顶棚涂料、地面涂料和屋面防水涂料等;按成膜物质的不同,可分为有机涂料、无机涂料、有机无机复合涂料,在建筑涂料中,以有机合成高分子材料作为主要成膜物质的可称为有机涂料,某些无机胶凝材料(主要是水玻璃、硅溶胶)也可以作为涂料的主要成膜物质,这类涂料被称为无机涂料,两者复合使用的(如聚乙烯醇水玻璃涂料)称为有机无机复合涂料;按分散介质的不同,可分为溶剂型涂料、水性涂料(乳液型涂料、水溶胶涂料和水溶性涂料);按建筑功能的不同,可分为装饰涂料、防水涂料、防腐涂料、防霉涂料、防结露涂料、防火涂料等;按图层质感的不同,可分为厚质涂料、薄质涂料、复层建筑涂料等。

11.2.5 纤维类装饰材料

纤维类建筑装饰材料是现代建筑室内装饰中必不可少的装饰材料。纤维类建筑装饰材料的色彩、质地、柔软度和弹性等均会对室内的景观、光线、质感及色彩产生直接的影响。合理地选用纤维类建筑装饰材料不仅能美化室内环境,给人们的生活带来舒适感,并能增加室内的豪华气派,取得其他装饰材料无法达到的艺术效果。纤维类建筑装饰材料主要包括地毯、挂毯或壁挂、墙布、窗帘等纤维织物。近几年来,这些装饰织物无论在品种、花样、材质及性能方面都有很大发展,为现代室内装饰提供了良好的材料。

1. 建筑装饰纤维

建筑装饰织物所用的纤维有天然纤维、化学纤维和玻璃纤维等。这些纤维的特性各异,对装饰织物的性能影响也不尽相同。

1)天然纤维

天然纤维包括羊毛、棉、麻、丝等。羊毛纤维以其温暖、柔软而富有弹性、不易燃、色泽鲜艳、稳定成为人们较早使用的天然纤维之一,但它的缺点是易受虫蛀。棉纤维柔软,透气性好,并且有较好的保温性能,易于熨烫,但易皱、易污。棉纤维制品主要有素面和印花的墙布、窗帘和垫罩等。麻纤维刚性大,强度高,耐磨性好,美观挺括,但纯麻的价格较高,所以常与化学纤维混纺制成各种制品。丝纤维是最长的天然纤维,滑润、柔软、半透明、易上色、柔和、隔热性能良好,是一种高级装饰材料。

2)化学纤维

化学纤维分为人造纤维(如黏胶纤维和醋酸纤维等)和合成纤维(如涤纶、腈纶、锦纶、氨纶和丙纶等)。

黏胶纤维又分为人造棉、人造丝和人造毛等。此类纤维不耐脏、不耐磨和易皱,一般要掺入其他纤维混合使用,常用于做窗帘或包垫布。

醋酸纤维具有光稳定性,不易燃,不易皱,而且具有丝绸的外观,主要用于做窗帘。

聚酰胺纤维旧称尼龙,又称为锦纶。优点是不怕腐蚀、易清洗、耐磨性特好。缺点是弹性差、易吸尘、易变形,遇火易局部熔融等。

聚酯纤维(涤纶)耐磨性好,并且在湿润状态下同干燥时一样耐磨。它不易皱缩,耐晒、耐热,可与多种纤维、棉纱混纺制成床单、窗帘等。

聚丙烯纤维(丙纶)具有质地轻、强度大、弹性好、不霉不蛀、易于清洗和耐磨性好等优点,生产成本较低。

聚丙烯腈纤维(腈纶)质地轻,柔软保暖,弹性好;耐潮、不霉、不蛀、耐酸碱腐蚀;其优点是耐晒,这是天然纤维和大多数合成纤维所不能比的。

3)玻璃纤维

玻璃纤维是由熔融的玻璃制成的一种纤维材料,直径从数微米至数十微米。玻璃纤维性脆,较易折断,不耐磨,但耐高温,耐腐蚀,吸声性能好。因对人体有刺激,一般不用于和人接触的部位。

市场上纤维品种比较多,正确地识别各种纤维,对于其使用及铺设都有指导作用。纤维的鉴别方法很多,燃烧鉴别法是一种简单易行的方法,可通过比较各种纤维的燃烧速度、产生的气味和灰烬的形状等区别纤维。

2. 地毯

1)地毯分类

地毯按材质不同,可分为纯毛地毯、混纺地毯、化纤地毯、塑料地毯、天然地毯;按规格尺寸不同,可分为块状地毯、卷状地毯;按编织工艺不同,可分为手工编织地毯、机织类地毯。

2)地毯的主要技术性质

(1)耐磨性。

地毯的耐磨性是衡量地毯使用耐久性的重要指标。地毯的耐磨性常用耐磨次数表示,即地毯在固定压力下磨至背衬露出所需要的次数。耐磨次数越多,表示地毯的耐磨性越好。

(2)弹性。

弹性是反映地毯受压后,其厚度产生压缩变形的程度,它是地毯脚感是否舒适的重要指标。地毯的弹性是指地毯经一定次数的碰撞(一定动荷载)后,厚度减少的百分率。

(3)剥离强度。

地毯的剥离强度反映了地毯面层与背衬间复合强度的大小,也反映地毯复合之后的耐水性能。

(4)绒毛黏合力。

绒毛黏合力是指地毯绒毛在背衬上黏结的牢固程度。

(5)抗静电性。

抗静电性表示地毯带电和放电的性能。静电大小与纤维的导电性有关。

(6)抗老化性。

抗老化性主要是针对化纤地毯而言。通常用经紫外线照射一定时间后,化纤地毯的耐磨次数、弹性及色泽的变化情况来评定其抗老化性。

(7)耐燃性。

耐燃性是指化纤地毯遇火时,在一定时间内燃烧的程度。化学纤维一般易燃,所以常在生产化学纤维时加入一定量的阻燃剂,以使织成的地毯具有自熄性或阻燃性。

(8)抗菌性。

作为地面材料,地毯在使用过程中较易被虫、菌等侵蚀而引起霉变。通常规定,凡能经受八种常见霉菌和五种常见细菌的侵蚀而不长菌和霉变的地毯,认为抗菌性合格。

3. 墙面装饰织物

墙面装饰织物,以其独特的柔软质地和特殊效果的色彩来柔化空间、美化环境,从而营造出温暖、祥和的氛围,使人在紧张工作之余获得精神上的慰藉。目前,我国生产的墙面装饰织物主要品种有织物壁纸、棉纺装饰墙布、无纺贴墙布、化纤装饰墙布、玻璃纤维印花贴墙布和织锦缎等。

1)织物壁纸

织物壁纸由棉、麻、丝和羊毛等天然、化学纤维制成各种色泽、花式的粗细纱或织物。用不同的纺纱工艺和花色捻线加工方式,将纱线粘到基层纸上,从而制成花样繁多的纺织纤维壁纸,还有的用扁草、竹丝或麻皮条等天然材料,经过漂白或染色再与棉线交织后同基纸粘贴,制成植物纤维壁纸。织物壁纸主要有纸基织物壁纸和麻草壁纸两种。

2)棉纺装饰墙布

棉纺装饰墙布是以纯棉平布为基材,经过处理、印花、涂布耐磨树脂等工序制作而成。该墙布强度大、静电小、蠕变性小、无光、吸声、无毒、无味,美观大方。可用于宾馆、饭店及其他公共建筑和较高级的民用建筑中的装饰,适用于基层为砂浆、混凝土、白灰浆、石膏板、胶合板、纤维板和石棉水泥等墙面的基层粘贴或浮挂。

3)无纺贴墙布

无纺贴墙布是采用棉、麻等天然纤维或涤纶 FE—TP、腈纶 PAN 等合成纤维,经无纺成型、涂布树脂、印刷彩色花纹等工序制成的一种新型贴墙材料。这种贴墙布的特点是挺括,富有弹性,不易折断,纤维不老化,不散头,对皮肤无刺激作用,色彩鲜艳,图案雅致,粘贴方便,具有一定的透气性和防潮性,能擦洗而不褪色且粘贴施工方便。

4)其他墙面装饰织物

主要有化纤装饰墙布、高级墙面装饰织物及皮革和人造革等。

11.2.6 金属类装饰材料

金属材料作为建筑装饰材料,有着悠久的历史。

在现代建筑装饰中,金属装饰板的使用越来越广泛。这是因为经过处理后的金属板表面不仅具有非常美观和良好的装饰效果,同时其质量轻、抗震性能好、加工方便、安装快捷、易于成型,可根据设计要求任意变换断面形式,易于满足造型要求。由于金属装饰板具有耐磨、耐用、耐腐蚀、满足防火要求及装饰效果好等优点,在宾馆饭店、歌舞厅、展览馆、会展中心等建筑物及室内装修(包括门面、门厅、雨棚、墙面、柱面、顶棚、局部隔断及造型面等)中被广泛应用。

1. 不锈钢

不锈钢是指在钢中掺加了铬、锰、镍等元素的合金钢。其中含铬 12% 以上,并含有其他合金元素,它除了具有普通钢材的性质,还具有极好的抗腐蚀性。由于不锈钢具有良好的抵抗大气腐蚀的特性,表面平滑便于清洁,可制成板材、型材和管材等,其中应用最多的为板材。另外不锈钢还大量用于生产五金件、水暖件、幕墙连接件等,所以在许多公共建筑(如办公楼、高级公寓、商厦和学校等)装饰工程中被广泛应用。

2. 彩色涂层钢板

彩色涂层钢板又称彩色钢板、彩板或塑料金属板,是以冷轧板或镀锌板为基板,通过连续地在基板表面进行化学预处理和涂漆等工艺处理后,使基板表面覆盖一层或多层高性能的涂层、聚氯乙烯塑料薄膜或其他树脂表层后而制得的。彩色涂层钢板的涂层有无机涂层、有机涂层和复合涂层等。其中有机涂层用得最多。

彩色涂层钢板兼有钢板和表面涂层二者的性能,在保持钢板的强度和刚度的基础上,增加了钢板的防锈蚀性能。它可用于制作各类建筑物内外墙板、吊顶、屋面板、门面招牌的底板,还可作为排气管道、通风管道及其他类似的具有耐腐蚀要求的物件及设备外壳等。

3. 彩色压型钢板

彩色压型钢板是使用冷轧板、镀锌板、彩色涂层板等不同类别的薄钢板,经辊压、冷弯而成的。

彩色压型钢板具有质量轻(板厚 0.5~1.2 mm)、波纹平直坚挺、色彩鲜艳丰富、造型美观大方、涂覆耐腐涂层后耐久性强、抗震性高、加工简单和施工方便等特点,广泛用于工业与民用建筑和公共建筑的内外墙面、屋面、吊顶等的装饰,以及轻质夹芯板材的面板等。

4. 轻钢龙骨

轻钢龙骨是用镀锌钢板、薄壁冷轧退火钢卷带经冷弯机滚轧、冲压而成的骨架材料,具有自重轻、刚度大、防火性好、抗冲击性好、抗震性好、加工和安装方便等特点。由轻钢龙骨和纸面石膏板组成的饰面材料不仅可以满足防火要求,而且施工方便、快捷,适合大规模装配施工,还可以在其面层进行各种其他饰面装饰,如刷涂料、贴壁纸等。因此在室内吊顶和隔墙工程中,金属龙骨已经逐渐取代了传统的木骨架材料,在装饰工程中被广泛地使用。金属骨架按材料分类主要包括轻钢龙骨和铝合金龙骨;轻钢龙骨按使用位置的不同分为隔墙轻钢龙骨和吊顶轻钢龙骨等。

5. 铝及铝合金

目前,铝及铝合金制品在建筑装饰工程中被广泛地用于制作各种铝合金门窗、货架、柜台、装饰板、吊顶板、幕墙骨架等。铝及铝合金制品在现代建筑装饰工程中发挥着越来越重要的作用。

铝合金材料的应用体现在以下三个方面:

一类结构方面的应用,作为受力构件(如幕墙骨架等);

二类结构方面的应用,作为门窗、型材等(如铝合金门窗、铝型材等);

三类结构方面的应用,主要作为装饰和绝热材料。

在装饰工程中常用的铝型材有窗用型材(46 系列、50 系列、65 系列、70 系列、90 系列推拉窗型材;38 系列、50 系列平开窗型材;其他系列窗用型材)、门用型材(地簧门型材、推拉门型材、无框门型材)、柜台型材、幕墙型材等。在现代建筑装饰工程中,用铝合金制作的门窗,不仅自重轻、比强度大,且经表面处理后耐磨、耐蚀、耐光、耐气候性好,还可以得到不同的美观大方的色泽。

11.2.7　其他装饰金属材料

1. 铜及铜合金

铜及其合金是一种古老的建筑材料,很早就用于制作建筑装饰材料及各种零件。纯铜是紫红色的金属,俗称紫铜。它的密度为 $8.92\ g/cm^3$,属于有色重金属。铜的硬度、强度不高,塑性好,可承受各种冷热加工,制成各种板材、带材、线材、管材。

在现代建筑装饰中,铜材是一种集古朴和华贵于一身的高级装饰材料,可用于宾馆、饭店、机关等建筑中的楼梯扶手、栏杆、防滑条及铜装饰柱等,其效果光彩照人、美观雅致,体现了华丽、高雅的氛围。除此之外,铜还可用于外墙板、高档铜门、拉手、门锁等。在卫生器具、五金配件方面,铜材也有着广泛的用途。

铜合金的用途十分广泛,经挤制或压制可形成不同截面形状的型材,有空心型材和实心型材两种,可用来制造管材、板材、线材、固定件及各种机器零件等。在装饰工程中常用铜板、铜制五金配件、铜字牌和铜门、铜栏杆、铜嵌条、防滑条、雕花铜柱和铜雕壁画等。利用铜合金板材制成的铜合金压型板,可用于建筑外墙装饰,使建筑物金碧辉煌,光亮耐久。铜制产品主要用于高档场所的装修,如宾馆、饭店、高档写字楼和银行等场所。

2. 金属装饰线条

金属装饰线条是采用先进的有色金属挤压机生产出来的。产品规格齐全,花样多,新颖大方,平直光亮,硬度高,质量可靠,广泛应用于百货商场、宾馆、酒店、医院、学校、车站等高级装饰工程的地面分格、楼梯防滑、装饰包边、货架、柜台及装饰镜框等。金属装饰线条常用的材料有黄铜、铝合金、不锈钢等。

3. 铁艺制品

铁艺制品的种类繁多,应用也很广泛,如用于各种金属铸锻装饰铁花,各种造型的金属隔断、楼梯扶手、护栏、庭院铁艺灯具、室内铁艺家具、阳台、门窗花饰、铸铁通透围栏、铁花装饰大门、庭院牌楼、亭廊及金属格栅等。

4. 其他金属制品

随着材料和工艺的发展,传统的铁艺施工在材料和工艺上都有了很大的发展。新材料如玻璃、有机玻璃、不锈钢、铝合金、树脂材料及高档木配件等被大量使用。工艺上可采用焊接、粘接、套接、螺栓连接等方法,表面处理可采用烤漆、喷塑、电镀等方法,表面效果可以作旧复古、抛光、磨砂、拉丝等,如不锈钢围栏、护栏,不锈钢、铝合金、实木结合的楼梯扶手、楼梯立柱等,金属铁艺家具、室内装饰构件等。

11.3　绿色建筑装饰材料

11.3.1　绿色建筑装饰材料的基本特征

很长时间以来,"绿色环保"已深入到人们的生活里,如绿色食品、绿色药品、绿色材料、绿色住宅等。人们对绿色的认识,是在一次次受到人身的伤害,甚至付出生命的代价以后,开始渴望绿色,呼唤绿色,特别是近年来,绿色环保材料的使用,使家居装饰装修更加人性化,更加绿色环保、更加健康,这是当今人们装饰装修的主题和要求。人们对住宅装饰装修的绿色意识逐步提升,对绿色环保建材的要求逐步提高。因此,随着广大消费者的强烈需求,有关部门的强制推行和广大建材企业的不断努力,绿色环保材料已成为人们住宅装饰装修过程中首要的选择。

绿色环保型装饰材料是人们高度重视生态环境保护而提出的新概念,绿色环保建筑材料首先是在进行住宅装饰装修过程中使用的材料,要保证绿色装饰装修以人为本,在环保和生态的基础上追求高品质生存、生活空间;要保证装饰装修过的生活空间不受污染,满足消费者的安全和健康需求,在使用过程中不对人体和外界造成污染。绿色环保型装饰材料主要分为以下三大类型。

1. 基本无毒、无害型装饰材料

这是指天然的、本身没有或极少有毒、有害物质,未经污染只进行了简单加工的装饰材料,如石膏、滑石粉、木材、某些天然石材等。

2. 低毒、低排放型装饰材料

这是指经过加工、合成等技术手段来控制有毒有害物质的积聚和缓慢释放,因其毒性轻微对人体健康不构成危害的装饰材料,如甲醛释放量较低,达到国家标准的胶合板、纤维板、大芯板等。

3. 目前科学技术和检测手段无法确定和评估其毒害物质影响的装饰材料

环保型油漆、环保型乳胶漆等化学合成材料,这些材料在目前虽是无毒、无害的,但随着科学技术的发展,将来会有重新认定的可能。

虽然国家目前已出台了有关绿色装饰装修方面的标准、规章制度,但是这些制度还有待于进一步完善推广,甚至强制执行,特别是对一些危害性很强的装饰材料。

11.3.2　绿色建筑装饰材料评价指标体系与方法

目前,针对家庭装修,主要执行住房和城乡建设部颁布的《民用建筑工程室内环境污染控制标准》(GB 50325—2020)和国家质量监督检验检疫总局颁布的"室内装饰装修材料有害物质限量 10 项国家标准"。

为了从根本上控制室内装饰装修材料中的有害物质对室内环境的污染,确保消费者的身心健康,由国家质量监督检验检疫总局和国家标准化管理委员会制定了"室内装饰装修材料有害物质限量10项国家标准",目前已进入强制性执行阶段,市场上不允许再销售不符合国家标准的产品。

11.3.3 绿色建材需要满足的目标

绿色建材需要满足的目标即基本目标、环保目标、健康目标和安全目标。基本目标包括功能、质量、寿命和经济性;环保目标要求从环境角度考核建材生产、运输、废弃等各环节对环境的影响;健康目标考虑到建材作为一类特殊材料与人类生活密切相关,使用过程中必须对人类健康无毒、无害;安全目标包括耐燃性和燃烧释放气体的安全性。围绕这4个目标制定绿色建材的评价指标,可概括为产品质量指标、环境负荷指标、人体健康指标和安全指标。量化这些指标并分析其对不同类建材的权重,利用 ISO 14000 系列标准规范的评价方法作出绿色度的评价。为此,建筑装饰行业提出使用环保绿色建材的十个标准。

1. 避免使用能够产生破坏臭氧层的化学物质的结构设备和绝缘材料

氯氟碳化合物(CFCs)已经被取消使用,但是 CFCs 的替代物 HCFCs 同时也破坏臭氧层,因此在可能的情况下也应尽量避免使用 GCFCs 所生产的泡沫绝缘材料。当维修或处理设备的时候,应注意回收 CFCs。

2. 采用耐久性产品和材料

建筑材料的生产是高耗能的。因此使用时间长、维护少的产品就意味着节约了能源,同时也减少了固体废料的产生。

3. 选择不需要维护的建筑材料

在可能的情况下,选用基本上不需要维护的建筑材料,如粉刷、再处理、防水处理的建筑材料,或者选用其维护对环境的影响最小的建筑材料。

4. 选择物化能量低的建筑材料

重工业的产品和材料一般都是高耗能的。因此,在不影响产品性能和使用寿命的情况下,应尽可能选择物化能量低的材料。

5. 购买本地生产的建筑材料

运输不仅需要消耗能量,同时会产生污染,因此应尽量购买当地生产的材料。

6. 购买本地生产的回收再利用的建筑产品

用废弃材料生产建筑产品减轻了固体废料污染,减少了生产中的能量消耗,同时节省了自然资源,如纤维素绝缘制品、用草生产的地板砖、回收塑料所生产的塑料木材等。

7. 在有可能的情况下选用废弃的建筑材料

例如拆卸下来的木材、五金等,这样做可以减轻垃圾填埋的压力,节省自然资源。但是一定要确保这些材料可以安全使用,检测是否含铅、石棉等有害成分,重新使用旧的窗户和洗手间洁具不应以牺牲节能和节水为代价等。

8. 寻求可持续的木材供应

使用来自管理良好的森林的木材,避免砍伐原始森林中的木材。

9. 避免使用会释放污染物的材料

溶剂型的涂料、黏结剂、地毯、刨花板等许多建筑产品都可能会释放出甲醛和其他挥发性的有机化合物,这些物质对人的身体健康会造成危害。

10.最大限度地减少加压处理木材的使用

在可能的情况下,采用天然木材的替代物——塑料木材来代替天然木材。当工人对加压处理木材进行锯切等操作时,应采取一定的保护措施。碎木屑千万不能被焚烧。将包装废料减到最少,避免过分地包装。但是,同时也要确保仔细包装某些易碎品以免破坏。

【本章小结】

本章首先概述了建筑装饰材料的分类、性能要求、功能和工程选用;重点讲述了常用装饰材料石材、建筑装饰玻璃、建筑装饰涂料、纤维类装饰材料、金属类装饰材料和绿色建筑装饰材料等特点、技术标准和应用;结合绿色建筑材料的发展动向,介绍了绿色建筑装饰材料的基本特征、绿色装饰材料的定义、与传统建材相比所具备特征、绿色装饰材料两类评价指标体系与方法、绿色建材需要满足的目标。

【技能训练题】

一、填空题

1.建筑装饰材料按装饰部位分为 ＿＿＿＿＿＿、＿＿＿＿＿＿、＿＿＿＿＿＿、＿＿＿＿＿＿、＿＿＿＿＿＿、＿＿＿＿＿＿。

2.建筑涂料按在建筑物的不同部位的使用分为 ＿＿＿＿＿＿、＿＿＿＿＿＿、＿＿＿＿＿＿、＿＿＿＿＿＿、＿＿＿＿＿＿。

二、简答题

1.绿色建筑装饰材料的基本特征?

2.装饰装修材料的污染主要表现在哪些方面? 如何减少装修带来的污染?

第 12 章　其他类型材料

【学习要求】

知识点	学习要求
塑料主要技术性能和建筑塑料制品的应用	掌握
绝热、吸声、隔声材料基本性能	了解

12.1　建筑塑料

　　塑料是以合成树脂为主要成分,加入各种填充料和添加剂,在一定的温度、压力条件下制成各种形状,且在常温、常压下能保持其形状不变的有机合成高分子材料。一般习惯将用于建筑工程中的塑料及制品称为建筑塑料。

　　塑料在建筑工程中应用广泛,可用作装饰装修材料制成塑料门窗、塑料装饰板、塑料地板等;可制成塑料管道、卫生设备及绝热、隔声材料,如聚苯乙烯泡沫塑料等;也可制成涂料,如过氯乙烯溶液涂料、增强涂料等;还可以作为防水材料,如塑料防潮膜、嵌缝材料和止水带等;还可制成胶黏剂、绝缘材料用于建筑中。目前塑料已成为继混凝土、钢材、木材之后的第四种主要建筑材料,有着非常广阔的发展前景。

12.1.1　建筑塑料的特性

　　建筑塑料与传统建筑材料相比,具有以下优良的特性。

1. 质量轻

　　塑料制品的密度通常在 $0.8 \sim 2.2$ g/cm³ 之间,约为钢材的 1/5、金属铝的 1/2、混凝土的 1/3,与木材相近,既可降低施工的劳动强度,又减轻了建筑物的自重。

2. 比强度高

　　塑料的强度较高,比强度(强度与表观密度的比值)接近或超过钢材,为混凝土的 $5 \sim 15$ 倍,是一种优良的轻质高强材料。

3. 优良的加工性能

　　塑料可以采用比较简单的方法制成各种形状的产品,如薄板、薄膜、管材、异型材料等,并且可以采用机械化的大规模生产。

4. 保温、隔热及吸声隔声性能好

　　塑料制品的导热系数小,其导热能力为金属的 $1/600 \sim 1/500$、混凝土的 1/40、砖的

1/20,泡沫塑料的导热系数与空气相当,是理想的保温隔热材料。塑料(特别是泡沫塑料)可以减少振动,降低噪声,是良好的吸声材料。

5. 耐化学腐蚀性好

塑料制品耐酸碱等化学物质腐蚀的能力比金属材料和一些无机材料强,特别适用于做化工厂门窗、地面、墙壁等,对环境水及盐类也有较好的抗腐蚀能力。

6. 电绝缘性好

塑料一般是电的不良导体,电绝缘性可与陶瓷、橡胶媲美。

7. 装饰性好

塑料制品不仅可以着色,而且色泽鲜艳持久,图案清晰。可以通过照相制版印刷,模仿天然材料的纹理达到以假乱真的效果。还可以通过电镀、热压、烫金制成各种图案和花型,使其表面具有立体感和金属的质感。

8. 耐水性和耐水蒸气性强

塑料属憎水性材料,一般吸水率和透气性很低,可用于防水、防潮工程。

9. 节能效果显著

建筑塑料在生产和使用两方面均显示出明显的节能效果。如生产聚氯乙烯(PVC)的能耗仅为同质量钢材的 1/4、铝材的 1/8;采暖地区采用塑料窗代替普通钢窗,可节约采暖能耗 30%～40%。

总之,塑料具有很多优点,而且有些性能是一般传统建筑材料所无法比拟的。但塑料易于老化、耐热性差、弹性模量低,热变形温度一般在 60～120 ℃。部分塑料易着火或缓慢燃烧,且产生有毒气体。所以,在选用时应扬长避短,特别要注意安全防火等。

12.1.2　建筑塑料的组成

塑料是由作为主要成分的合成树脂和根据需要加入的各种添加剂(助剂)组成的。也有不加任何添加剂的塑料,如有机玻璃、聚乙烯等。

1. 合成树脂

合成树脂是人工合成的高分子聚合物,简称树脂。塑料的名称也按其所含树脂的名称来命名。聚合物是由一种或多种有机小分子聚合而成的大分子化合物,分子质量都在一万以上,有的甚至可高达数百万。

合成树脂是塑料组成材料中的基本组成,在一般塑料中占 30%～60%,有的甚至更多。树脂在塑料中主要起胶结作用,它不仅能自身胶结,还能将其他材料牢固地胶结在一起。因合成树脂种类、性质、用量不同,塑料的物理力学性能也就不同,所以塑料的主要性能取决于所采用的合成树脂。

合成树脂是主要由碳、氢和少量的氧、硫等原子以某种化学键结合而成的有机化合物。按分子中的碳原子之间结合形式的不同,合成树脂分子结构的几何形状有线型、支链型和体型(也称网状型)三种。

按受热时发生的变化不同,合成树脂分为热塑性树脂和热固性树脂两种。

热塑性树脂具有受热软化、冷却时硬化的性能。这一过程可以反复进行,对其性能和外观没有什么影响。热塑性树脂的分子结构都属线型或支链型,它包含全部聚合树脂和部分缩合树脂。其优点是加工成型简便,有较好的力学性能。缺点是耐热性、刚性较差。如 PVC 树脂、PE 树脂就是典型的热塑性树脂。

2. 添加剂

添加剂是为了改善塑料的某些性能,以适应塑料使用或加工时的特殊要求而加入的辅助材料,常用的添加剂有填充料、增塑剂、固化剂、着色剂、润滑剂和稳定剂等。

1)填充料

填充料又称填充剂,是塑料中不可缺少的原料,在塑料中的含量为 40%～70%。填充料的主要作用是调节塑料的物理化学性能,同时节约树脂,降低塑料的成本。如加入玻璃纤维填充料可提高塑料的机械强度;加入石棉填充料可增加塑料的耐热性;加入云母填充料可增加塑料的电绝缘性等。常用的无机填充料有滑石粉、硅藻土、云母、石灰石粉、玻璃纤维等,有机填充料有木粉、纸屑等。

2)增塑剂

增塑剂的主要作用是提高塑料加工时的可塑性,使其在较低的温度和压力下成型,改善塑料的强度、韧性、柔顺性等力学性能。增塑剂通常是沸点高、难挥发的液体,或者是低熔点的固体。其缺点是会降低塑料制品的力学性能和耐热性等。常用的增塑剂有邻苯二甲酸二丁酯、邻苯二甲酸二辛酯、磷酸三甲酚酯、樟脑等。

3)固化剂

固化剂是调节塑料固化速度,使树脂硬化的物质。通过选择固化剂的种类和掺量,可取得所需要的固化速度和效果。常用的固化剂有胺类、酸酐、过氧化物等。

4)着色剂

加入着色剂的目的是将塑料染制成所需要的颜色。着色剂还应具有分散性好、附着力强、不与塑料成分发生化学反应、不褪色等特性。常采用有机染料、无机染料或颜料等。

5)润滑剂

塑料加工时,为了便于脱模和使制品表面光洁,需加润滑剂。

6)稳定剂

塑料在成型加工和使用中,因受热、光或氧的作用,会出现降解、氧化断链、交联等现象,造成颜色变深、性能降低。加入稳定剂可以使塑料长期保持工作性质,防止塑料的老化,延长塑料制品的使用寿命。常用的稳定剂有抗老化剂、热稳定剂等,如硬脂酸盐、铅化物及环氧树脂等。

此外,根据建筑塑料使用及成型加工中的需要,还可以加入其他添加剂,如阻燃剂、发泡剂、抗静电剂等。

12.1.3 常用建筑塑料

塑料按照受热时行为的不同,分为热塑性塑料和热固性塑料。热塑性塑料经加热成型、冷却硬化后,再经加热还具有可塑性;热固性塑料经初次加热成型并冷却固化后,再经加热也不会软化和产生塑性。常用的热塑性塑料有聚氯乙烯塑料(PVC)、聚乙烯塑料(PE)、聚丙烯塑料(PP)、聚苯乙烯塑料(PS)、改性聚苯乙烯塑料(ABS)、有机玻璃(PMMA)等;常用的热固性塑料有酚醛树脂塑料(PF)、不饱和聚酯树脂塑料(UP)、环氧树脂塑料(EP)、有机硅树脂塑料(Si)、玻璃纤维增强塑料(GRP)等。

　　常用的建筑塑料的特性与用途见表 12-1,常用的建筑塑料制品见表 12-2。

表 12-1　常用的建筑塑料的特性与用途

名称	特性	用途
聚氯乙烯塑料(PVC)	耐化学腐蚀性和电绝缘性优良,力学性能较好,难燃,但耐热性差	有硬质、软质、轻质发泡制品,可制作管道、门窗、装饰板、壁纸、防水材料、保温材料等,是建筑工程中应用广泛的一种塑料
聚乙烯塑料(PE)	柔韧性好,耐化学腐蚀性好,成型工艺好,但刚性差,易燃烧	主要用于防水材料、给排水管道、绝缘材料等
聚丙烯塑料(PP)	耐化学腐蚀性好,力学性能和刚性超过聚乙烯,但收缩率大,低温脆性大	管道、容器、卫生洁具、耐腐蚀衬板等
聚苯乙烯塑料(PS)	透明度高,机械强度高,电绝缘性好,但脆性大,耐冲击性和耐热性差	主要用来制作泡沫隔热材料,也可用来制造灯具平顶板等
改性聚苯乙烯塑料(ABS)	具有韧、硬、刚相均衡的力学性能,电绝缘性和耐化学腐蚀性好,尺寸稳定,但耐热性、耐候性较差	主要用于生产建筑五金和各种管材、模板、异型板等
有机玻璃(PMMA)	有较好的弹性、韧性、耐老化性,耐低温性好,透明度高,易燃	主要用于制作采光材料,可代替玻璃,但性能优于玻璃
酚醛树脂塑料(PF)	绝缘性和力学性能良好,耐水性、耐酸性好,坚固耐用,尺寸稳定,不易变形	生产各种层压板、玻璃钢制品、涂料和胶黏剂
不饱和聚酯树脂塑料(UP)	可在低温下固化成型,耐化学腐蚀性和电绝缘性好,但固化收缩率较大	主要用于生产玻璃钢、涂料和聚酯装饰板等
环氧树脂塑料(EP)	黏结性和力学性能优良,电绝缘性好,固化收缩率低,可在室温下固化成型	主要用于生产玻璃钢、涂料和胶黏剂等产品
有机硅树脂塑料(Si)	耐高温、低温,耐腐蚀,稳定性好,绝缘性好	用于高级绝缘材料或防水材料

续表

名称	特性	用途
玻璃纤维增强塑料(GRP)	强度特别高,质轻,成型工艺简单,除刚度不如钢材外,各种性能均很好	在建筑工程中应用广泛,可用于制作屋面材料、墙体材料、排水管、卫生器具等

表 12-2　常用的建筑塑料制品

分类	主要塑料制品	
装修材料	塑料地面材料	塑料地砖和卷材
		塑料涂布地板
		塑料地毯
	塑料内墙面材料	塑料墙纸
		三聚氰胺装饰层压板
		塑料墙面砖
	塑料门窗	塑料门
		塑料窗
		百叶窗
水暖工程材料	给排水管材、管件、落水管	
	煤气管	
	卫生洁具:浴缸、水箱、洗面池	
防水工程材料	防水卷材,防水涂料,密封、嵌缝材料,止水带	
隔热材料	现场发泡泡沫塑料、泡沫塑料	
混凝土工程材料	塑料模板	
墙面及屋面材料	护墙板	异型板材、扣板、折板
		复合护墙板
	屋面板(屋面天窗、透明压花塑料天花板)	
	屋面有机复合材料(聚四氟乙烯涂覆玻璃布)	
塑料建筑	充气建筑、塑料建筑物、盒子卫生间、厨房	

12.2　绝热材料

在建筑工程中,习惯上把用于控制室内热量外流的材料称为保温材料;把防止室外热量进入室内的材料称为隔热材料。保温材料和隔热材料的本质是一样的,它们统称为绝热材料。

当前世界正面临着能源危机,且在许多地区已经成为制约经济发展的主要因素。作为建筑物来说,节约能源有效的手段就是加强建筑物的保温,防止热量流失。为了使建筑物内有较稳定的温度,为人们创造舒适的环境,凡建筑物与外界接触的部位都应做保温处理。在屋面施工中应设保温层、隔热层,外墙施工必须保证墙体的保温能力,这些都离不开绝热材料。因此,绝热材料在建筑工程中具有十分重要的地位。

12.2.1　绝热材料的性能要求

众所周知,热量总是由高温向低温传递,在冬季要保持室内的温度,就必须在室内不断地提供热源补充由温差而产生的热损失。为了能大量减少热损失,采用保温材料具有重大的意义。据统计,保温良好的建筑,其燃料消耗可降低 25%～50%。要解决这个问题就得清楚什么样的结构热量损失多,什么样的结构热量损失少,以及材料本身的构造情况怎样影响其保温性能,影响材料保温绝热性能的因素有哪些,还要了解如何合理选择绝热材料。

围护结构(墙体、屋盖、地面)是由各种建筑材料组合而成的,不同的建筑材料其导热系数和比热容是设计建筑物围护结构、进行热工计算的重要参数。选用导热系数小而比热容大的建筑材料,可以提高围护结构的绝热性能,并保持室内温度的稳定性。

选择绝热材料的基本要求是:其导热系数不宜大于 0.23 W/(m·K),表观密度不宜大于 600 kg/m³,抗压强度应大于 0.3 MPa。另外,还要根据工程的特点,考虑材料的吸湿性、温度稳定性、耐腐蚀性等性能。

下面介绍绝热材料的基本性能。

1. 导热系数

导热系数是通过材料本身热量传导能力大小的量度,它受本身物质构成、孔隙率、材料所处环境的湿度和温度及热流方向的影响。

1)材料的物质构成

材料的导热系数受本身物质的化学组成和分子结构的影响。化学组成和分子结构比较简单的物质比结构复杂的物质有更大的导热系数。

2)孔隙率

固体物质的导热系数比空气的导热系数大得多,所以一般来说,材料的孔隙率越大,其导热系数越小。材料的导热系数不仅与孔隙率有关,还与孔隙的大小、分布、形状及连通情况有关。

3)湿度

材料在受潮吸湿之后,会使其导热系数增大,如果水结冰,导热系数会进一步增大,这是由于水的导热系数比空气的导热系数大 20 多倍,而冰的导热系数约为空气导热系数的 100 倍。所以,为了保证保温效果,对绝热材料要特别注意防潮。

4)温度

材料的导热系数会随温度的升高而增大,这是因为温度升高,材料固体分子的热运动加强,同时材料孔隙中空气的导热和孔壁间的辐射作用也会有所增强。

5)热流方向

材料如果是各向异性的,如木材等纤维质材料,当热流平行于纤维延伸方向时,受到的阻力小,而热流垂直于纤维延伸方向时受到的阻力大。

2. 温度稳定性

材料在受热作用下保持其原有性能不变的能力,称为绝热材料的温度稳定性。通常用其不至丧失绝热性能的极限温度来表示。

3. 强度

设计时,绝热材料通常采用抗压强度和抗折强度,由于绝热材料含有大量的孔隙,其强度一般不大,因此不宜将绝热材料用于承受外界荷载部位。

12.2.2 常用绝热材料

常用的绝热材料按其成分可以分为有机绝热材料和无机绝热材料两大类。无机绝热材料是用矿物质原料做成的呈松散状、纤维状或多孔状的材料,可以加工成板、卷材或套管等形式的制品。有机绝热材料是用有机原料(如各种树脂、软木、木丝、刨花等)制成的。有机绝热材料的密度一般小于无机绝热材料。无机绝热材料不腐烂、不燃,有些材料还能抵抗高温,但密度较大。有机绝热材料吸湿性大,易受潮、腐烂,高温下易分解变质或燃烧,一般温度高于 120 ℃时就不宜使用,但堆积密度小,原料来源广,成本较低。

1. 无机纤维状绝热材料

这是一类由连续的气相与无机纤维状固相组成的材料。常用的无机纤维材料有矿棉、玻璃棉等,可以制成板或筒状制品。由于其不燃、吸声、耐久、价格便宜、施工简便,因而广泛用于住宅建筑和热工设备表面。

1)玻璃棉及其制品

玻璃棉是用玻璃原料或碎玻璃经熔融后制成的一种纤维状材料,一般堆积密度为 $40\sim$ 150 kg/m³,导热系数小,价格与矿棉制品相近,可以制成沥青玻璃棉毡、板及酚醛玻璃棉毡和板,使用方便,因此是广泛用于温度较低的热力设备和房屋建筑中的保温隔热材料,同时也是优质的吸声材料。

2)矿棉及其制品

矿棉一般包括矿渣棉和岩石棉。矿渣棉所用原料有高炉硬矿渣、铜矿渣和其他矿渣等,另加一些调整原料(含氧化钙、氧化硅的原料)。岩石棉的主要原料是天然岩石,是经熔融后吹制而成的纤维状产品。

矿棉具有轻质、不燃、绝热和电绝缘性等性能,且原料来源丰富,成本较低,可制成矿棉板、矿棉防水毡及管套等,可以用于制作建筑物的墙壁、屋顶、顶棚等处的保温隔热和吸声材料。

2. 无机散粒状绝热材料

这是一类由连续的气相与无机颗粒状固相组成的材料。常用的固相材料有膨胀蛭石和珍珠岩等。

1）膨胀蛭石及其制品

膨胀蛭石是将蛭石经焙烧膨胀后而制得的一种松散颗粒状材料。可在 1000～1100 ℃ 温度下使用，可用于填充墙壁、楼板及平屋面保温等，在使用时应注意防潮。

膨胀蛭石可与水泥、水玻璃等胶凝材料配合，浇制成板，用于墙、楼板和屋面板等构件的绝热。其水泥制品通常用 10％～15％体积的水泥，85％～90％的膨胀蛭石，用适量水拌和、成型、养护而成。

2）膨胀珍珠岩及其制品

膨胀珍珠岩是由天然珍珠岩煅烧而成的，呈蜂窝泡沫状的白色或灰白色颗粒，是一种高效能的绝热材料。其最高使用温度可达 800 ℃，最低使用温度为－200 ℃，具有质轻、低温绝热性能好、化学稳定性好、不燃烧、耐腐蚀、施工方便等特点。其在建筑工程中广泛用于围护结构、低温及超低温保冷设备、热工设备等处的隔热保温材料，也可用于制作吸声制品。

膨胀珍珠岩制品是以膨胀珍珠岩为主，配合适量胶凝材料（水泥、水玻璃、磷酸盐、沥青等），经拌和、成型、养护（或干燥、固化）后而制成的具有一定形状的板、块、管壳等制品。

3. 无机多孔类绝热材料

多孔类材料是由固相和孔隙良好的分散材料组成的。主要有泡沫类和发气类产品。其整个体积内含有大量均匀分布的气孔（开口气孔、封闭气孔或二者皆有）。

1）泡沫混凝土

泡沫混凝土是将水泥、水和松香泡沫剂混合后，经搅拌、成型、养护、硬化而成的一种多孔混凝土，具有多孔、轻质、保温、绝热、吸声等性能。也可用粉煤灰、石灰、石膏和泡沫剂制成粉煤灰泡沫混凝土，宜用于建筑物围护结构的保温绝热。

2）加气混凝土

加气混凝土是由水泥、石灰、粉煤灰和发气剂（铝粉）配制而成的，经成型、蒸汽养护制成各种制品，是一种保温绝热性能良好的材料，具有保温、绝热、吸声等性能。加气混凝土表观密度小，导热系数值比黏土砖小得多，因而 240 mm 厚的加气混凝土墙体，其保温绝热效果优于 370 mm 厚的砖墙。此外，加气混凝土的耐火性能良好。

3）硅藻土

硅藻土是一种被称为硅藻的水生植物的残骸。硅藻土由硅藻壳构成，每个硅藻壳内包含有大量极细小的微孔，因此它具有很好的保温、绝热性能。硅藻土的最高使用温度约为 900 ℃，硅藻土常用于制作填充料，或者用其制作硅藻土砖等。

4）微孔硅酸钙

微孔硅酸钙是一种新颖的保温材料，它是用 65％的硅藻土，30％的石灰，再加入 5％的石棉、水玻璃和水，经拌和、成型、蒸压处理和烘干等工艺过程而制成的，可用于建筑物的围护结构和管道保温。其效果比水泥膨胀珍珠岩和水泥膨胀蛭石要好。

5）泡沫玻璃

采用碎玻璃 100 份，发泡剂（石灰石、碳化钙或焦炭）1～2 份配料，经粉磨混合、装模，在 800 ℃ 温度下烧成，形成大量封闭不相连通的气泡，气孔率达 80％～90％，气孔直径为 0.1～

5 mm。泡沫玻璃具有导热系数小、抗压强度和抗冻性高、耐久性好等特点。泡沫玻璃可用来砌筑墙体,也可用于冷藏设备的保温,或者用作漂浮、过滤材料。泡沫玻璃可锯割、黏结,易于加工,是一种高级绝热材料。

4. 有机绝热材料

有机绝热材料是用有机原料,如各种树脂、软木、木丝、刨花等制成的。轻质板材由于多孔、吸湿性大、不耐久、不耐高温,只能用于低温绝热环境。

1)泡沫塑料

泡沫塑料是以各种树脂为基料,加入一定剂量的发泡剂、催化剂、稳定剂等辅助材料经加热、发泡而制成的一种新型轻质、保温、吸声、防震材料,可用于屋面、墙面保温、冷库绝热和制成夹心复合板。目前我国生产的有聚苯乙烯泡沫塑料、聚氯乙烯泡沫塑料、聚氨酯泡沫塑料及脲醛泡沫塑料等,硬质泡沫塑料常在建筑工程中使用。

2)植物纤维类绝热板

该类绝热材料以稻草、木质纤维、麦秸、甘蔗渣等为原料经过加工而成,可用于墙体、地板、顶棚等,也可用于冷藏库、包装箱等。

3)窗用绝热薄膜

窗用绝热薄膜又叫新型防热片,用于建筑物窗户的绝热,可以遮蔽阳光,防止室内陈设物褪色,减少冬季热能损失,节约能源,给人们带来舒适的环境。使用时,将特制的防热片贴在玻璃上,其功能是将透过玻璃的大部分阳光反射出去,反射率高达80%。防热片能减少紫外线的透过率,减轻紫外线对室内家具和织物的有害作用,减弱室内温度变化程度,克服建筑物外观的不一致性,并避免玻璃碎片飞出伤人。可用于商业、工业、公共建筑、家庭寓所、宾馆等建筑物的窗户内外表面,也可用于博物馆内艺术品和绘画的紫外线防护。

12.3 吸声与隔声材料

12.3.1 吸声材料

在规定频率下平均吸声系数大于 0.2 的材料,称为吸声材料。因吸声材料可较大程度吸收由空气传递的声波能量,在播音室、音乐厅、影剧院等的墙面、地面、天棚等部位采用适当的吸声材料,能改善声波在室内的传播质量,保持良好的音响效果和舒适感。

1. 材料的吸声性能

当声波遇到材料表面时,一部分声波被反射,一部分则穿透材料,其余的部分传递给材料被吸收。这些被吸收的能量(E)与入射声能(E_0)之比,称为吸声系数(α),它是评定材料吸声性能好坏的主要指标,用公式表示如下:

$$\alpha = \frac{E}{E_0}$$

(12-1)

式中:α —— 材料的吸声系数;

E——被材料吸收（包括透过）的声能；

E_0——传递给材料的全部入射声能。

假如入射的声能 65% 被吸收，其余的 35% 被反射，则该材料的吸声系数就等于 0.65。当入射的声能 100% 被吸收，无反射时，吸声系数等于 1。当门窗开启时，吸声系数相当于 1。一般材料的吸声系数在 0～1 之间，吸声系数越大，吸声效果越好。

材料的吸声性能除与材料的本身性质、厚度及材料表面的条件（有无空气层及空气层的厚度）有关外，尚与声波的入射角度和频率有关，同一材料，对于高、中、低不同频率的吸声系数不同。为了全面反映材料的吸声性能，规定取 125 Hz、250 Hz、500 Hz、1000 Hz、2000 Hz、4000 Hz 6 个频率的吸声系数来表示材料的吸声频率特性。

2. 选用吸声材料的基本要求

（1）为发挥吸声材料的作用，必须选择气孔是开放的且互相连通的材料，开放连通的气孔越多，吸声性能越好，这与保温绝热材料有着完全不同的要求。同样都是多孔材料，但由于使用功能不同，则对气孔的要求也不同，保温绝热材料则要求具有封闭的、不连通的气孔。

（2）大多数吸声材料强度较低，因此，吸声材料应设置在护壁台以上，以免撞坏，多数吸声材料易于吸湿，安装时应考虑到胀缩的影响。

（3）应尽可能选用吸声系数较高的材料，以便使用较少的材料达到较好的效果。

（4）注意吸声材料与下面讲到的隔声材料的区别。

12.3.2　隔声材料

能减弱或隔断声波传递的材料为隔声材料。人们要隔绝的声音，按其传播途径有空气声（通过空气传播的声音）和固体声（通过固体的撞击或振动传播的声音）两种，两者隔声的原理不同。

对空气声的隔绝，主要是依据声学中的"质量定律"，即材料的密度越大，越不易受声波作用而产生振动，因此，其声波通过材料传递的速度迅速减弱，其隔声效果越好。所以，应选用密度大的材料（如钢筋混凝土、实心砖、钢板等）作为隔绝空气声的材料。

对固体声隔绝的最有效措施是断绝其声波继续传递的途径，即在产生和传递固体声波的结构（如梁、框架与楼板、隔墙，以及它们的交接处等）层中加入具有一定弹性的衬垫材料，如软木、橡胶、毛毡、地毯或设置空气隔离层等，以阻止或减弱固体声波的继续传播。

由上述可知，材料的隔声原理与材料的吸声（吸收或消耗转化声能）原理不同，因此，吸声效果好的疏松多孔材料（有开口连通而不穿透或穿透的孔型）隔声效果不一定好。

【本章小结】

塑料是由起胶结作用的树脂和起改性作用的填料、各种添加剂组成的。建筑塑料与传统建材相比具有许多优点，如表观密度小、比强度高、加工性能好、装饰性强、绝缘性能好、耐腐蚀性优良、节能效果显著等。根据塑料受热后性质变化的不同可分为热塑性塑料和热固性塑料。各种塑料制品可应用于建筑物的许多部位，尤其是塑料门窗、塑料管道等广泛应用于建筑工程中。各种塑料制品的性能应符合相应的技术标准的要求。

绝热、吸声、隔声材料是提高建筑物使用功能和改善人们生活环境所必需的建筑材料,目前大多数应用在音乐厅、电影院、大会堂、播音室、极大噪声车间等处。但随着人们对生产环境及生活质量要求的提高,这类材料将会得到更大的发展。

绝热材料主要由轻质、疏松、多孔或纤维状材料组成。材料或制品的保温、隔热性能可用导热系数评定,导热系数越小的材料,其绝热性能越好。本章介绍了常用的有机和无机类绝热材料及制品,供选用时参考。

吸声材料对入射声能有较大的吸收作用。材料的吸声性能可用吸声系数评定,吸声系数越大的材料,其吸声效果越好。在建筑物内部选用适当的吸声材料,能改善声波在室内的传播质量和减少噪声的危害。材料的吸声特性除与材料本身性质有关外,还与声波的入射角和频率有关。

能减弱或隔断声波传递的材料为隔声材料。材料的隔声原理与材料的吸声原理不同。

【技能训练题】

一、选择题(有一个或多个正确答案)

1. 下列材料中绝热性能最好的是(　　　)。

A. 泡沫塑料　　　　B. 泡沫混凝土　　　　C. 泡沫玻璃　　　　D. 中空玻璃

2. 建筑工程中常用的 PVC 塑料是指(　　　)。

A. 聚乙烯塑料　　　　B. 聚氯乙烯塑料　　　　C. 酚醛塑料　　　　D. 聚苯乙烯塑料

二、判断题

1. 材料的吸声效果越好,其隔声效果就越好。　　　　　　　　　　　　　　(　　　)

2. 材料的保温性能越好,其隔热效果就越好。　　　　　　　　　　　　　　(　　　)

三、简答题

1. 常用的隔声措施有哪些?

2. 为什么保温隔热材料在使用过程中一定要注意防水、防潮?

第 13 章　建筑材料试验

【学习要求】

知识点	学习要求
检测材料密度,检测材料的体积密度	掌握
负压筛析仪检测水泥的细度	了解
水泥标准稠度用水量检测、凝结时间检测、安定性检测、水泥胶砂强度检测(ISO 法)	掌握
砂、石表观密度检测、堆积密度检测	了解
砂、石筛分析试验	掌握
混凝土拌和物的和易性检测、混凝土拌和物的体积密度检测、混凝土抗压强度检测	掌握
建筑砂浆稠度及分层度检测	了解
砂浆试件抗压强度的检测	掌握
烧结砌墙砖的抗压强度检测	了解
低碳钢筋的屈服强度、抗拉强度和伸长率检测	掌握
弹性改性沥青防水卷材不透水性检测、拉力检测	了解

13.1　建筑材料的基本性质

13.1.1　密度检测

1. 试验目的

通过试验检测材料密度,计算材料孔隙率和密实度。

2. 主要仪器设备

李氏瓶(图 13-1);筛子(孔径 0.2 mm 或 900 孔/厘米^2);恒温水槽;量筒;烘箱[能使温度控制在(105±5) ℃];干燥器;天平(称量 1 kg,感量 0.01 g);漏斗;小勺等。

3. 试样制备

将试样研磨后用筛子筛分,除去筛余物质后放置试样于 105～110 ℃烘箱中烘至恒重,再放入干燥器中冷却到室温备用。

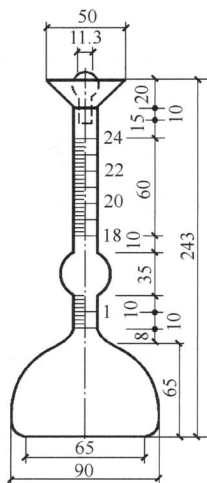

图 13-1　李氏瓶(单位:mm)

4. 检测方法及步骤

(1)在李氏瓶中注入与试样不发生化学反应的液体至突颈下部,盖上瓶塞放入恒温水槽内,在 20 ℃下使刻度部分浸入水中恒温 30 min,记录下刻度示值(V_0)。

(2)用天平称取 60～90 g 试样,精确至 0.01 g。用小勺和漏斗小心地将试样徐徐送入李氏瓶中,直至液面上升至 20 mL 左右刻度时为止。

(3)用瓶内的液体将黏附在瓶颈和瓶壁上的试样洗入瓶内液体中,反复摇动李氏瓶使液体中的气泡排出,记录液面刻度(V_1)。

(4)称量未注入瓶内剩余试样的质量,并计算出装入瓶中试样的质量 m。

(5)将注入试样后的李氏瓶中的液面读数减去未注入试样前的李氏瓶中的液面读数,得出试样的绝对体积 $V(V = V_1 - V_0)$。

5. 数据处理及结果评定

(1)按下式计算出材料密度 ρ(精确至 0.01 g/cm³):

$$\rho = \frac{m}{V} \tag{13-1}$$

(2)材料的密度检测以两个试样计算结果的算术平均值作为最后结果,精确至 0.01 g/cm³。两次检测结果之差不应大于 0.02 g/cm³,否则应重新检测。

13.1.2 体积密度检测

1. 试验目的

通过检测材料的体积密度,计算材料的孔隙率、体积及结构自重,还可以通过体积密度估计材料的强度、导热性能和吸水性等。

2. 主要仪器设备

游标卡尺(精度 0.1 mm);天平(感量 0.1 g);液体静力天平(感量 0.1 g);烘箱[能使温度控制在(105±5)℃];干燥器;漏斗;直尺等。

3. 试样制备

将试样(规则试样为 5 块)放入烘箱,在(105±5)℃温度下烘干至恒重,冷却至室温备用。

4. 试验方法及步骤

1)几何形状规则的材料

(1)用游标卡尺量出试样尺寸。对平行六面体试样,以每边测量上、中、下三个数值的算术平均值为准;对圆柱体试样,按两个互相垂直的方向量取其直径,各方向上、中、下分别测量,以六次平均值为准确定其直径,再在互相垂直的两直径与圆周交界的四点上量其高度,取四次量测的平均值作为试件高度。

（2）计算出体积 V_0，并用天平称出其质量 m。

2）几何形状不规则的材料

此类材料体积密度的检测需在材料表面封蜡（封闭开口孔隙）后采用"排液法"。

（1）称出试件在空气中的质量 m（精确至 $0.1\ g$，以下同）。

（2）将试件置于熔融石蜡中 $1\sim2\ s$ 后取出，使试件表面沾上一层蜡膜（膜厚不超过 $1\ mm$）。

（3）称出封蜡试件在空气中的质量 m_1。

（4）用液体静力天平称出封蜡试件在水中的质量 m_2。

（5）检定石蜡的密度 $\rho_{蜡}$（一般为 $0.93\ g/cm^3$）。

5. 数据处理及结果评定

（1）几何形状规则材料的体积密度 ρ_0 按下式计算：

$$\rho_0 = \frac{m}{V_0} \tag{13-2}$$

（2）几何形状不规则材料的体积密度 ρ_0 按下式计算：

$$\rho_0 = \frac{m}{\dfrac{m_1 - m_2}{\rho_水} - \dfrac{m_1 - m}{\rho_蜡}} \tag{13-3}$$

以五次试验结果的算术平均值作为检测值。

13.2　水泥性能检测

13.2.1　一般规定

1. 取样

施工现场取样时，应取同一生产厂家、同品种、同强度等级、同一批号且连续进场的水泥，袋装水泥不超过 $200\ t$ 为一批，散装水泥不超过 $500\ t$ 为一批。水泥的取样应有代表性，可连续取样，也可从 20 个以上不同部位取等量样品，总量至少 $12\ kg$。

注意事项：检测前，把按上述方法取得的水泥样品分成两等份，一份用于标准检验，另一份密封保存 3 个月，以备有疑问时复验。

2. 试验条件

（1）水泥试样应充分搅拌均匀，并通过 $0.9\ mm$ 方孔筛，然后记录其筛余物情况。

（2）试验室温度为 $(20\pm2)\ ℃$，相对湿度大于 50%。养护室温度为 $(20\pm2)\ ℃$，相对湿度大于 90%，养护池水温为 $(20\pm1)\ ℃$。

（3）试验用水应是洁净的淡水，也可采用蒸馏水。

（4）水泥试样、标准砂、拌和水及仪器用具的温度均应与试验室温度相同。

13.2.2　水泥细度检验(负压筛析法)

1.试验目的和标准

检测水泥的细度,作为评定水泥质量的依据之一。《水泥细度检验方法 筛析法》(GB/T 1345—2005)中规定了三种水泥细度检验方法:负压筛析法、水筛法、手工筛析法。三种方法的检测结果发生争议时,以负压筛析法的检测结果为准。

2.主要仪器设备

负压筛析仪[由负压筛(图 13-2)、筛座(图 13-3)、负压源及收尘器组成];天平(最大称量 100 g,最小分度值不大于 0.01 g)。

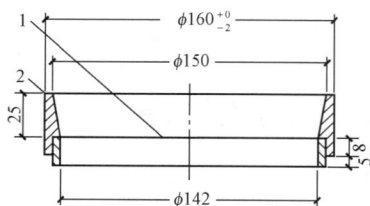

图 13-2　负压筛(单位:mm)

1—筛网;2—筛框

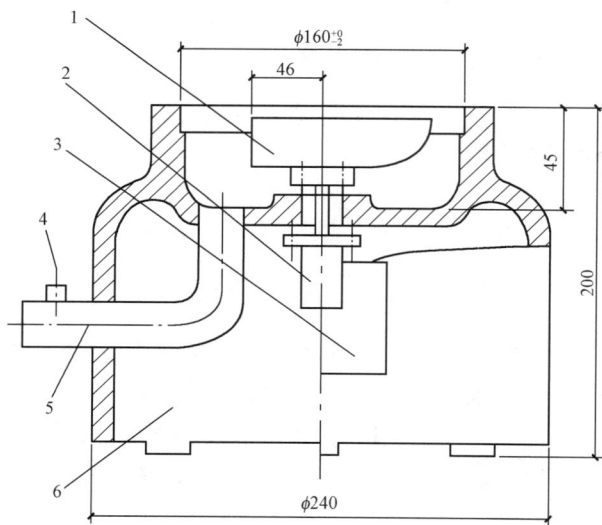

图 13-3　负压筛析仪筛座示意图(单位:mm)

1—喷气嘴;2—微电机;3—控制板开口;
4—负压表接口;5—负压源及收尘器接口;6—壳体

3.试验方法步骤

(1)检查负压筛析仪系统,调节负压至 4000~6000 Pa 范围内,喷气嘴上口平面应与筛网之间保持 2~8 mm 的距离。

（2）称取试样精确至 0.01 g（80 μm 筛析试验称取试样 25 g，40 μm 筛析试验称取试样 10 g），置于洁净的负压筛中，盖上筛盖，将负压筛连同试样放在筛座上，开动筛析仪连续筛析 2 min，在此期间如有试样附着在筛盖上，可轻轻敲击筛盖使试样落下。筛毕，用天平称量筛余物。

4. 数据处理及结果评定

水泥试样筛余百分数按下式计算，结果计算精确至 0.1%。

$$F = \frac{R_t}{W} \times 100\%$$ 　　　　　　　　　(13-4)

式中：F——水泥试样筛余百分数；

R_t——水泥筛余物的质量（g）；

W——水泥试样的质量（g）。

结果计算精确至 0.1%。

计算结果满足表 4-3 中细度要求时，水泥细度合格。

13.2.3　标准稠度用水量检测（标准法）

1. 试验原理及方法

水泥标准稠度净浆对标准试杆的沉入具有一定阻力。通过试验不同含水量水泥净浆的穿透性，确定水泥标准稠度净浆中所需加入的水量。

《水泥标准稠度用水量、凝结时间、安定性检验方法》（GB/T 1346—2011）规定，水泥标准稠度用水量的检测有标准法（试杆法）和代用法（试锥法），发生矛盾时以标准法为准。

2. 试验目的和标准

水泥的凝结时间、安定性均受水泥浆稀稠的影响，为了使不同水泥具有可比性，水泥必须有一个标准稠度，通过此项试验检测水泥浆达到标准稠度时的用水量，作为凝结时间和安定性试验用水量的标准。

《水泥标准稠度用水量、凝结时间、安定性检验方法》（GB/T 1346—2011）规定，以试杆沉入净浆并距底板（6±1）mm 时水泥净浆为标准稠度净浆，其拌和水量为该水泥的标准稠度用水量（P）。

3. 主要仪器设备

水泥净浆搅拌机；标准法维卡仪（图 13-4）；标准养护箱；水泥净浆试模；天平；量水器（最小刻度为 0.1 mL，精度 1%）。

4. 试验步骤及注意事项

1）试验步骤

（1）首先将维卡仪调整至试杆接触玻璃板时指针对准零点。

（2）称取水泥试样 500 g，拌和水量按经验找水。

（3）用湿布将搅拌锅和搅拌叶片擦过后，将拌和水倒入搅拌锅内，然后在 5～10 s 内小心将称好的 500 g 水泥加入水中，防止水和水泥溅出。

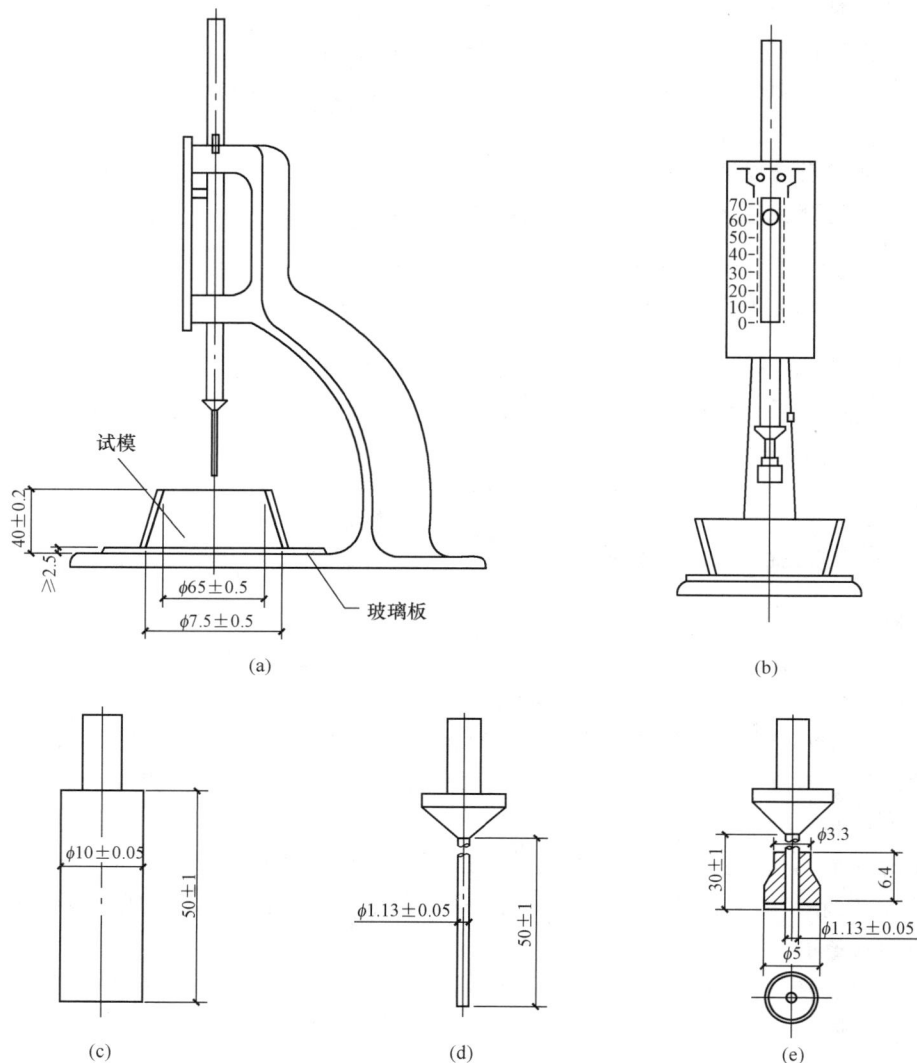

图 13-4 检测水泥标准稠度用水量和凝结时间用维卡仪(单位:mm)
(a)初凝时间检测用立式试模的侧视图;(b)终凝时间检测用反转试模前视图;
(c)标准稠度用试杆;(d)初凝用试针;(e)终凝用试针

(4)拌和时,先将锅放到搅拌机的锅座上,升至搅拌位置。启动搅拌机进行搅拌,低速搅拌 120 s,停拌 15 s,同时将叶片和锅壁上的水泥浆刮入锅内,接着高速搅拌 120 s 后停机。

(5)拌和结束后,立即将拌制好的水泥净浆装入已置于玻璃底板上的试模内,用宽约 25 mm 的直边小刀轻轻拍打超出试模部分的浆体 5 次以排除浆体中的空隙,然后在试模表面约 1/3 处,略倾斜于试模分别向外轻轻锯掉多余净浆,再从试模边沿轻抹顶部 1 次,使净浆表面光滑,在锯掉多余净浆和抹平的操作过程中,注意不要压实净浆;抹平后迅速将试模和底板移到维卡仪上,并将其中心定在试杆上,降低试杆直至与水泥净浆表面接触,拧紧螺丝 1~2 s 后,突然放松,使试杆垂直自由地沉入水泥净浆中,在试杆停止沉入或释放试杆 30 s 时记录试杆距底板之间的距离。

2)注意事项

(1)维卡仪上与试杆、试针连接的滑动杆表面应光滑,能靠重力自由下滑,不得有紧涩和摇动现象。

(2)沉入度检测应在搅拌后 1.5 min 内完成。

5.数据处理及结果评定

以试杆沉入净浆并距底板(6±1) mm 的水泥净浆为标准稠度净浆,其拌和水量为该水泥的标准稠度用水量(P),以占水泥质量的百分数计算。

$$P = \frac{拌和用水量}{水泥质量} \times 100\% \tag{13-5}$$

13.2.4　凝结时间检测

1.试验原理及方法

通过检测试针沉入标准稠度水泥净浆至一定深度所需的时间来表示水泥初凝和终凝时间。

凝结时间可以用人工检测,也可用符合标准操作要求的自动凝结时间检测仪检测,一般以人工检测为准。

2.试验目的和参考标准

试验目的:水泥的凝结时间是重要的技术指标之一。通过试验检测水泥的凝结时间,评定水泥的质量,判定其能否用于工程中。

参考标准:《水泥标准稠度用水量、凝结时间、安定性检验方法》(GB/T 1346—2011)。

3.主要仪器设备

标准法维卡仪[将试杆更换为试针,如图 13-4(d)、(e)所示];其他仪器设备同标准稠度检测试验。

4.试验步骤及注意事项

1)试验步骤

(1)称取水泥试样 500 g,按标准稠度用水量制备标准稠度水泥净浆,并一次装满试模,振动数次刮平,立即放入湿气养护箱中。记录水泥全部加入水中的时间作为凝结时间的起始时间。

(2)初凝时间的检测。首先调整凝结时间检测仪,使其试针接触玻璃板时的指针为零。试模在湿气养护箱中养护至加水后 30 min 时进行第一次检测:将试模放在试针下,调整试针与水泥净浆表面接触,拧紧螺丝,然后突然放松,试针垂直自由地沉入水泥净浆。观察试针停止下沉或释放试杆 30 s 时指针的读数。临近初凝时,每隔 5 min 检测一次。当试针沉至距底板(4±1) mm 时,为水泥达到初凝状态。

(3)终凝时间的检测。为了准确观察试针沉入的状况,在试针上安装一个环形附件。在完成水泥初凝时间检测后,立即将试模连同浆体以平移的方式从玻璃板取下,翻转180°,直径大端向上,小端向下放在玻璃板上,再放入养护箱中继续养护,临近终凝时间时每隔15 min检测一次。当试针沉入水泥净浆只有0.5 mm时,即环形附件开始不能在水泥浆上留下痕迹时,为水泥达到终凝状态。

2)注意事项

(1)检测前调整试件接触玻璃板时,指针对准零点。

(2)整个检测过程中试针以自由下落为准,且沉入位置至少距试模内壁10 mm。

(3)每次检测时,不能让试针落入原孔,每次测完须将试针擦净,并将试模放回湿气养护箱,整个检测过程防止试模受振。

(4)临近初凝,每隔5 min检测一次;临近终凝,每隔15 min检测一次。达到初凝或终凝时应立即重复测一次,当两次结论相同时,才能定为达到初凝状态或终凝状态。

5.检测结果及评定

(1)由水泥全部加入水中至初凝状态的时间为水泥的初凝时间,用"min"表示。

(2)由水泥全部加入水中至终凝状态的时间为水泥的终凝时间,用"min"表示。

若初凝时间或终凝时间未达到标准要求,则判定为不合格品。

13.2.5　安定性检测

1.试验原理及方法

水泥安定性的检测方法有标准法(雷氏法)和代用法(试饼法)两种,检测结果有争议时以标准法的检测结果为准。

标准法(雷氏法)是以检测水泥净浆在雷氏夹中沸煮后的膨胀值来检验水泥的体积安定性。

代用法(试饼法)是以观察水泥净浆试饼沸煮后的外形变化来检验水泥的体积安定性。

2.试验目的和参考标准

试验目的:体积安定性是水泥的重要技术指标之一。通过检测沸煮后标准稠度水泥净浆试样的体积和外形的变化程度,评定安定性是否合格,判定其能否用于工程中。

参考标准:《水泥标准稠度用水量、凝结时间、安定性检验方法》(GB/T 1346—2011)。

3.主要仪器设备

雷氏夹[由铜质材料制成,其结构如图13-5(a)所示。当用300 g砝码校正时,两根针的针尖距离增加应在(17.5±2.5) mm范围内,如图13-5(b)所示];雷氏夹膨胀检测仪(标尺最小刻度为0.5 mm,如图13-6所示);沸煮箱[能在(30±5)min内将箱内的试验用水由室温升至沸腾状态并保持3 h以上,整个过程不需要补充水量];水泥净浆搅拌机,天平,湿气养护箱,小刀等。

4.试验步骤及注意事项

1)标准法(雷氏法)的试验步骤

(1)检测前准备工作:每个试样需成型两个试件,每个雷氏夹需配备两个边长或直径约

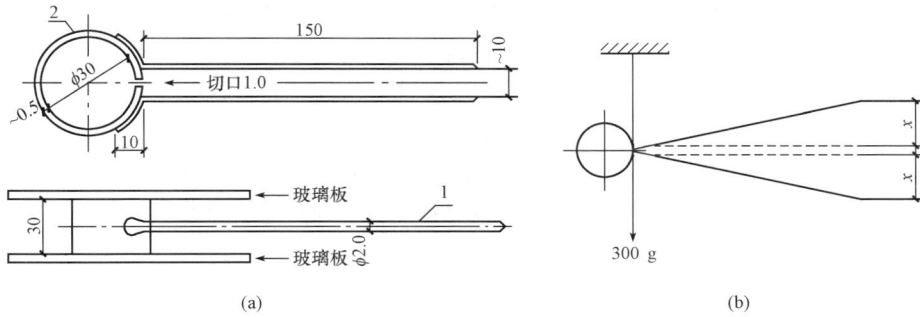

图 13-5 雷氏夹(单位:mm)

(a)雷氏夹示意图;(b)雷氏夹受力示意图

1—指针;2—环模

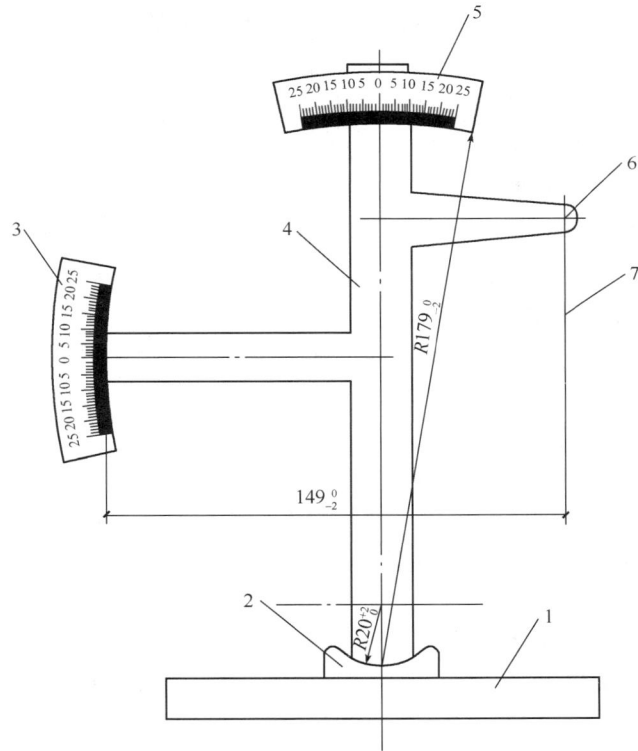

图 13-6 雷氏夹膨胀检测仪示意图

1—底座;2—模子座;3—测弹性标尺;4—立柱;5—测膨胀值标尺;6—悬臂;7—悬丝

80 mm、厚度 4~5 mm 的玻璃板,一垫一盖,凡与水泥净浆接触的玻璃板和雷氏夹内都要稍稍涂上一层油。

(2)将制备好的标准稠度水泥净浆立即一次装满雷氏夹,用宽度约 25 mm 的直边刀在浆体表面轻轻插捣 3 次,然后抹平,并盖上涂油的玻璃板,然后将试件移至湿气养护箱内养护(24±2) h。

(3)调整好沸煮箱内水位与水温,使水位能保证在整个沸煮过程中都超过试件,不需中途加水,又能保证在(30+5) min 之内升至沸腾。

(4)脱去玻璃板取下试件,先测量雷氏夹指针尖的距离(A),精确至 0.5 mm。然后将试件放入沸煮箱水中的试件架上,指针朝上,试件间互不交叉。接通电源,在(30±5) min 之内升至沸腾,并保持(180±5) min。

(5)沸煮结束后,立即放掉沸煮箱中的热水,冷却至室温,取出试件,用雷氏夹膨胀检测仪测量试件雷氏夹指针尖端的距离(C),精确至 0.5 mm。

2)代用法(试饼法)的试验步骤

(1)将制好的标准稠度的水泥净浆取出约 150 g,分成两等份,使之呈球形,放在已涂油的玻璃板上,用手轻轻振动玻璃并用湿布擦过的小刀由边缘向中央抹动,做成直径 70～80 mm、中心厚约 10 mm、边缘渐薄、表面光滑的两个试饼,放入养护箱内养护(24±2) h。

(2)脱去玻璃板,取下试饼并编号,先检查试饼,在无缺陷的情况下将试饼放在沸煮箱水中的算板上,在(30±5) min 内加热至沸并恒沸(180±5) min。

用试饼法时应注意先检查试饼是否完整。如果试饼已开裂、翘曲,要检查原因,确认无外因时,该试饼已属不合格,不必沸煮。

(3)沸煮结束后放掉热水,打开箱盖,待箱体冷却至室温,取出试件进行判别。

3)注意事项

(1)每种方法需平行检测两个试件。

(2)凡与水泥净浆接触的玻璃板和雷氏夹层内表面要稍涂一层油。

(3)试饼在无任何缺陷条件下方可沸煮。

5. 数据处理及结果评定

1)标准法的数据处理及结果评定

当两个试件沸煮后增加的距离(C−A)的平均值不大于 5.0 mm 时,即认为水泥安定性合格。当两个试件的(C−A)值相差超过 5.0 mm 时,应用同一样品立即重做一次试验。如果试验结果仍然如此,则认为该水泥为安定性不合格。

2)代用法的数据处理及结果评定

目检测饼未发现裂缝,用钢直尺检查也没有弯曲(用钢直尺紧靠试饼底部,以两者间不透光为不弯曲)的试饼为安定性合格,反之为不合格。当两个试饼判别结果有矛盾时,该水泥的安定性为不合格。

13.2.6 胶砂强度检测(ISO 法)

1. 试验原理及方法

通过检测以规定配合比制成的标准尺寸胶砂试件的抗压破坏荷载、抗折破坏荷载,确定水泥的抗压强度、抗折强度。

水泥强度检验采用 ISO 法(国际标准)。

2. 试验目的和参考标准

试验目的:通过检测规定龄期的水泥胶砂强度,确定水泥的强度等级或评定其强度是否符合《通用硅酸盐水泥》(GB 175—2007)的要求。

参考标准:《水泥胶砂强度检验方法》(GB/T 17671—2021)。

3. 主要仪器设备

行星式胶砂搅拌机(搅拌叶片和搅拌锅相反方向转动的搅拌设备,如图 13-7 所示);试模(可装拆的三联试模,试模内腔尺寸为 40 mm×40 mm×160 mm,如图 13-8 所示);壁高 20 mm 的金属模套;胶砂振实台;抗折强度试验机,如图 13-9 所示;抗压强度试验机;抗压夹具;两个播料器、金属刮平直尺、标准养护箱等。

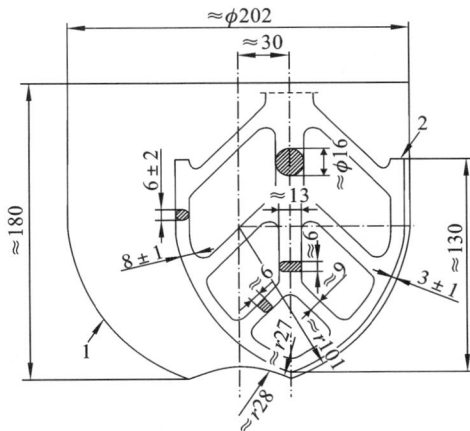

图 13-7　胶砂搅拌机示意图(单位:mm)

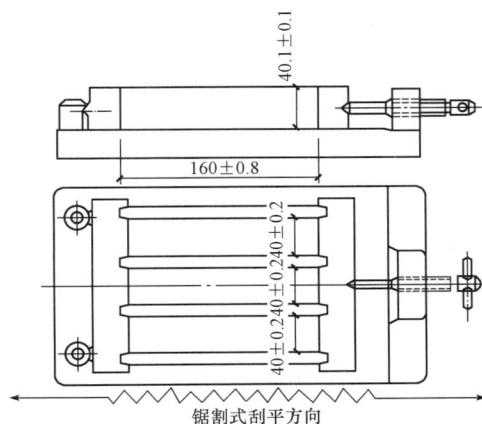

图 13-8　水泥试模(单位:mm)

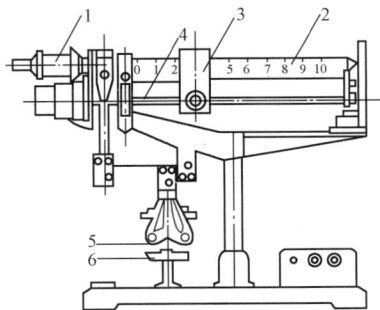

图 13-9　抗折强度试验机

1—平衡砣;2—大杠杆;3—游动砝码;4—传动丝杠;5—抗折夹具;6—手轮

4. 试验步骤及注意事项

1)胶砂试件的制备

(1)试件成型前将试模擦净,在四周的模板与底座的接触面上涂黄油,紧密装配,防止漏浆;试模内壁均匀刷一薄层机油,并将空试模和套模固定在振实台上。

(2)水泥与 ISO 标准砂的质量比为 1:3,水灰比为 0.50。一锅胶砂成型三条试体,每锅胶砂的材料用量为:水泥(450±2)g,ISO 标准砂(1350±5)g,水(225±1)g。配料中规定称量用天平精度为±1 g,量水器精度为±1 mL。

(3)胶砂搅拌时先把水加入锅里,再加入水泥,把锅放在固定架上,上升至固定位置,立即开动机器,低速搅拌 30 s,从第二个 30 s 开始加砂,30 s 内加完,高速搅拌 30 s,停拌 90 s,从停拌开始 15 s 内用一胶皮刮具将叶片和锅壁上的胶砂刮入锅内,再高速搅拌 60 s。各个搅拌阶段,时间误差应在±1 s 以内。

(4)用勺子将搅拌锅内的水泥胶砂分两次装模。装第一层时,每个模槽里放约 300 g 胶砂,用大播料器垂直架在模套顶部沿每一个模槽来回一次将料层播平,接着振动 60 次,再装入第二层胶砂,用小播料器刮平,再振动 60 次。

(5)移走套模,从振实台上取下试模,用一金属直尺以近似 90°的角度架在试模模顶的一端,然后沿试模长度方向以横向锯割动作慢慢向另一端移动,将超过试模部分的胶砂一次刮去,并用同一直尺以近似水平的情况下将试体表面抹平。

(6)在试模上做标记或用字条标明试件编号。

2)胶砂试件的养护

(1)将成型好的试件连同试模一起放入标准养护箱中,在温度(20±1)℃、相对湿度不低于 90%的条件下养护。

(2)养护到 20~24 h 之间取出脱模。脱模前应对试模进行编号或做其他标记,在编号时应将同一试模中的 3 条试件分在 2 个以上的龄期内同时编上成型与检测日期。然后脱模,脱模时应防止损伤试件。对于硬化较慢的水泥,允许 24 h 后脱模,但须记录脱模时间。

(3)试件脱模后立即水平或垂直放入(20+1)℃水中养护,水平放置时刮平面应朝上。养护期间应让水与试件的 6 个面充分接触,试件之间应留有间隙,水面至少高出试件 5 mm,并随时加水以保持恒定水位,不允许在养护期间完全换水。

(4)水泥胶砂试件养护至各规定龄期。试件龄期从水泥加水搅拌开始试验时算起。不同龄期的强度试验应在下列时间里进行:24 h±15 min;48 h±30 min;72 h±45 min;7 d±2 h;28 d±8 h。

3)水泥强度检测

各龄期的试件必须在规定的时间内进行强度检测。试件从水中取出后,揩去试件表面沉积物,并用湿布覆盖至试验开始。先用抗折试验机以中心加荷法检测抗折强度,然后对折断的试件进行抗压试验以检测抗压强度。

(1)抗折强度的检测。

每龄期取出 3 条试件先做抗折强度试验。试验前须擦去试件表面的附着水分和砂粒,清除夹具上圆柱表面黏着的杂物。试件放入夹具前,应使杠杆成平衡状态。试件放入夹具内,应使试件侧面与试验机支撑圆柱接触,试件长轴垂直于支撑圆柱,如图 13-10 所示。启动试验机,以(50±10)N/s 的速度均匀地加荷直至试体断裂。记录最大抗折破坏荷载(N)。

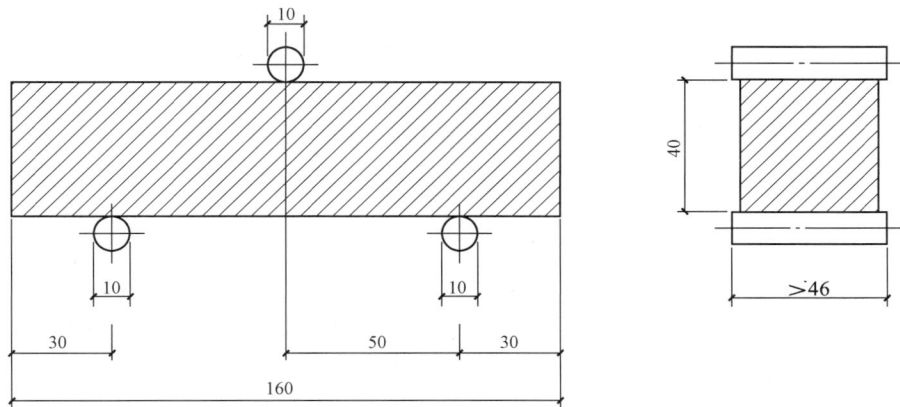

图 13-10　抗折强度检测示意图(单位:mm)

(2)抗压强度的检测。

抗折强度试验后的 6 个断块试件保持潮湿状态,并立即进行抗压试验。将断块试件放入抗压夹具内,并以试件的侧面作为受压面。试件的底面靠紧夹具定位销,并使夹具对准压力机压板中心。启动试验机,以(2.4±0.2) kN/s 的速度进行加荷,直至试件破坏。记录最大抗压破坏荷载(N)。

4)注意事项

(1)试模内壁应在成型前涂薄层隔离剂。

(2)养护时不应将试模叠放。

(3)脱模时应小心操作,防止试件受损。

(4)强度检测时,应将收浆面作为侧面。

(5)根据《通用硅酸盐水泥》(GB 175—2007),火山灰质硅酸盐水泥、粉煤灰硅酸盐水泥、复合硅酸盐水泥和掺火山灰质混合材料的普通硅酸盐水泥在进行胶砂强度检验时,其用水量按 0.50 的水灰比和胶砂流动度不小于 180 mm 来确定。当流动度小于 180 mm 时,须以 0.01 的整倍数递增的方法将水灰比调整至胶砂流动度不小于 180 mm。胶砂流动度的试验按《水泥胶砂流动度测定方法》(GB/T 2419—2005)进行。

5. 数据处理及结果评定

1)抗折强度

(1)每个试件的抗折强度 $f_{ce,m}$ 按下式计算(精确至 0.1 MPa):

$$f_{ce,m} = \frac{3FL}{2b^3} = 0.00234F \tag{13-6}$$

式中:F ——折断时施加于棱柱体中部的荷载(N);

L ——支撑圆柱体之间的距离(mm),$L = 100$ mm;

b ——棱柱体截面正方形的边长(mm),$b = 40$ mm。

(2)以一组 3 个试件抗折结果的平均值作为试验结果。当 3 个强度值中有一个超出平均值±10%时,应剔除后再取平均值作为抗折强度试验结果,当 3 个强度值中有 2 个超出平均值±10%时,则以剩余 1 个作为抗折强度试验结果。试验结果精确至 0.1 MPa。

2)抗压强度

(1)每个试件的抗压强度 $f_{ce,c}$ 按下式计算(MPa,精确至 0.1 MPa):

$$f_{ce,c} = \frac{F}{A} = 0.000625F \tag{13-7}$$

式中:F ——试件破坏时的最大抗压荷载(N);

A ——受压部分面积(mm^2)。

(2)以一组 3 个棱柱体上得到的 6 个抗压强度检测值的算术平均值作为试验结果。如 6 个检测值中有 1 个超出 6 个平均值的±10%,就应剔除这个结果,而以剩下 5 个的平均值作为结果。如果 5 个检测值中再有超过它们平均值±10%的,则此组结果作废。当 6 个测定值中同时有 2 个或 2 个以上超出平均值的±10%时,则此组结果作废。试验结果精确至0.1 MPa。

13.3　混凝土用砂质量检测

混凝土用砂质量检测的试验依据:《普通混凝土用砂、石质量及检验方法标准》(JGJ 52—2006)。

13.3.1　一般规定

1.取样

砂石的取样应按批进行。采用大型工具(火车、货船、汽车等)运输的,以 400 m^3 或600 t 为一验收批;用小型工具(拖拉机等)运输的,以 200 m^3 或 300 t 为一验收批。不足上述量者,按一个验收批进行验收。

每验收批砂至少应进行颗粒级配、含泥量、泥块含量检验。对于碎石或卵石,还应检验针片状颗粒含量;对于人工砂及混合砂,还应检验石粉含量。对于重要工程或特殊工程,应根据工程要求增加检测项目。每验收批的取样方法应按有关规定执行。

(1)从料堆取样时,取样部位应均匀分布。取样前先将表面铲除,然后从不同部位抽取大致相等的 8 份砂样,组成各自一组样品。

(2)从汽车、火车、货船上取样时,先从每验收批中抽取有代表性的若干单元(汽车为 4~8 辆、火车为 3 节车皮、货船为 2 艘),再从若干单元的不同部位和深度抽取大致相等的 8 份砂样,组成各自一组样品。

(3)对每一单项检验项目,每组样品取样质量应分别满足表 13-1 的规定;当需要做多项检验时,可在确保样品经一项试验后不致影响其他试验结果的前提下,用同组样品进行多项不同的试验。

(4)除筛分析外,当其余检验项目存在不合格品时,应加倍取样复验。当复验仍有一项不满足标准要求时,应按不合格品处理。

2. 样品的缩分

(1)砂的样品缩分方法:每组样品应按分料器缩分或人工四分法缩分至略多于进行试验所需量为止。

(2)含水率、堆积密度和紧密密度的检验,所用试样不经缩分,拌匀后直接进行试验。

3. 试验条件

(1)试验温度应在 $15\sim30$ ℃。

(2)试验用水应是洁净的淡水,也可采用蒸馏水。

表 13-1　每一单项检验项目所需砂的最少取样质量

检验项目	最少取样质量/g	检验项目	最少取样质量/g
筛分析	4400	紧密密度和堆积密度	5000
表观密度	2600	硫化物与硫酸盐含量	50
吸水率	4000	氯离子含量	2000
含水率	1000	贝壳含量	10000
含泥量	4400	碱活性	20000
泥块含量	20000	人工砂压碎值指标	分成公称粒级 $5.00\sim2.50$ mm、$2.50\sim1.25$ mm、1.25 mm~630 μm、$630\sim315$ μm、$315\sim160$ μm,每个粒级各需 1000 g
石粉含量	1500		
有机物含量	2000		
云母含量	600	坚固性	分成公称粒级 $5.00\sim2.50$ mm、$2.50\sim1.25$ mm、1.25 mm~630 μm、$630\sim315$ μm、$315\sim160$ μm,每个粒级各需 1000 g
轻物质含量	3200		

13.3.2　表观密度检测(标准法)

1. 试验目的

通过试验检测砂的表观体积(含闭口孔隙的材料体积),计算颗粒状材料的表观密度。

2. 主要仪器设备

天平(称量 1 kg,感量 1 g);烘箱[能使温度控制在(105±5)℃];容量瓶;烧杯;干燥器;漏斗;料勺;温度计等。

3. 试样制备

将缩分至 660 g 左右的试样,在温度为(105±5)℃的烘箱中烘干至恒重,待冷却至室温后,分成大致相等的两份备用。

4. 试验方法及步骤

(1)称取烘干的试样 300 g(m),精确至 0.1 g,将试样装入容量瓶,注入冷开水至接近 500 mL 刻度处,用手摇动容量瓶,使砂样充分摇动,排出气泡,塞紧瓶盖,静置 24 h。

(2)用滴管小心加水至容量瓶 500 mL 刻度处,塞紧瓶盖,擦干瓶外水分,称出其质量精确至 1 g。

(3)倒出容量瓶内水和试样,洗净容量瓶,再向瓶内注入水(水温相差不超过 2 ℃,并在 15~25 ℃范围内)至 500 mL 刻度处,塞紧瓶盖,擦干瓶外水分,称出其质量 m_2,精确至 1 g。

5. 数据处理及结果评定

(1)砂的表观密度按下式计算(精确至 10 kg/m³):

$$\rho'_s = \left(\frac{m}{m + m_2 - m_1} - \alpha_t \right) \times 1000 \tag{13-8}$$

式中: ρ'_s ——砂的表观密度(kg/m³);

m ——试样的烘干质量(g);

m_1 ——试样、水及容量瓶总质量(g);

m_2 ——水及容量瓶总质量(g)。

α_t ——不同水温对表观密度影响的修正系数,见表 13-2 。

表 13-2　不同水温对砂的表观密度影响的修正系数

水温/℃	15	16	17	18	19	20	21	22	23	24	25
α_t	0.002	0.003	0.003	0.004	0.004	0.005	0.005	0.006	0.006	0.007	0.008

(2)砂的表观密度以两次试验结果的算术平均值作为检测值,精确至 10 kg/m³;若两次试验结果之差大于 20 kg/m³,应重新取样进行试验。

注意事项:试样的各项称量可在 15~25 ℃的温度范围内进行,但从试样加水静置的 2 h 起至试验结束,其温度变化范围不得超过 2 ℃。

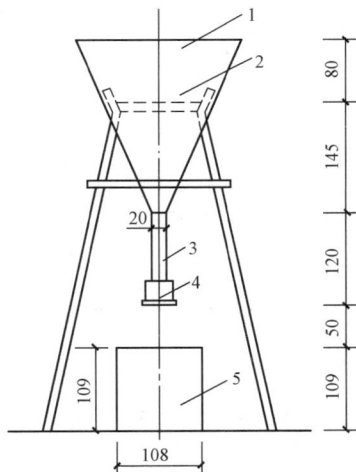

图 13-11　标准漏斗(单位:mm)

1—漏斗;2—筛子;3—导管;
4—活动门;5—标准容器

13.3.3　堆积密度检测

1. 试验目的

通过试验检测材料的堆积密度,为估算砂的质量、堆积体积及空隙率提供依据。

2. 主要仪器设备

烘箱[能使温度控制在(105±5) ℃];容量筒(容积为 1 L);标准漏斗(图 13-11);台秤;料勺;垫棒(直径 10 mm、长 500 mm);直尺;搪瓷盘;毛刷等。

3. 试样制备

四分法缩取 3 L 细骨料试样放入浅盘中,将浅盘放入温度为(105±5) ℃的烘箱中烘干至恒重,取出后冷却至室温,筛除大于 4.75 mm 的颗粒,分为大致相等的两份备用。

4. 检测方法及步骤

1)松散堆积密度

称取标准容器的质量 m_1,精确至 1 g。用漏斗和铝制料勺将试样徐徐装入容量筒(漏斗出料口距容量筒筒口为 50 mm),直到容量筒上部试样呈锥体且四周溢满时,停止加料。然后用直尺将多余的试样沿筒口中心线向两边刮平,称出试样和容量筒的总质量 m_2,精确至 1 g。

　　2)紧密堆积密度

　　称取标准容器的质量 m_1,精确至 1 g。取试样一份,分两次装入容量筒。装完第一层后,在筒底放一根直径为 10 mm 的垫棒,左右交替颠击地面各 25 次,然后装入第二层;第二层装满并用同样方法颠实(但筒底所垫垫棒的方向与装第一层时垂直)后,再加试样直至超过筒口,然后用直尺将多余的试样沿筒口中心线向两边刮平,称出试样和容量筒的总质量 m_2,精确至 1 g。

　　3)容量筒容积的校正方法

　　以温度为(20±2)℃的饮用水装满容量筒,用玻璃板沿筒口滑移,使其紧贴水面。擦干筒外壁水分,然后称出其质量,砂容量筒精确至 1 g,石子容量筒精确至 10 g。用下式计算筒的容积(mL,精确至 1 mL):

$$V = m_2' - m_1' \tag{13-9}$$

式中:m_2'——容量筒、玻璃板和水总质量(g);

　　　　m_1'——容量筒和玻璃板质量(g)。

　　5. 数据处理及结果评定

　　试样的堆积密度 ρ_0' 按下式计算(kg/m³,精确至 10 kg/m³):

$$\rho_0' = \frac{m_2 - m_1}{V_0'} \times 1000 \tag{13-10}$$

式中:m_1——试样、水及容量筒总质量(kg);

　　　　m_2——水及容量筒总质量(kg);

　　　　V_0'——容量筒的容积(L)。

　　堆积密度应采用两份试样检测两次,并以两次试验结果的算术平均值作为检测值。

13.3.4　颗粒级配及粗细程度检测

　　1. 试验原理及方法

　　通过由不同孔径的筛组成的一套标准筛对砂样进行过筛,检测砂样中不同粒径颗粒的含量。颗粒级配及粗细程度检测采用国际统一的筛分析法。

　　2. 试验目的

　　通过筛分析试验检测不同粒径骨料的含量比例,评定砂的颗粒级配状况及粗细程度,为合理选砂提供技术依据。

　　3. 主要仪器设备

　　标准筛(公称直径分别为 9.50 mm、4.75 mm、2.36 mm、1.18 mm、600 μm、300 μm、150 μm 的标准方孔筛各一只,并附有筛底和筛盖);摇筛机;天平(称量 1000 g,感量 1 g);烘箱[能恒温在(105±5)℃];浅盘;毛刷等。

4. 试样制备

试验前先将来样通过公称直径 9.50 mm 的方孔筛,并计算筛余。称取经缩分后的样品不少于 550 g 两份,分别装入两个浅盘,在(105±5) ℃的温度下烘干至恒重。冷却至室温备用。

5. 试验步骤及注意事项

1)试验步骤

(1)准确称取烘干试样 500 g,置于按筛孔大小顺序排列(大孔在上、小孔在下)的套筛的最上一只筛(公称直径为 4.75 mm 的方孔筛)上。

(2)将套筛装入摇筛机内固定,筛分 10 min;无摇筛机时,可改用手筛。

(3)将整套筛自摇筛机上取下,按筛孔从大到小的顺序,在洁净的浅盘上逐一进行手筛。各号筛均须筛至每分钟筛出量不超过试样总量的 0.1%时为止。通过的颗粒并入下一号筛,并和下一号筛中的试样一起手筛,依此类推,直至各号筛全部筛完为止。

(4)称量各号筛上的筛余试样质量(精确至试样总质量的 0.1%)。分计筛余量和底盘中剩余试样的质量总和与筛分前的试样总量相比,其差值不得超过 1%。否则应重新试验。

2)注意事项

当试样含泥量超过 5%时,应先将试样水洗,然后烘干至恒重,再进行筛分。

6. 检测结果的计算与评定

(1)计算各筛上的分计筛余和累计筛余(精确至 0.1%)。

(2)根据累计筛余的计算结果,绘制筛分曲线,或者对照国家规范规定的级配区范围,判别砂子的级配是否合格。

(3)计算砂的细度模数(精确至 0.01),并根据细度模数的大小来判别砂的粗细程度。细度模数 M_x 按下式计算:

$$M_x = \frac{(A_2 + A_3 + A_4 + A_5 + A_6) - 5A_1}{100 - A_1} \tag{13-11}$$

砂的筛分析检测应用两份试样分别检测两次,并以两次检测结果的算术平均值作为检测值。如两次检测所得的细度模数之差大于 0.20,应重新取样进行检测。

13.4　混凝土用碎石或卵石质量检测

13.4.1　取样的规定

对每一单项检验项目,每组样品取样质量应满足表 13-3 的规定。16 份石样组成一组样品。对于碎石或卵石,还应检验针、片状颗粒含量。

(1)碎石或卵石缩分时,应将样品置于平板上,在自然状态下拌匀,并堆成锥体,然后沿互相垂直的两条直径把锥体分成大致相等的 4 份,取其对角线的两份重新拌匀,再堆成锥体。重复上述过程,直至把样品缩分至略多于进行试验所需量为止。

(2)含水率、堆积密度和紧密密度的检验,所用试样不经缩分,拌匀后直接进行试验。

表 13-3　每一单项检验项目所需碎石或卵石的最少取样质量(kg)

试验项目	最大公称粒径/mm							
	10.0	16.0	20.0	25.0	31.5	40.0	63.0	80.0
筛分析	8	15	16	20	25	32	50	64
含泥量	8	8	24	24	40	40	80	80
泥块含量	8	8	24	24	40	40	80	80
针、片状颗粒含量	1.2	4	8	12	20	40	—	—
表观密度	8	8	8	8	12	16	24	24
含水率	2	2	2	2	3	3	4	6
吸水率	8	8	16	16	16	24	24	32
堆积密度、紧密密度	40	40	40	40	80	80	120	120
硫化物及硫酸盐	1.0							

注:有机物含量、坚固性、压碎指标值及碱-骨料反应检验,应按试验要求的粒级及质量取样。

13.4.2　表观密度检测(标准法)

1. 试验原理及方法

利用阿基米德原理(骨料排出水的体积为骨料的表观体积)检测碎石或卵石的表观体积(含闭口孔隙的材料体积),计算骨料的表观密度。

2. 试验目的

通过试验检测骨料的表观密度,为混凝土配合比设计提供依据。

3. 主要仪器设备

液体天平(称量 5 kg,感量 5 g,其型号尺寸应能允许在臂上悬挂盛试样的吊篮,并能将吊篮放在水中称量,如图 13-12 所示);吊篮(直径和高度均为 150 mm,由孔径为 1～2 mm 的筛网或钻有 2～3 mm 孔洞的耐腐蚀金属板制成);盛水容器(可放入吊篮,有溢流孔);容量瓶烧杯(500 mL);干燥器;烘箱[能使温度控制在(105±5) ℃];漏斗;料勺;温度计等。

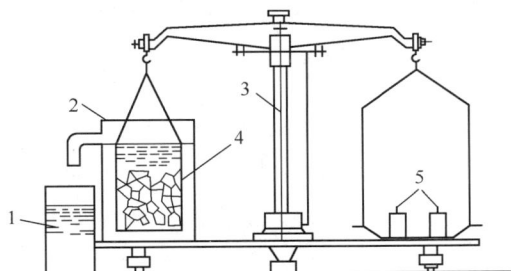

图 13-12　液体天平
1—容器;2—金属筒;3—天平;4—吊篮;5—砝码

4. 试样制备

按表 13-4 规定取样,并缩分至略大于表 13-4 规定的质量,风干后筛除小于 4.75 mm 的颗粒,洗刷干净后分成大致相等的两份备用。

表 13-4 石子表观密度试验所需的最少试样质量

最大公称粒径/mm	10.0	16.0	20.0	25.0	31.5	40.0	63.0	80.0
最少试样质量/kg	2.0	2.0	2.0	2.0	3.0	4.0	6.0	6.0

5. 试验方法及步骤

(1)取试样一份装入吊篮,并将吊篮浸入盛水的容器中,水面至少高出试样 50 mm,浸水 24 h,移放到称量用的盛水容器中,并用上下升降吊篮(试样不得露出水面)的方法排出气泡。

(2)检测水温后,用天平称取吊篮及试样在水中的质量 m_2,精确至 5 g。

(3)提起吊篮,将试样倒入浅盘,在温度为(105±5)℃的烘箱中烘干至恒重,冷却至室温后,称出其质量 m,精确至 5 g。

(4)称取吊篮在同样温度的水中的质量 m_1,精确至 5 g,称量时盛水容器中水面的高度仍由容器的溢流孔控制。

6. 数据处理及结果评定

石子的表观密度按下式计算(精确至 10 kg/m³):

$$\rho'_{G} = \left(\frac{m}{m + m_2 - m_1} - \alpha_t\right) \times 1000 \qquad (13\text{-}14)$$

式中:ρ'_{G}——石子的表观密度(kg/m³);

$\quad m$ ——试样的烘干质量(g);

$\quad m_1$ ——吊篮在水中的质量(g);

$\quad m_2$ ——吊篮及试样在水中的质量(g)。

$\quad \alpha_t$ ——水温对表观密度影响的修正系数,见表 13-2。

石子的表观密度均以两次试验结果的算术平均值作为检测值,精确至 10 kg/m³;若两次试验结果之差大于 20 kg/m³,可取 4 次检测结果的算术平均值作为检测值。

注意事项:试样的各项称量可在 15~25 ℃ 的温度范围内进行,但从试样加水静置的 2 h 起至试验结束,其温度变化范围不得超过 2 ℃。

13.4.3 堆积密度检测

1. 试验目的

通过试验检测碎石或卵石的堆积密度,为估算材料的质量、堆积体积及空隙率提供依据。

2. 主要仪器设备

容量筒(规格见表 13-5);平头铁锹;磅秤(称量 100 kg,感量 100 g);直尺;垫棒(直径 16 mm,长 600 mm);烘箱[能使温度控制在(105±5)℃]。

表 13-5　容量筒的规格要求

碎石或卵石的最大公称粒径/mm	容量筒容积/L	容量筒规格/mm		
		内径	净高	壁厚
10.0、16.0、20.0、25.0	10	208	294	2
31.5、40.0	20	294	294	3
63.0、80.0	30	360	294	4

注:检测紧密密度时,对最大公称粒径为 31.5 mm、40.0 mm 的骨料,可采用 10 L 的容量筒;对最大公称粒径为 63.0 mm、80.0 mm 的骨料,可采用 20 L 的容量筒。

3. 试样制备

按表 13-5 的规定称取试样,放入浅盘中,在(105±5)℃的烘箱中烘干至恒重,也可以摊在清洁的地面上风干,拌匀后分成大致相等的两份备用。

4. 检测方法及步骤

1)松散堆积密度

称取容量筒的质量 m_1,精确至 1 g。取试样一份放在平整、干净的混凝土地面或铁板上,用平头铁锹铲起试样,使试样在距容量筒中心上方 50 mm 处徐徐倒入,让试样以自由落体落下,当容量筒上部试样呈锥体,且容量筒四周溢满时,停止加料。除去凸出筒口表面的颗粒并以比较合适的颗粒填充凹陷部分,使表面稍凸起部分和凹陷部分的体积大致相等。然后称出试样和容量筒的总质量 m_2。

2)紧密堆积密度

取试样一份分三次装入容量筒。装完第一层后,在筒底放一根直径为 16 mm 的垫棒,将筒按住,左右交替颠击地面各 25 次,再装入第二层,第二层装满后用同样方法颠实(但筒底所垫垫棒的方向与第一层的方向垂直),然后装入第三层,如法颠实。试样装填完毕,再加试样直至超过筒口,用钢尺沿筒口边缘刮去高出的试样,使表面稍凸起部分与凹陷部分的体积大致相等。称出试样和容量筒总质量 m_2。

3)容量筒容积的校正方法

同 13.3.3 中容量筒容积的校正方法。

5. 数据处理及结果评定

同 13.3.3 中数据处理及结果评定。

13.5　普通混凝土性能检测

13.5.1　一般规定

1. 取样

同一组混凝土拌和物的取样应从同一盘或同一车运送的混凝土中取出,取样与试件留置应符合下列规定:

(1)每拌制 100 盘且不超过 100 m³ 的同配合比的混凝土,取样不得少于一次。

(2)每工作时拌制的同一配合比的混凝土不足 100 盘时,取样不得少于一次。

(3)每一次连续浇筑超过 1000 m³ 时,同一配合比的混凝土每 200 m³,取样不得少于一次。

(4)每一楼层,同一配合比的混凝土,取样不得少于一次。

(5)每一次取样应至少留置一组标准养护试件,同条件养护试件的留置组数应根据实际需要确定。

(6)从取样完毕到开始做各项性能试验不宜超过 5 min。

2. 试验条件

(1)在试验室拌制混凝土进行试验时,拌和时试验室的温度应保持在(20±5)℃,所用材料的温度应与试验室的温度保持一致。

(2)材料用量以质量计;称量精度:骨料为±1%;水、水泥、掺合料和外加剂均为±0.5%。

(3)混凝土试配时的最小搅拌量为:当骨料最大粒径小于 30 mm 时,拌制量为 15 L;最大粒径为 40 mm 时,拌制量为 25 L。同时,搅拌量不应小于搅拌机额定搅拌量的 1/4。

(4)从试样制备完毕到开始做各项性能试验时间不宜超过 5 min。

3. 试样制备

1)主要仪器设备

搅拌机(容量 75~100 L,转速 18~22 r/min);磅秤(称量 50 kg,感量 50 g);天平(称量 5 kg,感量 1 g);量筒(200 mL、100 mL 各一只);拌板(1.5 m×2.0 m 左右);拌铲;盛器;抹布等。

2)拌和方法

(1)人工拌和。

①按所定配合比备料,以全干状态为准。

②将拌板和拌铲用湿布润湿后,将砂倒在拌板上,然后加入水泥,用铲自拌板一端翻拌至另一端,然后再翻拌回来,如此重复直至颜色混合均匀,再加入石子翻拌至混合均匀为止。

③将干混合料堆成堆,在中间做一凹槽,将已称量好的水,倒入一半左右在凹槽中(勿使水流出),然后仔细翻拌,并徐徐加入剩余的水,继续翻拌。每翻拌一次,用铲在混合料上铲切一次,直至拌和均匀为止。

④拌和时力求动作敏捷,拌和时间从加水时算起,应大致符合以下规定:拌和物体积为 30 L 以下时为 4~5 min;拌和物体积为 30~50 L 时为 5~9 min;拌和物体积为 51~75 L 时为 9~12 min。

⑤拌好后,根据试验要求,即可做拌和物的各项性能试验或成型试件。从开始加水时算起,全部操作必须在 30 min 内完成。

(2)机械搅拌。

①按所定配合比备料,以全干状态为准。

②预拌一次,即用按配合比的水泥、砂和水组成的砂浆和少量石子,在搅拌机中涮膛,然

后倒出多余的砂浆,其目的是使水泥砂浆先黏附满搅拌机的筒壁,以免正式拌和时影响混凝土的配合比。

③开动搅拌机,将石子、砂和水泥依次加入搅拌机内,干拌均匀,再将水徐徐加入。全部加料时间不得超过 2 min。水全部加入后,继续拌和 2 min。

④将拌和物从搅拌机中卸出,倒在拌板上,再经人工拌和 1～2 min,即可做拌和物的各项性能试验或成型试件。从开始加水时算起,全部操作必须在 30 min 内完成。

13.5.2　混凝土拌和物的和易性检测(坍落度与扩展度法)

1. 试验原理及方法

通过检测混凝土拌和物在自重作用下自由坍落的程度及外观现象(有无泌水、离析等),评定混凝土拌和物的和易性(流动性、保水性、黏聚性)是否满足要求。

2. 试验目的及标准

通过坍落度检测,确定试验室配合比,检验混凝土拌和物的和易性是否满足施工要求,并制作成符合标准要求的构件,以便确定混凝土的强度及耐久性能。

坍落度法适用于粗骨料最大粒径不大于 40 mm、坍落度值不小于 10 mm 的塑性混凝土拌和物和易性检测。检测时需拌和物料 15 L。

混凝土拌和物的和易性按《普通混凝土拌和物性能试验方法标准》(GB/T 50080—2016)检测。

3. 主要仪器设备

坍落度筒(截头圆锥形,由薄钢板或其他金属板制成,形状和尺寸如图 13-13 所示);捣棒(端部应磨圆,直径 16 mm,长度 650 mm);装料漏斗;小铁铲;钢直尺;抹刀等。

4. 试验步骤及注意事项

(1)用湿布润湿坍落度筒及其他用具,并把坍落度筒放在不吸水的刚性水平底板上,然后用脚踩住两边的脚踏板,使坍落度筒在装料时保持位置固定。

(2)按要求将拌好的混凝土拌和物试样用小铲分 3 层均匀地装入筒内,使捣实后每层试样高度为筒高的 1/3 左右,每层用捣棒插捣 25 次。插捣时应沿螺旋方向由外围向中心进行,各次插捣应在截面上均匀分布。插捣筒边的混凝土试样时,捣棒可以稍稍倾斜;插捣底层时,捣棒应贯穿整个深度;插捣第二层和顶层时,捣棒应插透本层至下一层的表面。浇灌顶层时,应将混凝土拌和物灌至高出筒口。插捣过程中,如混凝土沉落到低于筒口,则应随时添加。顶层插捣完毕后,刮去多余的混凝土拌和物并用抹刀抹平。

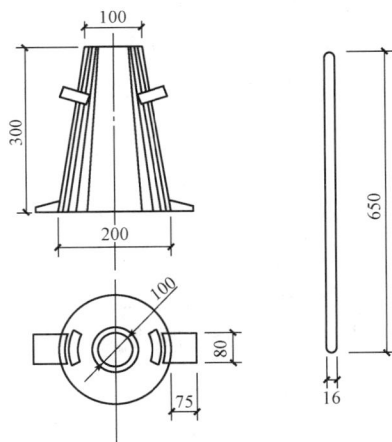

图 13-13　坍落度筒和捣棒(单位:mm)

（3）清除筒边底板上的混凝土后，在 5~10 s 内垂直平稳地提起坍落度筒。从开始装料到提起坍落度筒的整个过程应不间断地进行，并应在 150 s 内完成。

（4）提起坍落度筒后，立即量测筒高与坍落后混凝土拌和物试体最高点之间的高差，即为该混凝土拌和物的坍落度值（以 mm 为单位，读数精确至 5 mm），如图 13-14 所示。

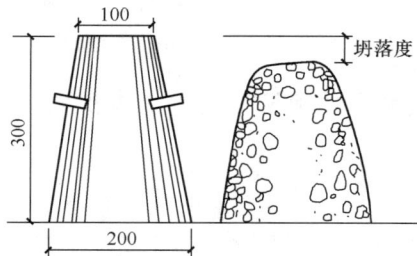

图 13-14　坍落度试验示意图（单位：mm）

（5）坍落度筒提离后，如试体发生崩坍或一边剪坏现象，则应重新取样进行检测。如第二次仍出现这种现象，则表示该拌和物的和易性不好，应予记录备查。

（6）检测坍落度后，观察拌和物的黏聚性和保水性，并做好记录。

（7）坍落度的调整。

在按初步计算备好试样的同时，另外还需为坍落度调整备好两份水泥与水。备用的水泥与水的比例应符合原定的水灰比，其数量可各为原来用量的 5% 与 10%。

当测得拌和物的坍落度达不到要求时，可保持水灰比不变，增加 5% 或 10% 的水泥和水；当坍落度过大时，可保持砂率不变，酌情增加砂和石子的用量；若黏聚性或保水性不好，则需适当调整砂率。每次调整后应尽快拌和均匀，重新进行坍落度检测。

2）注意事项

（1）装料时，应使坍落度筒固定在拌和平板上，保持位置不动。

（2）提起坍落度筒时应垂直平稳向上，避免坍落度筒触及混凝土拌和物。

5. 数据处理及结果评定

坍落前后的高差即为坍落度。根据坍落度的大小判定混凝土拌和物是否满足施工要求的流动性。

在进行坍落度试验的同时，应观察混凝土拌和物的黏聚性、保水性，以便全面地评定混凝土拌和物的和易性。

黏聚性的评定方法：用捣棒在已坍落的混凝土锥体侧面轻轻敲打，若锥体逐渐下沉，则表示黏聚性良好；如果锥体倒塌，部分崩裂或出现离析现象，则表示黏聚性不好。

保水性是以混凝土拌和物中的稀水泥浆析出的程度来评定的。坍落度筒提起后，如有较多稀水泥浆从底部析出，锥体部分混凝土拌和物也因失浆而骨料外露，则表明混凝土拌和物的保水性能不好。如坍落度筒提起后无稀水泥浆或仅有少量稀水泥浆自底部析出，则表示此混凝土拌和物保水性良好。

　　混凝土拌和物的和易性应按试验检测值和试验目测情况综合评议。其中,坍落度至少要检测两次,取两次的算术平均值作为最终的检测结果。两次坍落度检测值之差应不大于20 mm。

　　当坍落度大于 220 mm 时,坍落度不能准确反映混凝土的流动性,用混凝土扩展后的平均直径即坍落扩展度,作为流动性指标。用钢尺测量混凝土扩展后最终的最大直径和最小直径,在两个直径之差小于 50 mm 的条件下,以算术平均值作为坍落度扩展度值。否则,试验无效。坍落度和扩展度值以 mm 为单位,精确至 1 mm,修约至 5 mm。

13.5.3　混凝土拌和物的和易性检测(维勃稠度法)

1. 试验原理及方法

　　通过检测混凝土拌和物在外力作用下由圆台状均匀摊平所需要的时间,评定混凝土的流动性是否满足施工要求。

2. 试验目的及标准

　　检测混凝土拌和物的维勃稠度,用以评定坍落度在 10 mm 以内的混凝土拌和物流动性,检验混凝土拌和物的和易性是否满足施工要求。

　　维勃稠度法适用于骨料最大粒径不大于 40 mm、维勃稠度在 5~30 s 之间的混凝土拌和物和易性检测。检测时需配制拌和物约 15 L。

　　按《普通混凝土拌合物性能试验方法标准》(GB/T 50080—2016)进行检测。

3. 主要仪器设备

　　维勃稠度仪如图 13-15 所示,其他用具与坍落度检测法相同。

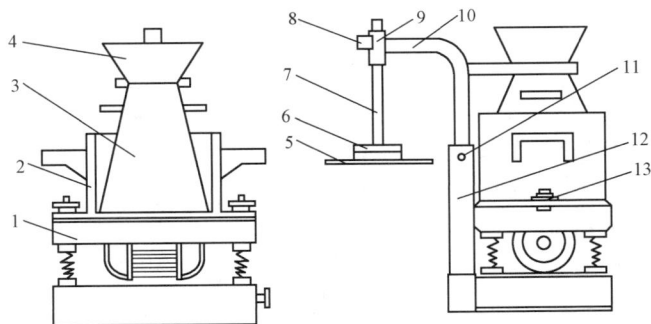

图 13-15　维勃稠度仪

1—振动台;2—容器;3—坍落度筒;4—喂料斗;5—透明圆盘;6—荷重;7—测杆;
8—测杆螺丝;9—套筒;10—旋转架;11—定位螺丝;12—支柱;13—固定螺丝

4. 试验步骤及注意事项

1)试验步骤

(1)将维勃稠度仪放置在坚实水平的地面上,用湿布把容器、坍落度筒、喂料斗内壁及其他用具润湿。

(2)将喂料斗提到坍落度筒上方扣紧,校正容器位置,使其中心与喂料斗中心重合,然后拧紧固定螺丝。

(3)把拌好的拌和物用小铲分三层经喂料斗均匀地装入坍落度筒内,装料及插捣的方法与坍落度检测时相同。

(4)把喂料斗转离,垂直地提起坍落度筒,此时应注意不使混凝土试体产生横向的扭动。

(5)把透明圆盘转到混凝土圆台体顶面,放松测杆螺丝,降下圆盘,使其轻轻地接触到混凝土顶面,拧紧定位螺丝并检查测杆螺丝是否已完全放松。

(6)在开启振动台的同时用秒表计时,当振动到透明圆盘的底部被水泥布满的瞬间停止计时,并关闭振动台电机开关。由秒表读出的时间(s)即为该混凝土拌和物的维勃稠度,读数精确至 1 s。

2)注意事项

(1)试验前应检查秒表是否准确。

(2)若维勃稠度小于 5 s 或大于 30 s,则此种混凝土拌和物所具有的稠度已超出维勃稠度法的适用范围。

13.5.4 普通混凝土拌和物体积密度检测

1.试验原理及方法

检测混凝土拌和物捣实后的单位体积质量。

2.试验目的及标准

检测混凝土拌和物体积密度,为核实(或调整)混凝土配合比中各材料用量提供依据。

按《普通混凝土拌合物性能试验方法标准》(GB/T 50080—2016)进行检测。

3.主要仪器设备

容量筒(当骨料最大粒径不大于 40 mm 时,容积为 5 L;当粒径大于 40 mm 时,容量筒内径与高均应大于骨料最大粒径的 4 倍);台秤(称量 50 kg,感量 50 g);捣棒;橡皮锤;振动台[频率(50±3) Hz,空载振幅为(0.5±0.1) mm]。

4.试验步骤及注意事项

(1)润湿容量筒,称其质量 m_1(kg),精确至 50 g。

(2)将配制好的混凝土拌和物装入容量筒并使其密实。当拌和物坍落度不大于 70 mm 时,可用振实台振实;大于 70 mm 时,用捣棒振实。

(3)用振动台振实时,将拌和物一次装满,振动时随时准备添料,振至表面出现水泥浆,没有气泡向上冒为止。用捣棒捣实时,混凝土分两层装入,每层插捣 25 次(对 5 L 容量筒),每一层插捣完后用橡皮锤轻轻沿容器外壁敲打 5~10 次,进行振实,直至拌和物表面插捣孔消失并不见大气泡为止。

(4)用刮尺齐筒口将多余的混凝土拌和物刮去,表面如有凹陷应予填平。将容量筒外壁擦净,称出拌和物与筒总质量 m_2(kg),精确至 50 g。

2)注意事项

(1)试验前应按 13.3.3 中的方法对容量筒容积进行校正。

(2)混凝土拌和物体积密度检测可以采用混凝土抗压强度试件,称量试模及试模与混凝土拌和物总质量(精确至 0.1 kg),以一组 3 个试件表观密度的平均值作为混凝土拌和物体积密度。

5.数据处理及结果评定

混凝土拌和物的体积密度 ρ_{c0} 按下式计算(kg/m³,精确至 10 kg/m³):

$$\rho_{c0} = \frac{m_2 - m_1}{V_0} \times 1000 \tag{13-15}$$

式中:m_1——容量筒质量(kg);

m_2——试样与容量筒总质量(kg);

V_0——容量筒体积(L)。

试验结果的计算精确至 10 kg/m³。

13.5.5　混凝土抗压强度检测

1.试验原理及方法

将和易性满足施工要求的混凝土拌和物按规定方法制成标准立方体试件,经 28 d 标准养护后,测其抗压破坏荷载,计算其抗压强度。

2.试验目的及标准

通过检测混凝土立方体抗压强度,校验、调整混凝土配合比,确定混凝土强度等级,并为评定混凝土质量提供依据。

混凝土抗压强度按《混凝土物理力学性能试验方法标准》(GB/T 50081—2019)进行检测。

3.主要仪器设备

压力试验机(测量精度不低于±1%,试验时由试件最大荷载选择压力机量程,使试件破坏时的荷载位于压力机全量程的 20%～80%范围内);振动台[频率(50±3)Hz,空载振幅约为 0.5 mm];搅拌机;试模;捣棒;橡皮锤;抹刀等。

4.试验步骤及注意事项

(1)试件的制作。

①每一组试件所用的混凝土拌和物应从同一批拌和而成的拌和物中取用。

②制作前,应将试模擦拭干净并在其内表面涂一薄层矿物油脂或隔离剂。

③坍落度不大于 70 mm 的混凝土用振动台振实。将拌和物一次装入试模,并稍有富余,然后将试模放在振动台上,用固定装置予以固定。开动振动台至拌和物表面呈现出水泥浆状态时为止,刮去多余的拌和物并随即用馒刀将表面抹平。

④坍落度大于 70 mm 的混凝土试样,装入试模后采用人工捣实方法。将混凝土拌和物分两层装入试模,每层厚度大致相等。插捣时按螺旋方向从边缘向中心均匀进行。插捣底

层时,捣棒应达到试模底面;插捣上层时,捣棒应穿入下层深度 20~30 mm。插捣时捣棒应保持垂直,不得倾斜,并用抹刀沿试模内壁插入数次,以防止试件产生麻面。每层插捣次数按每 100 cm² 面积上不得少于 12 次,插捣后应用橡皮锤轻轻敲击试模四周,直至插捣棒留下的空洞消失为止。然后刮去多余的混凝土拌和物,将试模表面用抹刀抹平。

（2）试件的养护。

①采用标准养护方法养护的试件成型后应用湿布覆盖其表面,防止水分蒸发,并应在温度为(20±5) ℃的条件下静置 1~2 昼夜,然后编号拆模。

②拆模后的试件应立即放在温度为(20±2) ℃、湿度为 95% 以上的标准养护室中养护。在标准养护室内试件应放在架上,彼此间隔为 10~20 mm,并应注意避免用水直接冲淋试件以保持其表面特征。

③混凝土试件也可在温度为(20±2) ℃的不流动的 $Ca(OH)_2$ 饱和溶液中养护。

④与构件同条件养护的试件成型后,应将其表面覆盖并洒水。试件的拆模时间可以和实际构件的拆模时间相同。拆模后,试件仍需保持同条件养护。

（3）混凝土立方体试块抗压强度检测。

①试件自养护室取出后,随即擦干并量出其尺寸(精确至 1 mm),据此计算构件的受压面积 A（mm²）。

②将试件安放在下承压板上,试件的承压面应与试件成型时的顶面垂直;试件的中心应与试验机下承压板中心对准。开动试验机,当上压板与试件接近时,调整球座,使上、下压板与试件上、下表面实现均衡接触。

③检测时应保持连续而均匀地加荷,加荷速度应为:混凝土强度等级不低于 C30 且低于 C60 时,取每秒钟 0.5~0.8 MPa;混凝土强度等级低于 C30 时,取每秒钟 0.3~0.5 MPa。当试件接近破坏而开始迅速变形时,停止调整试验机油门,直至试件破坏。记录破坏荷载 P（N）。

（4）注意事项。

①不同骨料最大粒径选用的试件尺寸、插捣次数及尺寸换算系数,按表 13-6 规定取值。

表 13-6 不同骨料最大粒径选用的试件尺寸、插捣次数及尺寸换算系数

试件尺寸/mm	骨料最大粒径/mm	每层插捣次数	尺寸换算系数
100×100×100	≤31.5	12	0.95
150×150×150	≤40	25	1
200×200×200	≤63	50	1.05

②混凝土物理力学性能试验一般以 3 个试件为一组。每一组试件所用的拌和物应从同盘或同一车运送的混凝土中取出,或在试验室用机械或人工单独拌制用以检验现浇混凝土工程或预制构件质量。

③所有试件应在取样后立即制作。检验工程和构件质量的混凝土试件成型方法应尽可能与实际施工采用的方法相同。

5. 数据处理及结果评定

（1）混凝土试件的立方抗压强度可按下式计算：

$$f_{cc} = \frac{P}{A}$$ 　　　　　　　　　（13-16）

式中：f_{cc}——混凝土立方体试件的抗压强度（MPa），精确至 0.1 MPa；

　　　P ——试件破坏荷载（N）；

　　　A ——试件承压面积（mm^2）。

（2）混凝土的抗压强度是以边长 150 mm 的立方体试件的抗压强度为标准，其他尺寸试件检测结果均应乘以表 13-6 中所规定的尺寸换算系数换算为标准强度。

（3）以 3 个试件的抗压强度算术平均值作为该组混凝土试件的抗压强度值（精确至 0.1 MPa）。如果 3 个检测值中的最小值或最大值有一个与中间值的差值超过中间值的 15%，则计算时把最大值与最小值一并舍除，取中间值作为该组试件的抗压强度值。如最大值和最小值与中间值的差均超过中间值的 15%，则该组试件的试验结果无效。

13.6　砂浆性能检测

试验依据：《建筑砂浆基本性能试验方法标准》（JGJ/T 70—2009）。

13.6.1　取样及试样制备

1. 现场取样

（1）建筑砂浆试验用料应从同一盘砂浆或同一车砂浆中取样。取样量应不少于试验所需量的 4 倍。

（2）施工中取样进行砂浆试验时，其取样方法和原则按相应的施工验收规范执行。一般在使用地点的砂浆槽、砂浆运送车或搅拌机出料口，至少从 3 个不同部位取样。现场取来的试样，试验前应人工搅拌均匀。

（3）从取样完毕到开始进行各项性能试验不宜超过 15 min。

2. 试样制备

（1）试验室拌制砂浆进行试验时，所用材料要求提前 24 h 运入室内，拌和时试验室的温度应保持在（20±5）℃。

（2）试验用原材料应与现场使用材料一致。砂应通过公称粒径 5 mm 砂筛。

（3）拌制砂浆时，所用材料应称重计量。称量精度：水泥、外加剂、掺合料等为 ±0.5%；砂为 ±1%。

（4）在试验室搅拌砂浆时应采用机械搅拌，搅拌的用量宜为搅拌机容量的 30%～70%，搅拌时间不应少于 120 s。掺有掺合料和外加剂的砂浆，其搅拌时间不应少于 180 s。

13.6.2　稠度检测

1. 试验原理及方法

通过检测一定重量的锥体自由沉入砂浆中的深度，反映砂浆抵抗阻力的大小。

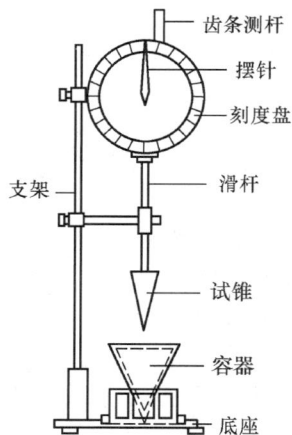

图 13-16 砂浆稠度检测仪

2.试验目的

检测砂浆稠度,了解砂浆和易性,确定砂浆配合比。

3.主要仪器设备

砂浆稠度检测仪(图 13-16);钢制捣棒(直径 10 mm、长 350 mm,端部磨圆);台秤;秒表等。

4.试验步骤及注意事项

1)试验步骤

(1)用少量润滑油轻擦滑杆,再用吸油纸擦净滑杆上多余的油,使滑杆能自由滑动。

(2)用湿布擦净盛浆容器和试锥表面,将砂浆拌和物一次装入容器,使砂浆表面低于容器口约 10 mm。用捣棒自容器中心向边缘均匀地插捣 25 次,然后轻轻地将容器摇动或敲击 5~6 下,使砂浆表面平整,然后将容器置于稠度检测仪的底座上。

(3)拧松制动螺丝,向下移动滑杆,当试锥尖端与砂浆表面刚接触时,拧紧制动螺丝,使齿条测杆下端刚接触滑杆上端,读出刻度盘上的读数(精确至 1 mm)。

(4)拧松制动螺丝,同时计量时间,10 s 时立即拧紧螺丝,将齿条测杆下端接触滑杆上端,从刻度盘上读出下沉深度(精确至 1 mm),两次读数的差值即为砂浆的稠度。

2)注意事项

盛样容器内的砂浆,只允许检测一次稠度,重复检测时,应重新取样。

5.结果评定

(1)取两次试验结果的算术平均值,精确至 1 mm。

(2)如两次试验值之差大于 10 mm,应重新取样检测。

13.6.3 分层度检测(标准法)

1.试验原理及方法

检测相隔一定时间后沉入度的损失,反映砂浆失水程度及内部组分的稳定性。

2.试验目的

检测砂浆拌和物在运输及停放时内部组分的稳定性。

3.主要仪器设备

分层度检测仪(即分层度筒,如图 13-17 所示);稠度仪;木槌等。

4.试验步骤及注意事项

1)试验步骤

(1)首先将砂浆拌和物按 13.6.2 中稠度试验

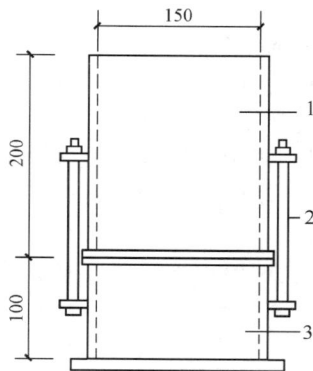

图 13-17 砂浆分层度检测仪(单位:mm)
1—无底圆筒;2—连接螺栓;3—有底圆筒

方法检测稠度。

（2）将砂浆拌和物一次装入分层度筒内,待装满后,用木槌在容器周围距离大致相等的 4 个不同部位轻轻敲击 1~2 下,如砂浆沉落到低于筒口,则应随时添加,然后刮去多余的砂浆并用抹刀抹平。

（3）静置 30 min 后,去掉上层 200 mm 砂浆,剩余的 100 mm 砂浆倒出放在拌和锅内拌 2 min,再按 13.6.2 中稠度试验方法测其稠度。前后测得的稠度之差即为该砂浆的分层度值(mm)。

2）注意事项

经稠度检测后的砂浆,重新拌和均匀后才能检测分层度。

5. 数据处理及结果评定

（1）取两次试验结果的算术平均值作为该批砂浆的分层度值。

（2）若两次分层度检测值之差大于 10 mm,应重新取样检测。

13.6.4　立方体试件抗压强度检测

1. 试验原理及方法

将流动性和保水性符合要求的砂浆拌和物按规定成型,制成标准的立方体试件,经 28 d 养护后,测其抗压破坏荷载,依此计算其抗压强度。

2. 试验目的

通过砂浆试件抗压强度的检测,检验砂浆质量,确定、校核配合比是否满足要求,并确定砂浆强度等级。

3. 主要仪器设备

试模(70.7 mm×70.7 mm×70.7 mm 的带底试模);钢制捣棒(直径 10 mm、长 350 mm,端部磨圆);压力试验机(精度为 1%,试件破坏荷载应不小于压力机量程的 20%,且不大于全量程的 80%);垫板等。

4. 试验步骤及注意事项

1）试验步骤

（1）试件成型及养护。

①采用立方体试件,每组试件 3 个。

②用黄油等密封材料涂抹试模的外接缝,试模内涂刷薄层机油或脱模剂,将拌制好的砂浆一次性装满砂浆试模,成型方法根据稠度而定。当稠度不小于 50 mm 时采用人工振捣成型,当稠度小于 50 mm 时采用振动台振实成型。

a. 人工振捣:用捣棒均匀地由边缘向中心按螺旋方式插捣 25 次,插捣过程中如砂浆沉落低于试模口,应随时添加砂浆,可用油灰刀插捣数次,并用手将试模一边抬高 5~10 mm 各振动 5 次,使砂浆高出试模顶面 6~8 mm。

b. 机械振动:将砂浆一次装满试模,放置到振动台上,振动时试模不得跳动,振动 5~10 s 或持续到表面出浆为止;不得过振。

③待表面水分稍干后,将高出试模部分的砂浆沿试模顶面刮去并抹平。

④试件制作后应在室温为(20±5) ℃的环境下静置(24±2) h,当气温较低时,可适当延长时间,但不应超过两昼夜,然后对试件进行编号、拆模。试件拆模后应立即放入温度为(20±2) ℃、相对湿度为90%以上的标准养护室中养护。养护期间,试件彼此间隔不小于10 mm,混合砂浆试件上面应覆盖,以防有水滴在试件上。

(2)抗压强度检测。

①试验前将试件表面擦拭干净,测量尺寸,并据此计算试件的承压面积,如果实测尺寸与公称尺寸之差不超过1 mm,可按公称尺寸进行计算。

②将试件安放在试验机的下压板(或下垫板)上,试件的承压面应与成型时的顶面垂直,试件中心应与试验机下压板(或下垫板)中心对准。开动试验机,当上压板与试件(或上垫板)接近时,调整球座,使接触面均衡受压。承压试验应连续而均匀地加荷,加荷速度应为每秒钟0.25~1.5 kN(砂浆强度不大于5 MPa时,宜取下限;砂浆强度大于5 MPa时,宜取上限),当试件接近破坏而开始迅速变形时,停止调整试验机油门,直至试件破坏,然后记录破坏荷载 N_u。

2)注意事项

(1)养护期间,试件彼此间隔不小于10 mm。

(2)试件从养护地点取出后应及时进行试验。

5. 数据处理及结果评定

砂浆立方抗压强度由下式计算(精确至0.1 MPa):

$$f_{m,cu} = \frac{N_u}{A} \tag{13-17}$$

式中:$f_{m,cu}$——砂浆立方体抗压强度(MPa);

　　　N_u——立方体破坏荷载(N);

　　　A——试件承压面积(mm²)。

砂浆立方体试件抗压强度应精确至0.1 MPa。

以3个试件测值的算术平均值的1.3倍(f_2)作为该组试件的砂浆立方体试件抗压强度平均值(精确至0.1 MPa)。

当3个测值的最大值或最小值中有1个与中间值的差值超过中间值的15%,则把最大值及最小值一并舍除,取中间值作为该组试件的抗压强度值;如有两个测值与中间值的差值均超过中间值的15%,则该组试件的试验结果无效。

13.7　砌墙砖性能检测

试验依据:《砌墙砖试验方法》(GB/T 2542—2012)、《烧结多孔砖和多孔砌块》(GB/T 13544—2011)、《烧结普通砖》(GB/T 5101—2017)。

13.7.1　一般规定

(1)砌墙砖检验批的批量宜在3.5万~15万块范围内,但不得超过一条生产线的日产量。抽样数量由检验项目确定,必要时可增加适当的备用砖样。有两个以上的检验项目时,非破损检验项目(外观质量、尺寸偏差、表观密度、空隙率等)的砖样,允许在检验后继续用作它项,此时抽样数量可不包括重复使用的样品数。

(2)外观质量检验的试样采用随机抽样法,在每一检验批的产品堆垛中抽取;尺寸偏差检验的样品用随机抽样法从外观质量检验后的样品中抽取;其他检验项目的样品用随机抽样法从外观质量检验合格后的样品中抽取。抽样数量见表 13-7。

表 13-7　抽样数量表

检验项目	外观质量	尺寸偏差	强度等级	泛霜	石灰爆裂	冻融	吸水率和饱和系数	放射性
抽样砖块/块	50	20	10	5	5	5	5	4

13.7.2　尺寸偏差测量

通过对烧结普通砖外观尺寸的检查、测量,为评定其质量等级提供依据。

1. 主要仪器设备

砖用卡尺(分度值为 0.5 mm,如图 13-18 所示);钢直尺。

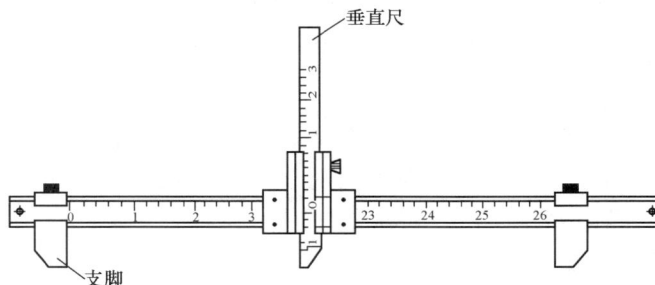

图 13-18　砖用卡尺

2. 测量方法

砖样的长度:在砖的两个大面的中间处分别测量两个尺寸。

砖样的宽度:在砖的两个顶面的中间处分别测量两个尺寸。

砖样的高度:在砖的两个条面的中间处分别测量两个尺寸,当被测处缺损或凸出时,可在其旁边测量,但应选择不利的一侧进行测量。

3. 结果评定

结果分别以长度、宽度和高度的最大偏差值表示,不足 1 mm 者按 1 mm 计。样本平均偏差是 20 块试样同一方向测量尺寸的算术平均值与其公称尺寸的差值,样本极差是抽检的20 块试样中同一方向最大测量值与最小测量值的差值。

13.7.3　外观质量检查

通过对烧结普通砖外观质量(是否有缺棱掉角、弯曲、裂纹等现象)的检查、测量,为评定其质量等级提供技术依据。

1. 主要仪器设备

砖用卡尺(分度值为 0.5 mm);钢直尺(分度值为 1 mm)。

2. 检测方法

1)缺损

缺棱掉角在砖上造成的破损程度,以破损部分对长、宽、高 3 个棱边的投影尺寸来度量,称为破坏尺寸,如图 13-19 所示。缺损造成的破坏面,系指缺损部分对条、顶面的投影面积。

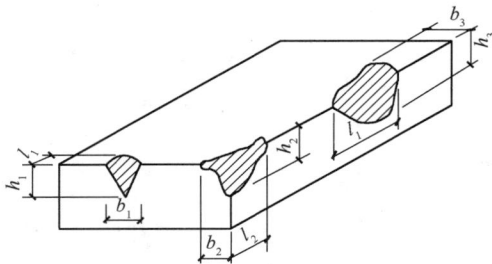

图 13-19　缺棱掉角砖测量示意图

l— 长度方向的投影尺寸;h— 高度方向的投影尺寸;b— 宽度方向的投影尺寸

空心砖内壁残缺及肋残缺尺寸,以长度方向的投影尺寸来度量。

2)裂纹

裂纹分为长度方向、宽度方向和水平方向 3 种,以被测方向上的投影长度表示。当裂纹从一个面延伸至其他面上时,则累计其延伸的投影长度,裂纹长度以在 3 个方向上分别测得的最长裂纹作为测量结果,如图 13-20 所示。

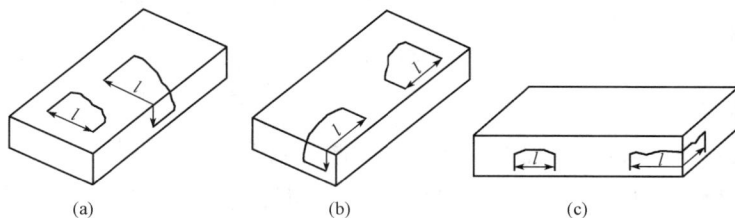

(a)　　　　　　　(b)　　　　　　　(c)

图 13-20　裂纹长度量法

(a)宽度方向裂纹长度;(b)长度方向裂纹长度;(c)水平方向裂纹长度

多孔砖的孔洞与裂纹相通时,则将孔洞包括在裂纹内一并测量,如图 13-21 所示。

3)弯曲

弯曲分别在大面和条面上测量,测量时将砖用卡尺的两支脚沿棱边两端放置,择其弯曲最大处将垂直尺推至砖面,如图 13-22 所示。但不应将因杂质或碰伤造成的凹陷计算在内。以弯曲测量中测得的较大者作为测量结果。

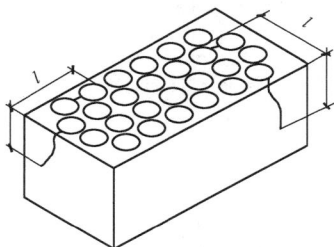

图 13-21　多孔砖裂纹通过孔洞时的裂纹长度量法

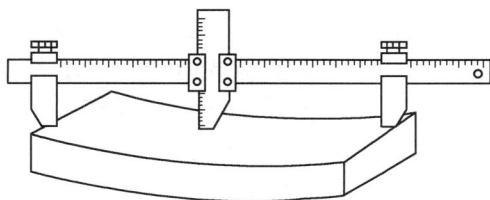

图 13-22　砖的弯曲

4)砖杂质凸出高度

杂质在砖面上造成的凸出高度,以杂质距砖面的最大距离表示。

测量时将专用卡尺的两支脚置于杂质凸出部分两侧的砖平面上,以垂直尺测量,如图 13-23 所示。

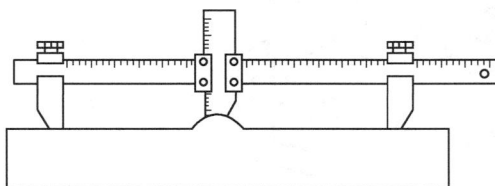

图 13-23　砖的杂质凸出高度量法

3. 结果处理

外观测量以 mm 为单位,不足 1 mm 者均按 1 mm 计。

13.7.4　抗压强度检测

通过检测烧结砌墙砖抗压强度,来检验砖的质量,为确定其强度等级提供依据。

1. 仪器设备

(1)材料试验机。材料试验机的示值相对误差不超过±1%,其上、下加压板至少应有一个球铰支座,预期最大破坏荷载应在量程的 20%~80% 之间。

(2)钢直尺。钢直尺分度值不应大于 1 mm。

(3)振动台、制样模具、搅拌机。振动台、制样模具、搅拌机应符合《砌墙砖抗压强度试样制备设备通用要求》(GB/T 25044—2010)的规定。

(4)切割设备。

(5)抗压强度试验用净浆材料。净浆材料应符合《砌墙砖抗压强度试验用净浆材料》(GB/T 25183—2010)的要求。

2.试样数量

试样数量为 10 块。

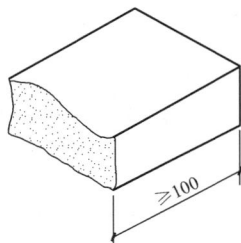

3.试样制备

1)一次成型制样

(1)一次成型制样适用于采用样品中间部位切割,交错叠加灌浆制成强度试验试样的方式。

(2)将试样锯成两个半截砖,两个半截砖用于叠合部分的长度不得小于 100 mm,如图 13-24 所示。如果不足 100 mm,应另取备用试样补足。

图 13-24　半截砖长度
示意图(单位:mm)

(3)将已切割开的半截砖放入室温的净水中浸 20～30 min 后取出,在铁丝网架上滴水 20～30 min,以断口相反方向装入制样模具中。用插板控制两个半砖间距不应大于 5 mm,砖大面与模具间距不应大于 3 mm,砖断面、顶面与模具间垫以橡胶垫或其他密封材料,模具内表面涂油或脱膜剂。一次成型制样的模具及插板如图 13-25 所示。

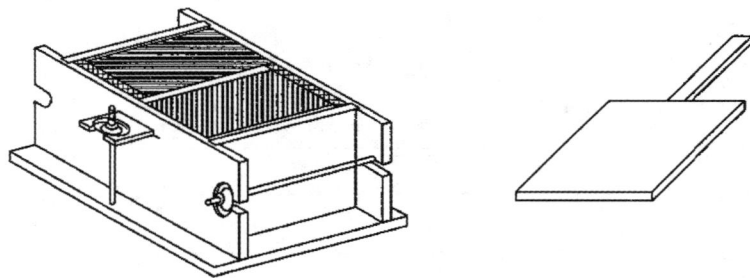

图 13-25　一次成型制样的模具及插板

(4)将净浆材料按照配制要求,置于搅拌机中搅拌均匀。

将装好试样的模具置于振动台上,加入适量搅拌均匀的净浆材料,振动时间为 0.5～1 min,停止振动后,静置至净浆材料达到初凝时间(15～19 min)后拆模。

2)二次成型制样

(1)二次成型制样适用于采用整块样品上下表面灌浆制成强度试验试样的方式。

(2)将整块试样放入室温的净水中浸 20～30 min 后取出,在铁丝网架上滴水 20～30 mm。

(3)按照净浆材料配制要求,置于搅拌机中搅拌均匀。

(4)模具内表面涂油或脱膜剂,加入适量搅拌均匀的净浆材料,将整块试样一个承压面与净浆接触,装入制样模具中,承压面找平层厚度不应大于 3 mm。接通振动台电源,振动

0.5～1 min,停止振动后,静置至净浆材料初凝(15～19 min)后拆模。按同样方法完成整块试样另一承压面的找平。二次成型制样的模具如图 13-26 所示。

3)非成型制样

(1)非成型制样适用于试样无需进行表面找平处理制样的方式。

(2)将试样锯成两个半截砖,两个半截砖用于叠合部分的长度不得小于 100 mm。如果不足 100 mm,应另取备用试样补足。

(3)两半截砖切断口相反叠放,叠合部分不得小于 100 mm,如图 13-27 所示,即为抗压强度试样。

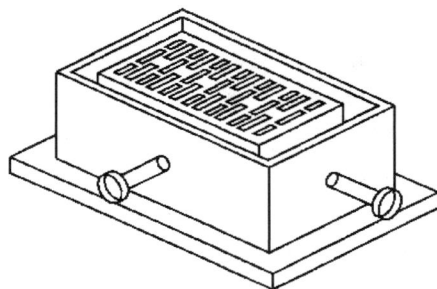

图 13-26　二次成型制样的模具

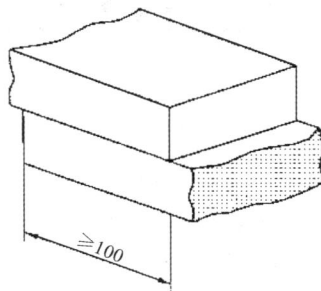

图 13-27　半砖叠合示意图(单位:mm)

4. 试样养护

(1)一次成型制样、二次成型制样在不低于 10 ℃ 的不通风室内养护 4 h。

(2)非成型制样不需养护,在试样气干状态直接进行试验。

5. 试验步骤

(1)测量每个试样连接面或受压面的长、宽尺寸值各两个,分别取其平均值,精确至 1 mm。

(2)将试样平放在加压板的中央,垂直于受压面加荷,应均匀平稳,不得发生冲击或振动。加荷速度以(2～6) kN/s 为宜,直至试样破坏为止,记录最大破坏荷载 P。

6. 结果计算与评定

每块试样的抗压强度按下式计算(精确至 0.1 MPa):

$$R_P = \frac{P}{LB} \tag{13-18}$$

式中:R_P ——单块试件的抗压强度(MPa);

　　P ——最大破坏荷载(N);

　　L ——试件受压面(连接面)的长度(mm);

　　B ——试件受压面(连接面)的宽度(mm)。

结果评定以《烧结普通砖》(GB/T 5101—2017)为依据。

标准差 S 按下式计算:

$$S = \sqrt{\frac{1}{9} \sum_{i=1}^{n} (f_i - \overline{f})^2} \tag{13-20}$$

式中:S ——10 块试样的抗压强度标准差(MPa);

$\overline{f}$ ——10 块试样的抗压强度平均值(MPa);

f_i ——单块试样抗压强度检测值(MPa)。

按抗压强度平均值 $\overline{f}$、强度标准值 f_k 指标评定砖的强度等级。样本量 $n=10$ 时的强度标准值按下式计算:

$$f_k = \overline{f} - 1.83S \qquad (13\text{-}21)$$

式中:f_k——强度标准值(MPa)。

13.8 钢筋力学与工艺性能检测

13.8.1 一般规定

1. 取样

(1)钢筋应按批进行检查与验收,每批质量不应大于 60 t,每批钢材应由同一个牌号、同一炉罐号、同一规格、同一交货状态的钢筋所组成。

(2)钢筋应有出厂证明或试验报告单。验收时应抽样做拉伸试验和冷弯试验。

(3)钢筋拉伸及冷弯使用的试样不允许进行车削加工。

(4)验收取样时,自每批钢筋中任取两根截取拉伸试样,任取两根截取冷弯试样。在拉伸试验的试件中,若有 1 根试件的屈服点、抗拉强度和伸长率 3 个指标中有 1 个达不到标准中的规定值,或冷弯试验中有 1 根试件不符合标准要求,则在同一批钢筋中再抽取双倍数量(4 根)的试件进行该不合格项目的复验,复验结果中只要有 1 个指标不合格,则该批钢筋即为不合格品。

拉伸和冷弯试件的长度 L 和 L_w,分别按下式计算后截取。

拉伸试件 $\qquad\qquad L = L_0 + 2h + 2h_1$

冷弯试件 $\qquad\qquad L_w = 5a + 150$

式中:L、L_w ——分别为拉伸试件和冷弯试件的长度(mm);

L_0 ——拉伸试件的标距长度(mm);取 $L_0 = 5a$ 或 $L_0 = 10a$;

h、h_1 ——分别为夹具长度和预留长度(mm);$h_1 = (0.5 \sim 1)a$;

a ——钢筋的公称直径(mm)。

(5)钢筋在使用中若有脆断、焊接性能不良或力学性能显著不正常,还应进行化学成分分析或其他专项试验。

2. 试验条件

(1)试验温度:试验应在 10~35 ℃ 的温度下进行,如温度超出这一范围,应在试验记录和报告中注明。

(2)夹持方法:应使用楔形夹头、螺纹夹头、套环夹头等合适的夹具夹持试样。

13.8.2　拉伸性能检测

1. 试验原理及方法

根据试件所受拉力与对应的变形之间的关系,检测低碳钢筋的屈服强度、抗拉强度,根据试件拉断后的长度与标距长度之间的关系,检测低碳钢筋的伸长率。

将标准试件放在拉力机上,按规定的加载速度逐渐施加拉力,直至拉断为止。观察由于这个荷载的作用所产生的弹性和塑性变形,并记录拉力值。

2. 试验目的及标准

通过拉伸试验,检测低碳钢筋的屈服强度、抗拉强度和伸长率,评定钢筋的质量是否合格及其强度等级。

拉伸试验按《金属材料　拉伸试验　第 1 部分:室温试验方法》(GB/T 228.1—2021)、《钢筋混凝土用钢 第 1 部分:热轧光圆钢筋》(GB/T 1499.1—2017)、《钢筋混凝土用钢 第 2 部分:热轧带肋钢筋》(GB/T 1499.2—2018)进行。

3. 主要仪器设备

万能材料试验机(测力示值误差不大于 1%;试验达到最大荷载时,指针最好在第三象限($180°\sim270°$)内,或者数显破坏荷载在量程的 $50\%\sim75\%$ 之间);钢筋打点机或划线机;游标卡尺(精度为 0.1 mm);引伸计[精确度级别应符合《金属材料　单轴试验用引伸计系统的标定》(GB/T 12160—2019)的要求]。

4. 试件制作和准备

拉伸试验用钢筋试件不得进行车削加工,可以用两个或一系列等分小冲点或细划线标出原始标距(标记不影响试件断裂),测量标距长度 L_0(精确至 0.1 mm),如图 13-28 所示。计算钢筋强度所用的横截面积应采用表 13-8 所列公称横截面积。

表 13-8　钢筋的公称横截面积

公称直径/mm	公称横截面积/mm²	公称直径/mm	公称横截面积/mm²
8	50.27	20	314.2
10	78.54	22	380.1
12	113.1	25	490.9
14	153.9	28	615.8
16	201.1	32	804.2
18	254.5	36	1081

5. 试验步骤及注意事项

1)试验步骤

(1)调整试验机测力度盘的指针,使其对准零点,并拨动副指针,使之与主指针重合。

(2)将试件固定在试验机夹具内,开动试验机开始拉伸,屈服前应力增加速度为 10 MPa/s;屈服后只需检测抗拉强度时,试验机活动夹头在荷载下的移动速度不宜大于 $0.5\,L_c$/min,

直到试件拉断。L_c 为试件两夹头之间的距离,如图 13-28 所示。

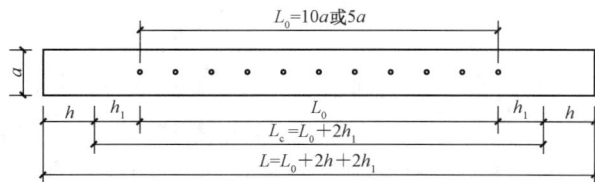

图 13-28 钢筋拉伸试验试件

a —试样原始直径;L_0 —标距长度;h_1 —取$(0.5～1)a$;h —夹具长度

(3)在拉伸过程中,测力度盘的指针停止转动时的恒定荷载,或指针回转后的最小荷载,即为所求的屈服点荷载 F_s(N)。

(4)向试件继续加荷直至试件拉断,读出最大荷载 F_b(N)。

(5)测量试件拉断后的标距长度 L_1。将已拉断的试件两端在断裂处对齐,尽量使其轴线位于同一条直线上。如拉断处距离邻近标距端点大于 $L_0/3$,可用游标卡尺直接量出 L_1。

如拉断处到邻近的标距端点距离不大于 $1/3 L_0$,可按下述移位法来确定 L_1:

在长段上从拉断处 O 点取基本等于短段格数,得到 B 点;接着如图 13-29(a)所示,取等于长段所余格数(偶数)之半,得到 C 点;或者如图 13-29(b)所示,取所余格数(奇数)减1与加1之半得到 C 点与 C_1 点。移位后的 L_1 分别为 $AO+BO+2BC$ 或者 $AO+OB+BC+BC_1$。

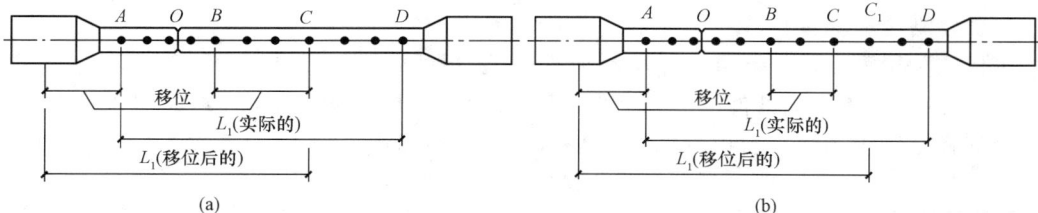

图 13-29 用移位法计算标距

(a)剩余段格数为偶数时;(b)剩余段格数为奇数时

2)注意事项

(1)也可以使用自动装置(例如微处理机等)或自动检测系统检测屈服强度 σ_s 和抗拉强度 δ_b。

(2)试件应对准夹头的中心。

(3)试件标距部分长度不得夹入钳口中,试件被夹长度不小于钳口的 $2/3$。

6. 数据处理及结果评定

(1)按下式计算试件的屈服强度 σ_s:

$$\sigma_s = \frac{F_s}{A} \tag{13-22}$$

当 σ_s 大于 1000 MPa 时,应计算至 10 MPa;当 σ_s 为 200～1000 MPa 时,应计算至 5 MPa;当 σ_s 小于 200 MPa 时,应计算至 1 MPa。

（2）按下式计算试件的抗拉强度 σ_b：

$$\sigma_b = \frac{F_b}{A} \tag{13-23}$$

当 σ_b 大于 1000 MPa 时，应计算至 10 MPa；当 σ_b 为 200～1000 MPa 时，应计算至 5 MPa；当 σ_b 小于 200 MPa 时，应计算至 1 MPa。

（3）钢筋试件的伸长率 δ 按下式计算：

$$\delta = \frac{L_1 - L_0}{L_0} \times 100\% \tag{13-24}$$

式中：δ——钢筋试样拉伸测量时的断后伸长率；若原始标距长度 $L_0 = 5a$，伸长率记做 δ_5；

若原始标距长度 $L_0 = 10a$，伸长率记做 δ_{10}（a 为钢筋的公称直径）；

L_0——受检测样原始标距长度（mm），$L_0 = 5a$ 或 $L_0 = 10a$；

L_1——试样拉断后直接量测或由位移法确定标距部分的长度（mm），精确到 0.1 mm。

如果试件在标距点上或标距外断裂，则检测结果无效，应重做试验。

13.8.3　钢筋弯曲（冷弯）性能试验

1. 试验原理及方法

常温条件下将标准试件放在拉力机的弯头上，逐渐施加荷载，观察试件绕一定弯心弯曲至规定角度时，其弯曲处外表面是否有裂纹、起皮、断裂等现象。

2. 试验目的及标准

通过冷弯试验，对钢筋塑性进行严格检验，并可间接地检定钢筋内部缺陷。

冷弯试验按《金属材料　弯曲试验方法》（GB/T 232—2010）进行。

3. 主要仪器设备

压力机或万能材料试验机：具有两支辊，支辊间距离可以调节；还应具有不同直径的弯心，弯心直径按有关标准规定取值。支辊式弯曲装置如图 13-30 所示。

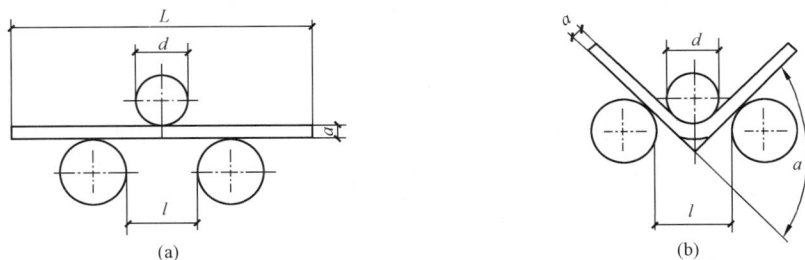

图 13-30　支辊式弯曲装置

4. 试验要求

（1）钢筋冷弯试件不得进行车削加工，试件长度通常为 $5a + 150$ mm。

（2）冷弯试验的试验温度必须符合有关标准规定。整个检测过程应在 10～35 ℃的室温范围内进行。对温度要求严格的试验，试验温度应为（23±5）℃。

(3)两支辊间的距离为:

$$l = (d + 3a) \pm 0.5a \qquad (13\text{-}25)$$

式中:d ——弯心直径(mm);

a ——钢筋公称直径(mm)。

在试验期间应保持距离 l 不变(图 13-30),平稳施力,直至达到规定的弯曲角度。弯曲后,应注意按标准规定检查试样外表面,进行结果评定。

5.试验步骤及注意事项

1)试验步骤

(1)试样按照规定的弯心直径和弯曲角度进行弯曲,试验过程中应平稳地对试件施加压力。在作用力下的弯曲程度可以分为 3 种类型,检测时应按有关标准中的规定分别选用。

(2)重合弯曲时,应先将试样弯曲到图 13-30(b)的形状(建议弯心直径 $d = a$)。然后在两平行面间继续以平稳的压力弯曲到两面重合。两压板平行面的长度或直径,应不小于试样重叠后的长度。

2)注意事项

(1)钢筋冷弯试件不得进行车削加工。

(2)试验应在平稳压力作用下,缓慢施加试验压力。

6.检测结果及评定

弯曲后,按有关标准规定检查试件弯曲处的外面及侧面,进行结果评定。一般如无裂缝、裂断或起层,即认为试样冷弯合格。

13.9　弹性体改性沥青防水卷材性能检测

试验依据:《弹性体改性沥青防水卷材》(GB 18242—2008);《建筑防水卷材试验方法 第 10 部分:沥青和高分子防水卷材 不透水性》(GB/T 328.10—2007)。

13.9.1　一般规定

(1)取样方法:以同一类型、同一规格 10000 m² 为一批,不足 10000 m² 时亦可作为一批。在每批产品中随机抽取 5 卷进行单位面积质量、面积、厚度及外观检查。从单位面积质量、面积、厚度及外观合格的卷材中随机抽取 1 卷进行物理力学性能试验。

(2)试样制备:将取样的一卷卷材切除距外层卷头 2500 mm 后,取 1 mm 长的卷材按表 13-9 要求的尺寸和数量裁取试件。

(3)物理性能试验所用的水应为蒸馏水或洁净的淡水(饮用水)。

表 13-9　试件尺寸和数量表

序号	试件项目	试件尺寸(纵向×横向)/mm	数量/个
1	可溶物含量	100×100	3

续表

序号	试件项目		试件尺寸(纵向×横向)/mm	数量/个
2	耐热量		125×100	纵向 3
3	低温柔性		150×25	纵向 10
4	不透水性		150×150	3
5	拉力及延伸率		(250~320)×50	纵横向各 5
6	浸水后质量增加		(250~320)×50	纵向 5
7	热老化	拉力及延伸率保持率	(250~320)×50	纵横向各 5
		低温柔性	150×25	纵向 10
		尺寸变化率及质量损失	(250~320)×50	纵向 5
8	渗油性		50×50	3
9	接缝剥离强度		400×200(搭接边处)	纵向 2
10	钉杆撕裂强度		200×100	纵向
11	矿物粒料黏附性		265×50	纵向
12	卷材下表面沥青涂盖层厚度		200×50	纵向
13	人工气候加速老化	拉力保持率	120×25	纵横向各 5
		低温柔性	120×25	纵向 10

13.9.2　拉伸性能检测

1. 试验原理及方法

将试样两端置于夹具内夹牢,然后在两端同时施加拉力,检测试件被拉断时能承受的最大拉力。

2. 试验目的

通过拉力试验,检验卷材抵抗拉力破坏的能力,作为选用卷材的依据。

3. 主要仪器

拉伸试验机[有连续记录力和对应距离的装置,能按规定的速度均匀地移动夹具,有足够的量程(至少 2000 N),夹具移动速度(100±10) mm/min,夹具宽度不小于 50 mm];量尺(精确度 1 mm)。

4. 试验步骤

(1)试样制备。整个拉伸试样应制备两组试件,一组纵向 5 个试件,一组横向 5 个试件。

试件在试样上距边缘 100 mm 以上任意裁取,矩形试件宽为(50±0.5) mm,长为(200±0.5) mm,长度方向为试验方向。

(2)试验应在(23±2) ℃的条件下进行,将试件放置在试验温度和相对湿度 30%~70% 的条件下不少于 20 h。

(3)将试件紧紧地夹在拉伸试验机的夹具中,注意试件长度方向的中线与试验机夹具中心在一条线上。夹具间距离为(200±2) mm,为防止试件从夹具中滑移,应作标记。

(4)开动试验机,使受拉试件受拉,夹具移动的恒定速度为(100±10) mm/min。

(5)连续记录拉力和对应的夹具间距离。

5.数据处理及试验结果

(1)分别计算纵向或横向 5 个试件最大拉力的算术平均值作为卷材纵向或横向拉力,平均值达到标准规定的指标时判为合格。

(2)延伸率 E(%)按下式计算:

$$E = \frac{L_1 - L_0}{L} \times 100\%$$ (13-26)

式中:L_1——试件最大拉力时的标距(mm);

L_0——试件初始标距(mm);

L——夹具间距离(mm)。

分别计算纵向或横向 5 个试件最大拉力时延伸率的算术平均值,作为卷材纵向或横向延伸率,平均值达到标准规定的指标时判为合格。

13.9.3 不透水性检测

1.试验原理及方法

试验方法分为方法 A 和方法 B。方法 A 试验适用于卷材低压力的使用场合,如屋面、基层、隔气层。试件满足直到 60 kPa 压力作用 24 h。方法 B 试验适用于卷材高压力的使用场合,如特殊屋面、隧道、水池。此处只介绍方法 A。

方法 A 的试验原理是将试件置于不透水性试验装置的不透水盘上,压力水作用 24 h,观察有无明显的水渗到上面的滤纸产生变色。

2.试验目的

通过检测不透水性,检测卷材抵抗水渗透的能力。

3.主要仪器

一个带法兰盘的金属圆柱体箱体(孔径 150 mm)连接到开放管子末端或容器,其间高差不低于 1 m,如图 13-31 所示。

4.试件制备

试件为直径(200±2) mm 的圆形试件。

试件应在卷材宽度方向均匀裁取,最外一个距卷材边缘 100 mm。试件数量最少 3 块。

试验前,试件在(23±5) ℃放置至少 6 h。

5.试验步骤

(1)放试件在设备上,如图 13-31 所示,旋紧翼形螺母固定夹环。打开进水阀让水进入,同时打开排气阀,排出空气,直至水出来,关闭排气阀。

(2)调整试件上表面所要求的压力。

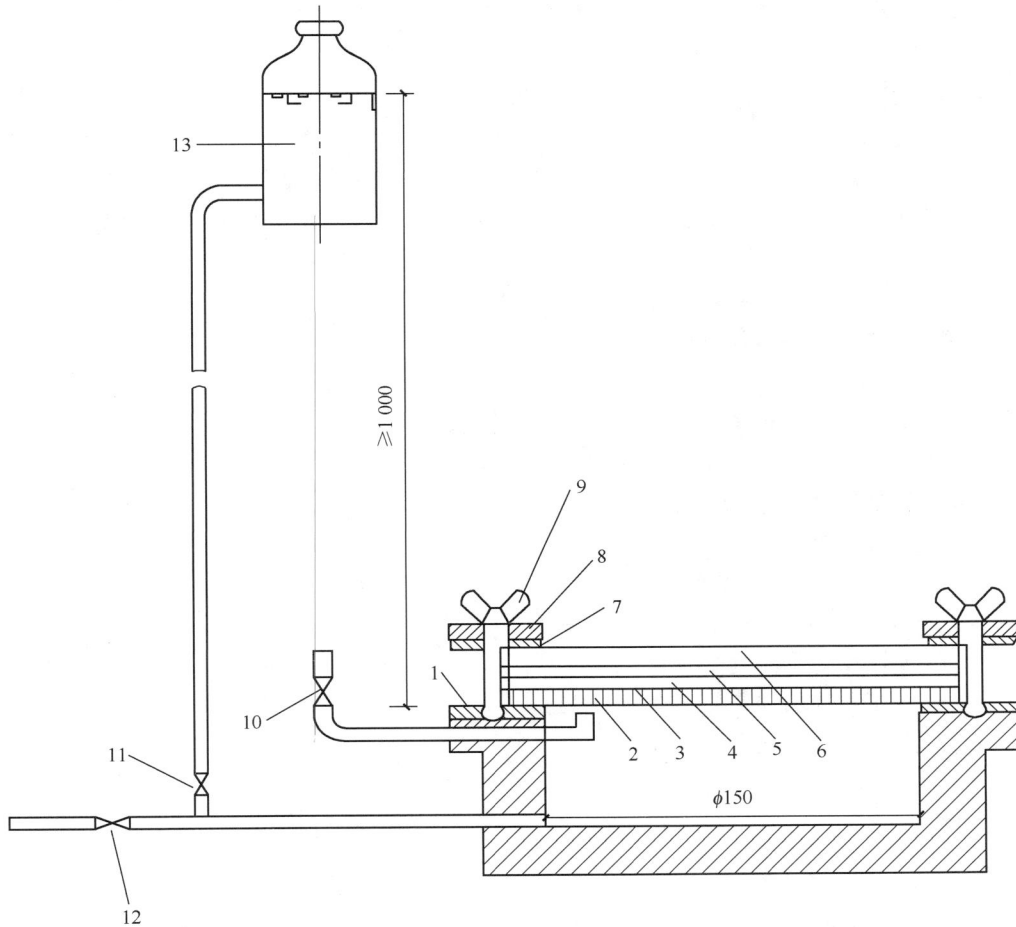

图 13-31　低压力不透水性试验装置(单位:mm)

（3）保持压力(24±1) h。

（4）检查试件，观察上面滤纸有无变色。

6. 试验结果

试件有明显的水渗到上面的滤纸，滤纸产生变色，认为试验不符合。所有试件通过，认为卷材不透水。

【本章小结】

本章主要讲述建筑材料的基本性质的检测，水泥性能检测，混凝土用砂、石质量检测，普通混凝土性能检测，砂浆性能检测，砌墙砖性能检测，钢筋力学与工艺性能检测，弹性体改性沥青防水卷材性能检测。重点掌握水泥性能检测和普通混凝土性能检测。

【技能训练题】

一、填空题

1. 水泥标准稠度检测方法有 _____ 和 _____ 两种,如发生争议,应以 _____ 为准。

2. 水泥体积安定性检测方法有 _____ 和 _____ ,有争议时,一般以 _____ 为准。

3. 检测混凝土立方体抗压强度采用的试件尺寸为 _____ ;

检测砂浆的立方体抗压强度采用试件尺寸为 _____ 。

二、简答题

1. 什么是水泥的标准稠度用水量,检测它的目的是什么?

2. 何谓水泥的安定性? 影响水泥安定性的原因是什么?

3. 水泥的凝结时间是如何确定的?

4. 水泥的强度等级是如何确定的?

5. 砂、石的堆积密度是如何确定的?

6. 砂、石为什么要进行筛分析?

7. 混凝土拌和物和易性如何检测?

8. 混凝土拌和物的体积密度如何检测?

9. 混凝土的强度等级是如何确定的?

参 考 文 献

[1]　魏鸿汉.建筑材料[M].6 版.北京:中国建筑工业出版社,2022.
[2]　连丽.建筑材料与检测[M].北京:北京理工大学出版社,2019.
[3]　廖春洪.建筑材料[M].北京:中国建筑工业出版社,2021.
[4]　毕万利.建筑材料[M].4 版.北京:高等教育出版社,2021.
[5]　王颖,饶婕,任卫岗.建筑材料[M].重庆:重庆大学出版社,2022.
[6]　范红岩.建筑材料[M].武汉:武汉理工大学出版社,2019.
[7]　张琴,刘兰,左颖.建筑材料与检测[M].北京:清华大学出版社,2022.
[8]　尚敏.建筑材料与检测[M].北京:机械工业出版社,2018.
[9]　中华人民共和国住房和城乡建设部.普通混凝土拌合物性能试验方法:GB/T 50080-2016[S].北京:中国建筑工业出版社,2017.
[10]　中华人民共和国国家质量监督检验检疫总局,中国国家标准化管理委员会.水泥标准稠度用水量、凝结时间、安定性检验方法:GB/T 1346－2011[S].北京:中国标准出版社,2012.
[11]　国家市场监督管理总局,国家标准化管理委员会.水泥胶砂强度检验方法(ISO 法):GB/T 17671-2021[S].北京:中国标准出版社,2021.
[12]　中华人民共和国住房和城乡建设部.建筑砂浆基本性能试验方法标准:JGJ/T 70-2009[S].北京:中国建筑工业出版社,2009.
[13]　中华人民共和国住房和城乡建设部.砌筑砂浆配合比设计规程:JGJ/T 98-2010[S].北京:中国建筑工业出版社,2011.

建筑材料与检测

（第二版）

试验报告

姓　　名＿＿＿＿＿＿＿＿＿＿＿

班　　级＿＿＿＿＿＿＿＿＿＿＿

学　　号＿＿＿＿＿＿＿＿＿＿＿

指导教师＿＿＿＿＿＿＿＿＿＿＿

目　　录

建筑材料与检测试验课要求

一、安全及纪律要求

1.学生进入试验室，要听从教师的安排，不得大声喧哗，应严格遵守试验室各项规章制度。

2.进入试验室后，对本组所用的仪器设备进行检查，如有缺损或失灵应立即报告，由教师修理或调换，不得私自拆卸。试验结束时，应将所用仪器设备按原位放好，经检查后方可离开试验室。

3.非本次试验所用的室内其他仪器设备，不得随意乱动。因违反操作规程（或未经允许使用）而造成设备损坏的，按学校相关规定处理。

4.要爱护试验仪器设备，严格按照操作规程进行试验，同时注意人身安全。在试验过程中，一旦发现仪器设备异常现象应立即停止使用，并及时向指导教师报告。

5.试验结束后，每组学生对所用的仪器设备及桌面、地面应加以清理，并由各试验小组轮流做全室的卫生整理。

6.完成试验后，经教师同意后方可离开试验室。试验室内各种仪器设备未经有关人员同意，不得任意动用。

二、试验与试验报告要求

1.每次做试验以前，要认真阅读教材中与本试验相关的内容，了解试验目的、基本原理及操作要求。

2.试验小组成员之间要分工协作，要以严谨的科学态度、严格的作风、严密的方法进行试验，认真记录好试验数据。

3.要认真填写、整理试验报告，不得缺项、漏项，报告中的计算部分必须完成，计算时要注意单位，数据要有分析，问题要有结论。

4.试验报告应及时完成，并按指定时间交给指导教师批阅。

试验一　建筑材料基本性质检测

(一)材料的密度检测

1.试验目的
通过试验检测材料密度,计算材料孔隙率和密实度。

2.主要仪器设备
李氏瓶;筛子(孔径 0.2 mm 或 900 孔/厘米²);恒温水槽;量筒;烘箱[能使温度控制在(105±5)℃];干燥器;天平(称量 1 kg,感量 0.01 g);漏斗;小勺等。

3.试验方法：_____。

4.试验记录
试样名称：_____　试验日期：_____　气温/室温：_____　湿度：_____

编号	试样原质量 m_1/g	试样余量 m_2/g	装入试样的质量 m/g	液面读数/cm³		装入试样体积 V/cm³	密度/(kg/m³)	
				装试样前	装试样后		检测值	平均值
1								
2								

(二)材料的体积密度检测

1.试验目的
通过检测材料的体积密度,计算材料的孔隙率、体积及结构自重,还可以通过体积密度估计材料的强度、导热性能和吸水性等。

2.主要仪器设备
游标卡尺(精度 0.1 mm);天平(感量 0.1 g);液体静力天平(感量 0.1 g);烘箱[能使温度控制在(105±5)℃];干燥器;漏斗;直尺等。

3.试验方法：_____。

4.试验记录
试样名称：_____　试验日期：_____　气温/室温：_____　湿度：_____

编号	试件尺寸/cm			试件体积 V_0/cm³	试件质量 m/g	体积密度 ρ_0/(g/cm³)	
	边长(直径)	边长(直径)	边长(直径)			检测值	平均值
1							
2							

试验二 水泥性能检测

水泥品种:_____ 强度等级:_____ 生产厂家:_____ 出厂日期:_____

(一)水泥细度检测

1.试验目的

检测水泥的细度,作为评定水泥质量的依据之一。

2.主要仪器设备

天平(最大称量 100 g,最小分度值不大于 0.01 g);负压筛析仪。

3.试验方法:_____。

4.试验记录

试验日期:_____ 气温/室温:_____ 湿度:_____

编号	试样质量 m/g	筛余量 m_1/g	筛余百分数/(%)	筛余平均值/(%)	结论
1					
2					

(二)水泥标准稠度用水量检测

1.试验目的

通过此项试验检测水泥浆达到标准稠度时的用水量,作为凝结时间和安定性试验用水量的标准。

2.主要仪器设备

水泥净浆搅拌机;标准法维卡仪;标准养护箱;水泥净浆试模;天平;量水器:最小刻度为 0.1 mL,精度 1%。

3.试验方法:_____。

4.试验记录

试验日期:_____ 气温/室温:_____ 湿度:_____

(1)标准法

试样质量 m/g	加水量 m_1/g	试杆距底板距离 l/mm	标准稠度用水量 P/(%)

(2)代用法(调整水量方法)

试样质量 m/g	拌和用水量 m_1/g	试锥下沉深度 l/mm	标准稠度用水量 P/(%)

(三)凝结时间检测

1. 试验目的

水泥的凝结时间是重要的技术指标之一。通过试验检测水泥的凝结时间,评定水泥的质量,判定其能否用于工程中。

2. 主要仪器设备

标准法维卡仪(将试杆更换为试针),其他仪器设备同标准稠度检测。

3. 试验方法:_____。

4. 试验记录

试验日期:_____ 气温/室温:_____ 湿度:_____

水泥全部加入水中时的时间	初凝		终凝	
	试针沉至距底板(4±1) mm 时的时间	初凝时间/min	试针沉入水泥净浆只有 0.5mm 时的时间	终凝时间/min
时分	时分		时分	

5. 结论:_____。

(四)体积安定性检测

1. 试验目的

体积安定性是水泥的重要技术指标之一。通过检测沸煮后标准稠度水泥净浆试样的体积和外形的变化程度,评定体积安定性是否合格,判定其能否用于工程中。

2. 主要仪器设备

雷氏夹;雷氏夹膨胀检测仪;沸煮箱;水泥净浆搅拌机;天平;湿气养护箱;小刀等。

3. 试验方法:_____。

4. 试验记录

试验日期:_____ 气温/室温:_____ 湿度:_____

(1)标准法(雷氏法)

雷氏夹膨胀值:_____ mm。

(2)代用法(试饼法)

沸煮后目测试饼情况:_____。

5. 结论:_____。

(五)水泥胶砂强度检测(ISO 法)

1. 试验目的

通过检测规定龄期的水泥胶砂强度,确定水泥的强度等级或评定其强度是否符合《通用硅酸盐水泥》(GB 175—2007)要求。

2. 主要仪器设备

行星式胶砂搅拌机;试模(可装拆的三联试模,试模内腔尺寸为 40 mm×40 mm×160 mm);壁高 20 mm 的金属模套;胶砂振实台;抗折强度试验机;抗压强度试验机;抗压夹具;

两个播料器、金属刮平直尺、标准养护箱等。

3.试验方法：_____。

4.试验记录

试件成型日期：_____月_____日

试验日期(3d 龄期)：_____气温/室温：_____湿度：_____

试验日期(28d 龄期)：_____气温/室温：_____湿度：_____

(1)抗折强度检测

编号	龄期	抗折破坏荷载 P /N	抗折强度/MPa	
			检测值	平均值
1	3d			
2				
3				
4	28d			
5				
6				

(2)抗压强度检测

编号	龄期	受压面积 A /mm²	抗压破坏荷载 P /N	抗压强度/MPa	
				检测值	平均值
1	3d				
2					
3					
4					
5					
6					
7	28d				
8					
9					
10					
11					
12					

5.结论：_____。

试验三　混凝土用砂、石质量检测

(一)表观密度检测(标准法)

1.试验目的

通过试验检测砂的表观体积(含闭口孔隙的材料体积),计算颗粒状材料的表观密度。

2.主要仪器设备

天平(称量 1 kg,感量 1 g);烘箱[能使温度控制在(105±5) ℃];容量瓶;烧杯;干燥器;漏斗;料勺;温度计等。

3.试验方法:＿＿＿＿＿＿＿＿＿＿＿＿＿＿＿＿＿＿＿＿＿＿＿＿＿＿＿＿＿＿。

4.试验记录

试验日期:＿＿＿＿＿＿＿＿　气温/室温:＿＿＿＿＿＿＿＿＿　湿度:＿＿＿＿＿＿＿＿＿

编号	吊篮在水中的质量 m_1/kg	吊篮及试样在水中的质量 m_2/kg	试样质量 m/kg	表观密度 ρ'/(kg/m³)	
				检测值	平均值
1					
2					

(二)堆积密度检测

1.试验目的

通过试验检测材料的堆积密度,为估算砂的质量、堆积体积及空隙率提供依据。

2.主要仪器设备

烘箱[能使温度控制在(105±5) ℃];容量筒(容积为 1 L);标准漏斗;台秤;料勺;垫棒(直径 10 mm、长 500 mm);直尺;搪瓷盘;毛刷等。

3.试验方法:＿＿＿＿＿＿＿＿＿＿＿＿＿＿＿＿＿＿＿＿＿＿＿＿＿＿＿＿＿＿。

4.试验记录

试验日期:＿＿＿＿＿＿＿＿　气温/室温:＿＿＿＿＿＿＿＿＿　湿度:＿＿＿＿＿＿＿＿＿

编号	容量筒质量 m_1/kg	容量筒及试样总质量 m_2/kg	试样质量 m/kg	容量筒的容积 V_0'/L	堆积密度/(kg/m³)	
					检测值	平均值
1						
2						

(三)筛分析试验

1.试验目的

通过筛分析试验检测不同粒径骨料的含量比例,评定砂的颗粒级配状况及粗细程度,为合理选砂提供技术依据。

2.主要仪器设备

标准筛:公称直径分别为 5.00 mm、2.50 mm、1.25 mm、630 μm、315 μm、160 μm 的标准方孔筛各一只,并附有筛底和筛盖;摇筛机;天平(称量 1000 g,感量 1 g);烘箱[能恒温在 (105±5) ℃];浅盘;毛刷等。

3.试验方法:_____。

4.试验记录

(1)砂的筛分析试验

试验日期:_____ 气温/室温:_____ 湿度:_____

筛孔公称直径/mm	10.0	5.00	2.50	1.25	0.63	0.316	0.16	筛底
筛余质量 m /g								
分计筛余百分率 a_i /(%)								
累计筛余百分率 β_i /(%)								

细度模数 $\mu_f = \dfrac{(\beta_2 + \beta_3 + \beta_4 + \beta_5 + \beta_6) - 5\beta_1}{100 - \beta_1} =$

结果评定:根据 μ_f 该砂样属于_____砂;根据累计筛余百分率 β_i 级配位于_____区,级配情况为_____。

(2)碎石或卵石筛分析试验

试验日期:_____ 气温/室温:_____ 湿度:_____

筛孔公称直径/mm							
筛余质量 m /g							
分计筛余百分率 a_i /(%)							
累计筛余百分率 β_i /(%)							

结果评定:碎石或卵石的最大粒径:_____ mm;级配情况:_____。

试验四　普通混凝土性能检测

(一)混凝土拌和物和易性检测

1.试验目的

通过坍落度检测,确定试验室配合比,检验混凝土拌和物的和易性是否满足施工要求,并制作成符合标准要求的构件,以便确定混凝土的强度及耐久性能。

2.主要仪器设备

坍落度筒;捣棒(端部应磨圆,直径 16 mm,长度 650 mm);装料漏斗;小铁铲;钢直尺;抹刀等。

3.试验方法:＿＿＿＿＿＿＿＿＿＿＿＿＿＿＿＿＿＿＿＿＿＿＿＿＿＿＿＿。

4.试验记录

试验日期:＿＿＿＿＿＿＿　气温/室温:＿＿＿＿＿＿＿　湿度:＿＿＿＿＿＿＿

(1)坍落度检测

粗骨粒最大粒径:＿＿＿＿＿＿＿ mm;混凝土初步配合比:＿＿＿＿＿＿＿

配合比	拌和 10 L 混凝土所用各材料用量/kg				坍落度/mm	黏聚性	保水性
	水泥 m_C	砂子 m_S	石子 m_G	水 m_W			
初步配合比							
第一次调整增加量							
第二次调整增加量							
合计							

和易性调整后的混凝土配合比为＿＿＿＿＿＿＿＿＿＿＿＿＿＿＿＿＿＿＿＿＿。

(2)维勃稠度检测

粗骨粒最大粒径:＿＿＿＿＿＿＿ mm;混凝土初步配合比:＿＿＿＿＿＿＿

维勃稠度:＿＿＿＿＿＿＿。

(二)混凝土拌和物体积密度检测

1.试验目的

检测混凝土拌和物体积密度,为核实(或调整)混凝土配合比中各材料用量提供依据。

2.主要仪器设备

容量筒(当集料最大粒径不大于 40 mm 时,容积为 5 L;当粒径大于 40 mm 时,容量筒内径与高均应大于集料最大粒径的 4 倍);台秤(称量 50 kg,感量 50 g);捣棒;橡皮锤;振动台[频率(50±3) Hz,空载振幅为(0.5±0.1) mm]。

3.试验方法:＿＿＿＿＿＿＿＿＿＿＿＿＿＿＿＿＿＿＿＿＿＿＿＿＿＿＿＿。

4.试验记录

试验日期：_____　气温/室温：_____　湿度：_____　混凝土配合比：_____

编号	容量筒容积 V/L	容量筒质量 m_1/kg	容量筒与混凝土试样总质量 m_2/kg	混凝土质量（$m_1 - m_2$）/kg	混凝土拌和物体积密度 ρ'/(g/cm³)	
					实测值	平均值
1						
2						
3						

(三)混凝土抗压强度检测

1.试验目的

通过检测混凝土抗压强度，校验、调整混凝土配合比，确定混凝土强度等级，并为评定混凝土质量提供依据。

2.主要仪器设备

压力试验机(测量精度不低于±1%，试验时由试件最大荷载选择压力机量程，使试件破坏时的荷载位于压力机全量程的 20%～80% 范围内)；振动台［频率(50±3) Hz，空载振幅约为 0.5 mm］；搅拌机；试模；捣棒；橡皮锤；抹刀等。

3.试验方法：_____。

4.试验记录

试件成型日期：_____试验日期：_____气温/室温：_____湿度：_____

混凝土初步配合比(水泥：水：砂子：石子)：_____

试件尺寸：长度 $a=$_____mm，宽度 $b=$_____mm，受压面积 $A=$_____mm²

编号	龄期	破坏荷载 P/N	抗压强度/MPa		换算成边长为 150 mm 立方体抗压强度/MPa
			检测值	平均值	
1					
2	7d				
3					
4					
5	28d				
6					

5.结果评定：_____。

试验五　砂浆性能检测

（一）稠度及分层度检测

1. 试验目的

检测砂浆稠度及分层度，了解砂浆和易性，确定砂浆配合比。

2. 主要仪器设备

砂浆稠度检测仪；钢制捣棒：直径 10 mm、长 350 mm，端部磨圆；台秤；秒表；分层度检测仪；稠度仪；木锤等。

3. 试验方法：_____。

4. 试验记录

试验日期：_____　气温/室温：_____　湿度：_____　砂浆质量配合比：_____

（1）砂浆稠度检测

编号	拌和_____L 砂浆所用各材料用量/kg				稠度/mm	
	水泥	石灰	砂	水	实测值	平均值
1						
2						

（2）砂浆分层度检测

编号	拌和_____L 砂浆所用各材料用量/kg				静置前稠度/mm	静置30 min后稠度/mm	稠度/mm	
	水泥	石灰	砂子	水			实测值	平均值
1								
2								

（二）抗压强度检测

1. 试验目的

通过砂浆试件抗压强度的检测，检验砂浆质量，确定、校核配合比是否满足要求，并确定砂浆强度等级。

2. 主要仪器设备

试模（70.7 mm×70.7 mm×70.7 mm 的带底试模）；钢制捣棒（直径 10 mm、长 350 mm，端部磨圆）；压力试验机（精度为 1%，试件破坏荷载应不小于压力机量程的 20%，且不大于全量程的 80%）；垫板等。

3. 试验方法：_____。

4.试验记录

试件成型日期：＿＿＿＿＿　试验日期：＿＿＿＿＿　气温/室温：＿＿＿＿＿　湿度：＿＿＿＿＿

砂浆质量配合比：＿＿＿＿＿＿＿＿＿＿＿＿＿

编号	试件尺寸/mm		受压面积 A /mm²	破坏荷载 P /N	抗压强度 f /MPa		单块抗压强度 最小值/MPa
	长度 a	宽度 b			检测值	平均值	
1							
2							
3							
4							
5							
6							

5.结果评定：＿＿＿＿＿＿＿＿＿＿＿＿＿＿＿＿＿＿＿＿＿＿＿＿＿＿＿＿＿＿＿＿＿＿＿。

试验六　砌墙砖性能检测

1.试验目的

通过检测烧结砌墙砖的抗压强度,来检验砖的质量,为确定其强度等级提供依据。

2.主要仪器设备

压力机(300～500 kN);锯砖机或切砖机;直尺;抹刀等。

3.试验方法:_____。

4.试验记录

试验日期:_____　气温/室温:_____　湿度:_____　砖的种类:_____

编号	试件尺寸/mm		受压面积 A /mm²	最大破坏荷载 P /N	抗压强度 f /MPa	抗压强度平均值 $\overline{f}$ /MPa	单块最小值 f_{min} /MPa	标准差 S /MPa	变异系数 δ
	长度 l	宽度 b							
1									
2									
3									
4									
5									
6									
7									
8									
9									
10									

注:标准差和变异系数计算公式分别为 $S = \sqrt{\dfrac{1}{9}\sum_{i=1}^{n}(f_i - \overline{f})^2}$, $\delta = \dfrac{S}{\overline{f}}$

5.结果评定:_____。

试验七　钢筋力学与工艺性能检测

1.试验目的

通过拉伸试验,检测低碳钢筋的屈服强度、抗拉强度和伸长率,评定钢筋的质量是否合格及强度等级。

2.主要仪器设备

万能材料试验机,测力示值误差不大于1‰;钢筋打点机或划线机;游标卡尺,精度为0.1 mm;引伸计。

3.试验方法：_____。

4.试验记录

试验日期：_____　气温/室温：_____　湿度：_____　钢材类型：_____

（1）钢材拉伸试验

屈服点及抗拉强度检测	公称直径 ϕ /mm	公称截面积 A /mm²	屈服荷载 F_s /N	极限荷载 F_b /N	屈服强度 σ_s /MPa		抗拉强度 σ_b /MPa	
					检测值	平均值	检测值	平均值

伸长率检测	公称直径 ϕ /mm	原始标距长度 L_0 /mm	拉断后标距长度 L_1 /mm	拉伸长度 ($L_0 - L_1$) /mm	伸长率 δ /（%）	
					检测值	平均值

结果评定：_____。

（2）钢材冷弯性能检测

编号	钢材型号	钢材厚度或直径 a /mm	弯心直径 d /mm	d/a	冷弯角度 α	冷弯后钢材表面状况	冷弯性能是否合格

试验八　弹性体改性沥青防水卷材性能检测

1. 试验目的

通过拉力试验,检验卷材抵抗拉力破坏的能力。通过检测不透水性,检测卷材抵抗水渗透的能力,作为选用卷材的依据。

2. 主要仪器设备

拉伸试验机,不透水仪,量尺。

3. 试验方法：_____。

4. 试验记录

试验日期：_____　气温/室温：_____　湿度：_____　卷材种类：_____

检测项目		实测值	平均值	标准规定值
不透水性检测	1			
	2			
	3			
拉力检测	1			
	2			
	3			

5. 结论：_____。